战术互联网

王 海 刘 熹 王向东 张 磊
彭来献 郭 晓 于卫波 米志超 编著
陈 娟 李艾静 朱 毅

国防工业出版社

·北京·

内容简介

本书从技术角度介绍了战术互联网的需求以及网络架构,以美军战术互联网为例介绍了战术互联网的各层实现细节。本书的特色在于研究对象上侧重机动通信系统,在协议层次上则侧重于讨论链路层以上的高层协议实现。

本书结构合理,内容便于自学,可以作为战术互联网相关专业课程和职业教育课程的教材,以及中/初级指挥、专业技术军官的阅读参考书。同时本书对于从事战场通信网研究的专业人员、战场通信网的使用人员、管理维护人员以及对战术互联网感兴趣的读者均具有一定的参考价值。

图书在版编目(CIP)数据

战术互联网/王海等编著. —北京:国防工业出版社, 2020.1(2023.3重印)
ISBN 978-7-118-12050-9

Ⅰ.①战… Ⅱ.①王… Ⅲ.①互联网络-应用-战术学 Ⅳ.①E83-39

中国版本图书馆 CIP 数据核字(2020)第 001485 号

※

国防工业出版社出版发行
(北京市海淀区紫竹院南路 23 号　邮政编码 100048)
莱州市丰源印刷有限公司印刷
新华书店经销

*

开本 787×1092　1/16　印张 15¾　字数 355 千字
2023 年 3 月第 1 版第 2 次印刷　印数 3001—4500 册　定价 63.00 元

(本书如有印装错误,我社负责调换)

国防书店:(010)88540777　　发行邮购:(010)88540776
发行传真:(010)88540755　　发行业务:(010)88540717

前　言

　　网络在深刻改变人们生活方式的同时,也在深刻改变着未来的作战样式。伴随着网络成长起来的未来指战员,将会越来越多地借助信息系统来定下作战决心,或组织、实施作战。而信息系统要发挥真正的效能,在陆战场则离不开战术互联网的支持。

　　从世界军事强国的工程实践来看,战术互联网已经不再是一个笼统的、泛指战场上通信网络的概念,而是一个有着具体定位和功能的网络和信息系统,它是应用于陆战场的一个战术级信息系统,是海、陆、空等战场通信网络的重要组成部分。它是伴随着全球网络化发展起来的,是互联网在战场的应用、延伸和扩展,但是又有其特点,有别于常规的通信网。

　　对于世界诸军事强国来说,未来的战场绝大多数并不在本土,那里的固定基础设施原本匮乏或已被彻底摧毁,在敌视或敌对的环境下,传统可靠的通信信道如光纤等不再可用,通信的节点和终端可能处于持续运动或者间歇性运动中。因此,战场需要一套能自我支撑的网络系统,同时这套系统也能够在需要或有条件时接入固定通信网。

　　和战场上传统的伴随式通信保障不同的是,战术互联网把互联网的公众服务特性也带到了陆战场上,在大多数情况下,通信设备不再是为特定的作战单元或要素所独享,而是在作战地域构建起一个动态的、覆盖作战地域的公共通信网,允许作战单元机动、灵活地接入,从而实现指挥控制的扁平化。

　　战术互联网的重要特点是战场通信的对抗性(包括物理对抗、电磁对抗等)。敌我双方的对抗会导致通信环境和通信条件非常恶劣,网络需要在这种情况下保持顽强的通信能力。通信顽存性带来的代价是数据传输能力的大幅度降低,因此战场通信的数据率往往比民用通信低好几个数量级。另外,在很低的信道传输能力条件下,就需要具备非常节省和高效利用有限信道传输的能力,因此战术互联网的高层传输协议往往需要采用较为复杂的机制,在低速信道上兼顾有效性和可靠性。大部分商用的互联网协议直接拿到战术互联网里是行不通的。

　　战术互联网所涉及的领域很广,国内外战术互联网发展已经有许多年,相关书籍也比较多。为了突出特色,本书的组织并非面面俱到,而是在研究对象上更侧重于链路层以上的高层协议。对于适用于战场通信的底层传输技术,推荐读者阅读于全院士编写的专著《战术通信理论与技术》。

　　本书是作者团队在对战术互联网近20年的研究基础上,参考外军标准,在相关课程教学基础上总结提炼而成。前两章主要介绍战术互联网的由来、基本概念和网络架构,后面的章节则先按照分系统讨论相关的基础技术,然后按照分层的方式讨论各层协议需要解决的问题及其具体实现方法。第10章的可变消息格式一般而言属于战术互联网的应用层范畴,但是考虑到战术互联网的信道容量受限,信息传输能力极其宝贵,因而应用开发一定要与底层信息传输能力紧密结合,故此将其作为一个应用特例重点阐述。第11章的网络管理也是战术互联网的重要组成部分,它也将随着战术互联网的应用不断深化和发展,本书通过该章的探讨揭示这一领域需要解决的问题,为后续的相关研究与发展奠定基础。第12章所介绍的数据链从严格定义上说并不属于战术互联网,但是它与战术互联网具有较强的关联性,也经常容易与战术互联网相互混淆,因此本书单独列出一章加以讨论,并明确讨论了两者的区别与联系,用于加深读者对于战术互联网概念的认识。

本书的结构既方便对战术互联网感兴趣的读者阅读,又可以供网络和通信相关专业学生将战术互联网作为计算机网络或数据通信网的一个特例,与《计算机网络》《数据通信网》等教材和书籍对比参阅,从而加深对网络各层协议的理解。

本书第1章由王海编写,第2章由王向东编写,第3章由刘熹、于卫波编写,第4章由米志超编写,第5章由郭晓编写,第6章由李艾静编写,第7章由陈娟编写,第8章由李艾静编写,第9章由袁来献编写,第10章由张磊编写,第11章由陈娟编写,第12章由朱毅编写,全书最后由王海、王向东、陈娟审校。由于作者水平有限,书中难免有错误和不当之处,恳请读者朋友们不吝指正。

编著者

目录

第1章 战术互联网概述

1.1 战术电台的发展 1
    1.1.1 从网专到网络化 1
    1.1.2 从单网网络化到多网互联互通——战术互联网的出现 3
1.2 战场通信网需求特点 5
1.3 战术互联网与商用互联网的区别与联系 7
1.4 战术互联网的主要业务 8
    1.4.1 战场数据业务 9
    1.4.2 战场话音业务 10
1.5 本书的主要内容 12
1.6 网络协议的标准化及其必要性 13
    1.6.1 标准的重要性 13
    1.6.2 因特网工程部 16
    1.6.3 国际电信联盟-电信标准部 18
    1.6.4 电子与电气工程师协会 19
    1.6.5 宽带论坛 20
    1.6.6 3GPP 和 3GPP2 21
    1.6.7 其他标准化组织 22
    1.6.8 军用标准 22
    1.6.9 关于标准的错误观点 24
    1.6.10 军队标准制订应遵循的原则 26
1.7 战术互联网的发展 28

第2章 战术互联网总体结构

2.1 按信道类型划分的结构 32
    2.1.1 野战综合业务数字网分系统 32
    2.1.2 战术电台互联网分系统 33
    2.1.3 升空平台通信分系统 33
    2.1.4 机动卫星通信分系统 34
2.2 按网络形态划分的结构 34
    2.2.1 干线网 34

2.2.2　指挥所子网 …………………………………………………… 34
　　2.2.3　无线分组子网 ………………………………………………… 34
　　2.2.4　专用子网 ……………………………………………………… 34
2.3　按指挥体系划分的结构 …………………………………………………… 35
　　2.3.1　军指挥所网络 ………………………………………………… 35
　　2.3.2　师（旅）指挥所网络 …………………………………………… 35
　　2.3.3　营指挥网络 …………………………………………………… 36
　　2.3.4　连以下指挥网络 ……………………………………………… 36
2.4　战术互联网协议体系结构 ………………………………………………… 36
　　2.4.1　物理层 ………………………………………………………… 37
　　2.4.2　数据链路层 …………………………………………………… 37
　　2.4.3　网络层 ………………………………………………………… 38
　　2.4.4　传输层 ………………………………………………………… 38
　　2.4.5　应用层 ………………………………………………………… 38
　　2.4.6　协议转换关系 ………………………………………………… 38
2.5　信息流程 …………………………………………………………………… 39
2.6　战场业务类型 ……………………………………………………………… 41
　　2.6.1　单播业务 ……………………………………………………… 41
　　2.6.2　组播业务 ……………………………………………………… 42
　　2.6.3　广播业务 ……………………………………………………… 42
　　2.6.4　任播业务 ……………………………………………………… 42
　　2.6.5　多源组播业务 ………………………………………………… 42
2.7　数据可靠性要求 …………………………………………………………… 43
　　2.7.1　无确认 ………………………………………………………… 43
　　2.7.2　逐跳确认 ……………………………………………………… 43
　　2.7.3　端到端确认 …………………………………………………… 43
　　2.7.4　用户确认 ……………………………………………………… 43

第3章　野战综合业务数字网

3.1　ATM 概念及 ATM 层 ……………………………………………………… 44
　　3.1.1　ATM 基本概念 ………………………………………………… 44
　　3.1.2　ATM 逻辑连接 ………………………………………………… 47
　　3.1.3　信元头格式 …………………………………………………… 48
　　3.1.4　交换式虚连接 ………………………………………………… 50
　　3.1.5　永久式虚连接 ………………………………………………… 51
3.2　ATM 适配层 ………………………………………………………………… 51
　　3.2.1　概述 …………………………………………………………… 51

3.2.2　AAL1 ……………………………………………………………… 54
　　3.2.3　AAL2 ……………………………………………………………… 55
　　3.2.4　AAL3/4 …………………………………………………………… 57
　　3.2.5　AAL5 ……………………………………………………………… 58
　　3.2.6　不同应用的适配 …………………………………………………… 60
3.3　IP/ATM 互联技术与多协议标签交换 ……………………………………… 60
　　3.3.1　IP 网络的特点 ……………………………………………………… 61
　　3.3.2　ATM 网络的特点 …………………………………………………… 61
　　3.3.3　IP Switching：融合 IP/ATM 两者的优点 ………………………… 62
3.4　MPLS：集大成者 …………………………………………………………… 65
3.5　如何建立虚通路连接(VCC) ………………………………………………… 68

第4章　Ad hoc 网络的基本概念

4.1　Ad hoc 网络概述 …………………………………………………………… 71
4.2　Ad hoc 网络的信道特点 …………………………………………………… 73
4.3　战术移动 Ad hoc 网络 ……………………………………………………… 74

第5章　Ad hoc 网络信道接入协议

5.1　接入协议所面临的问题 ……………………………………………………… 76
5.2　接入协议应具备的特性 ……………………………………………………… 78
5.3　接入协议的分类 ……………………………………………………………… 79
5.4　单信道接入协议 ……………………………………………………………… 79
　　5.4.1　ALOHA 及 CSMA 协议 …………………………………………… 79
　　5.4.2　MACA ……………………………………………………………… 80
　　5.4.3　MACAW …………………………………………………………… 80
　　5.4.4　IEEE 802.11 DCF ………………………………………………… 81
5.5　双信道接入协议 ……………………………………………………………… 81
　　5.5.1　BAPU ……………………………………………………………… 81
　　5.5.2　DBTMA …………………………………………………………… 82
　　5.5.3　DCMA ……………………………………………………………… 82
5.6　多信道接入协议 ……………………………………………………………… 83
　　5.6.1　多信道 CSMA ……………………………………………………… 83
　　5.6.2　DCA-PC …………………………………………………………… 84

第6章 Ad hoc 网络无线路由协议

6.1 Ad hoc 网络路由协议的分类 ... 86
6.1.1 表驱动路由协议和按需路由协议 ... 86
6.1.2 平面式路由协议和分簇式路由协议 ... 87
6.1.3 衡量 Ad hoc 网络路由协议的标准 ... 88
6.1.4 各类路由协议之间的性能比较 ... 89
6.2 几种典型的 Ad hoc 网络路由协议 ... 90
6.2.1 DSDV 路由协议 ... 91
6.2.2 DSR 路由协议 ... 91
6.2.3 LAR(Location Aided Routing) 路由协议 ... 95
6.2.4 AODV 路由协议 ... 97
6.2.5 OLSR 路由协议 ... 100
6.2.6 ZRP 路由协议 ... 101

第7章 电台子网及220协议

7.1 EPLRS 电台子网 ... 104
7.1.1 系统概述 ... 104
7.1.2 系统组成 ... 104
7.1.3 组网技术 ... 108
7.2 NTDR 电台子网 ... 110
7.2.1 NTDR 组网方式 ... 110
7.2.2 接入方式 ... 110
7.2.3 路由协议 ... 110
7.3 SINCGARS 电台子网 ... 111
7.4 MIL-STD-188-220C 标准简介 ... 112
7.4.1 MIL-STD-188-220C 标准概况 ... 112
7.4.2 信道接入控制 ... 117
7.4.3 路由协议 ... 129

第8章 Ad hoc 网络传输协议

8.1 可靠传输原理 ... 139
8.1.1 停止等待协议 ... 140
8.1.2 连续 ARQ 协议 ... 146
8.1.3 选择重传协议 ... 148
8.1.4 滑动窗口协议 ... 152

8.2 传输控制协议（TCP） …… 154
8.2.1 TCP 概述 …… 154
8.2.2 TCP 报文段格式 …… 155
8.2.3 TCP 可靠传输的实现 …… 157
8.2.4 TCP 的流量控制 …… 163
8.2.5 TCP 的连接管理与有限状态机 …… 165
8.3 拥塞控制原理与实现 …… 169
8.3.1 拥塞控制原理与方法 …… 169
8.3.2 TCP 的端到端拥塞控制 …… 171
8.3.3 TCP 的网络辅助拥塞控制 …… 174
8.3.4 ATM 的网络辅助拥塞控制 …… 175
8.4 主动队列管理（AQM） …… 176
8.5 无线 TCP …… 177
8.5.1 无线 TCP 面临的挑战 …… 177
8.5.2 Ad hoc 网络 TCP 跨层改进方法 …… 178
8.5.3 Ad hoc 网络 TCP 非跨层改进方法 …… 179

第 9 章 应用层无连接可靠传输协议

9.1 TCP 应用于无线链路时的缺陷 …… 181
9.2 应用层无连接可靠传输协议简介 …… 181
9.2.1 S/R 协议发送端处理 …… 182
9.2.2 S/R 协议接收端处理 …… 182
9.2.3 协议消息首部格式 …… 182
9.2.4 S/R 协议首部格式及其 PDU …… 185
9.2.5 S/R 协议 MSS（最大段长） …… 186

第 10 章 可变消息格式

10.1 可变消息格式提出的背景 …… 187
10.2 VMF 功能域的划分与消息编号 …… 188
10.3 消息格式 …… 189
10.3.1 消息描述通用格式 …… 189
10.3.2 可变长度消息描述方法 …… 190
10.4 消息处理规则 …… 191
10.5 VMF 消息的构造 …… 192
10.6 VMF 消息的传输 …… 193
10.7 VMF 消息数据的识别 …… 194

10.7.1 消息数据元素字典 …… 194
10.7.2 消息数据的发送与识别 …… 195

第11章 网络管理与XNP

11.1 网络管理概述 …… 196
11.2 网络管理的功能 …… 196
11.3 基于SNMP的网络管理模型 …… 197
 11.3.1 网络管理模型的部件 …… 197
 11.3.2 SNMP协议 …… 199
11.4 网络初始化 …… 204
11.5 网络运行监控 …… 204
 11.5.1 概述 …… 204
 11.5.2 各级运行监控 …… 205
11.6 故障管理 …… 206
11.7 XNP协议 …… 206
11.8 MIL-STD-188-220C XNP协议 …… 206
 11.8.1 分布式和集中式XNP协议 …… 207
 11.8.2 MIL-STD-188-220C XNP采用集中式的分析 …… 208
11.9 XNP消息 …… 210
 11.9.1 XNP消息格式 …… 210
 11.9.2 XNP转发头 …… 210
 11.9.3 XNP消息类型 …… 211
 11.9.4 XNP数据块 …… 211
11.10 XNP动态配置过程 …… 212
 11.10.1 网络初始化 …… 212
 11.10.2 加入网络 …… 213
 11.10.3 撤离网络 …… 216
 11.10.4 参数更新 …… 216

第12章 战术数据链

12.1 什么是战术数据链 …… 218
 12.1.1 数据链定义 …… 219
 12.1.2 数据链特点 …… 221
 12.1.3 数据链系统功能组成 …… 222
12.2 外军战术数据链系统概况 …… 223
 12.2.1 Link 4(TADIL C) …… 226

  12.2.2 Link 11(TADIL A/B) …………………………………………… 227
  12.2.3 Link 16(TADIL J) ……………………………………………… 229
  12.2.4 Link 22(TADIL F) ……………………………………………… 231
12.3 战术互联网与战术数据链的区别与联系 ………………………………… 232
主要缩略语表 …………………………………………………………………… 235

第1章 战术互联网概述

自从马可尼发明电台以来,无线通信给人类生活带来了彻底的变化。两部电台,通过相互拍发电报,无论相距多远(短波电台通信距离可以达到数千千米),都瞬息可知对方的情况。无怪乎毛泽东同志给通信兵的题词为"你们是科学的千里眼、顺风耳"。

最早的无线通信是点到点通信或广播通信。广播大家都耳熟能详。常规的无线电台(如南京音乐台)就是广播的典型应用。发送者在特定频率上发送信号,所有接收者将接收机(即收音机)调谐到这一频率上即可以收听到广播内容。由于无线信道是个广播信道(即一个发送者发送的信息,只要在一定通信范围之内的接收者都能收听到),因此,点到点通信实际上也是通过广播来实现的。如果一个消息只发给一个特定的接收者,那么在消息里特别指明这个消息是给某个用户(如用户乙),其他接收者收到此消息后,直接将不是发给自己的消息丢弃即可。

在很长一段时间里,无线通信仅限于点到点通信或广播通信模式。如果要实现点到点通信,那么通信双方就必须事先商量好通信频率,且该通信频率不能与其他正在通信的用户所用频率相同,否则通信就会受到他人的干扰;如果要实现广播通信,那么所有收听这个广播的用户必须都调谐到这一频率上,并且指定一个用户来发送信息(这个用户往往要有很大的功率和很高的天线,以扩大收听用户的收听范围)。

随着无线通信技术的发展,使用无线通信的用户逐渐增多,大家觉得这种无线设备使用方式越来越不方便。无论是广播还是点到点通信,在通信之前要找到一个合适的、没有被使用的频点变得非常困难。同时频率总是有限的,越来越多的用户会因为没有可用的空闲频点而被拒绝通信。再加上通信双方可能随时变化,甲和乙通话完毕后,很可能想再和丙联系,但是这时他又需要重新和丙协商频率,寻找可用频点。因此急需找到一种手段,能够协调多个无线设备在同一频段下"有秩序地"共享无线信道,实现通信。通信的任何一方,可以很方便地跟任一其他用户通信,这实际上就是"无线组网"。无论是手机的2G、3G、4G还是5G,还有集群,都是一种无线组网通信模式。

1.1 战术电台的发展

1.1.1 从网专到网络化

战场通信实际上也是经历了与民用同样的发展历程。我军从早期的一部半电台起家,电台的使用已有了近80年的历史。早期的电台也主要是用于点到点通信,通过手键报传递战场态势,保障领导机关"运筹帷幄之间,决胜千里之外"。随着电台的逐渐普及,电台逐渐向下配属到班、排一级。在作战过程中,为确保各级电台的正常工作,互不干扰,需要将各级电台划分为多个"网专"(即网络专向),每个网专独享一个特定频率。网专内部的多部电台之间采用点到点或者广播方式工作,以完成特定的作战(情报侦察、后勤保障等)任务,如图 1.1 所示为一师级单位进攻战斗网专举例。

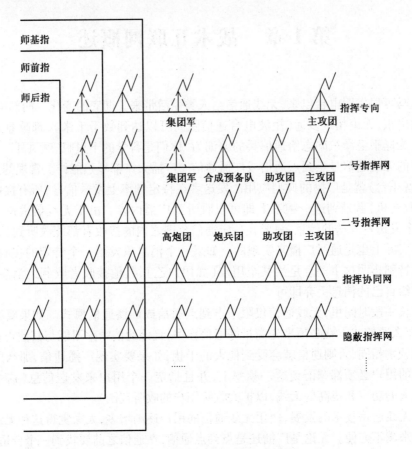

图 1.1　师级单位进攻战斗网专举例

随着我军电台装备数量和类型越来越多,传统的网专模式越来越无法满足部队快速有效实施作战的需求。原因如下:

(1) 电台越来越多,大家都在一个网专里会导致效率低下(大家抢着说话,收听不完整或没机会说),因此要划分出多个网专。

(2) 网专越开越多,规划困难,且难以找到可用频点。

(3) 实施周期长,涉及面广,调整变更困难,一旦战场电磁环境或者干扰导致某个特定的预规划频点不可用,则难以找到备用的频点,调整起来也很不方便。

有鉴于此,电台也逐渐走向组网,也就是将电台"有机地"组织在一起,"有序地"共享信道资源。这时,尽管与传统的网专一样,多部电台仍然占用同一个频率,但是由于"组织有力",一个网络内可容纳的用户数量大大增加,且通信方式不再是单一的"广播""点到点"通信方式。用户可以随时跟网内的其他用户"通话"或发送数据,至于争用信道、数据和话音同时发送等问题,都交给"无线网络协议"去考虑。这就是所谓"网络化"电台。

"网络化"电台的典型特征是:

（1）数字化。随着数字通信技术的不断发展，现有的网络通信基本都是围绕数字技术展开，因此网络化的前提就是数字化。但是数字化并不一定网络化。

（2）具有数据传送能力。网络化电台不仅能够传送话音，同时也能够发送数据、文电等。

（3）具有自动中继转发能力。网络化电台不需要人工配置就可以通过其他电台中转发送数据。例如A、B、C三部电台，A和C之间距离过远，无法直接通信，但是B位于A、C之间，它既可以与A通信，也可以与C通信。那么，当A有数据发送给C时，可以不需要配置，B自动将数据中转给C。

其实电台的网络化趋势并不是我军独有，随着无线通信技术的发展，世界各国军队都曾面临类似的问题，电台从传统的广播和点到点通信工具走向网络设备已经成为世界各国军队战场通信设备的发展趋势。美军在这一方面尤其走在各国的前列。迄今为止，美军各军兵种使用的电台已经基本实现了全部网络化。但是为了兼容老的电台模式，习惯上把传统的广播方式称为战斗网无线电（Combat Network Radio，CNR）[①]模式。这种模式就是传统的网专使用模式。任何一个用户按下电台的通话手柄就可以讲话，其他在同一网络里，且无线传播距离可达的用户都可以听到。如果两个以上用户同时说话，那么相互之间就形成了干扰，可能谁的也听不清。为了防止的大家同时说话谁也听不到，同时告知大家什么时候自己的讲话结束，要求每个用户在讲完后接一词"Over"（完毕）。这时其他用户可以接着按下手柄说话。

网络化电台模式对应地被称为分组无线电网络（Packet Radio Network，PRN）模式。这实际上指明了数据是以分组形式在无线网络里传输的。

1.1.2 从单网网络化到多网互联互通——战术互联网的出现

网络化带来的一个明显优势是电台不再以点到点方式或者纯广播网来使用，网络里的任何一个用户可以跟另外一个用户通信。直观上可以想象到，每个点的通信能力和传输的信息量受限于参与网络的用户数量和信道带宽。事实上，除以上因素之外，每个点的通信能力还受限于另外一个重要模块——信道接入控制协议的性能。信道接入控制协议将在第2章介绍。但不管怎么说，节点之间的相互通信比网专方式更方便，一个网络可容纳的节点数量也更多。

电台的发展是一个很长的历史。在这个长长的历史区间中，不同军兵种有不同的作战需求，对无线通信的需求也各不相同。因此在这个历史区间里，分别适应不同的军兵种，甚至适应不同场合的同一兵种（比如在通信距离和信息量上，团营之间通信与连排之间通信有差异）分别研制了不同类型的电台。电台的网络化只解决了同一种类型的电台组网，不同类型的电台由于其通信频率不同，电台的调制方式、编码方式等都不一样，因此不同类型的电台之间并不能互通。就美军来说，在陆战场主要有三大类型的电台，第一种是主要用于连以下战斗通信的单信道陆地与机载无线通信系统（Single Channel Ground and Airborne Radio System，SINCGARS）；第二种是本来用于指

[①] 需要注意的是，美军的战斗网无线电的概念与本书采用的定义并不相同，它的含义包括了CNR模式和后文要介绍的分组电台网PRN模式。

挥所之间数据通信和相对定位用的电台——增强型位置报告系统(Enhanced Position Location Reporting System, EPLRS);第三种是用于实现指挥所高速互联的微波通信系统移动用户设备(Mobile Subscriber Equipment, MSE)。这三大电台网独立运行,无法互联互通,如图1.2所示。

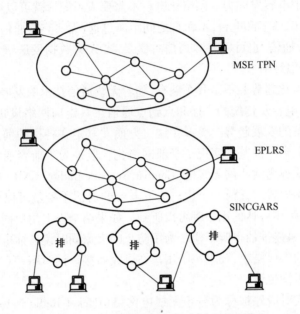

图1.2 三大电台网独立运行无法互通

电台网独立运行带来的后果就是指挥控制不方便。消息必须通过人工转接转述,提高了信息处理的复杂度,降低了整个陆战场从最高级指挥所到作战平台之间的反应时间。例如,作战车辆(坦克、装甲车等)可以将自己发现的目标第一时间报告给在同一SINCGARS电台网的连长,但是连长必须手工打开EPLRS电台,向上级转述他收到的消息。而上级(如营长或团长)又必须启动MSE,向更高级首长转述这一信息。这种通过人工处理、转接的模式无疑增加了作战人员的劳动强度。如果人员因为某种原因不在位或没有及时反应就有可能导致信息无法及时上报或下达。

为了解决这一问题,美军启动了单一电台网的互联互通工程,即在这些电台网之间,通过一些新研制的互联互通设备(互联网控制器,Internet Network Controller, INC),把三个电台网连成一张网,从而解决跨网信息交流的难题。这样形成的一张网,被命名为"战术互联网"(Tactical Internet, TI),如图1.3所示。

从战术互联网开始,电台就脱离了传统的两两互通,或者在一个频段上广播通信的时代,进入电台"网络化"时代。这时,每部电台不再只能和同一频段上的一个或多个电台通信,而是"加入"一个网络后,理论上可以和位于该网络内的任意一部或多部电台通信。这些电台可能与发起通信的这部电台并不在一个频段上,也不处于同一个电台信号覆盖区内,但是它们之间可以通过其他电台的转接以及电台之间控制转换设备(如图1.3上的INC)自动转接通信。这时的电台,就像是台式计算机上的网卡把每个台式计算机拉入因特网一样,把每个使用电台的用户拉入一个大的战场网络——战术互联网之中。

第1章 战术互联网概述

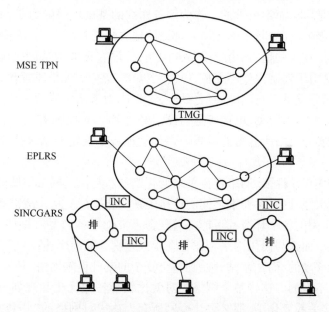

图1.3 战术互联网——多个电台网互联

1.2 战场通信网需求特点

在日常工作中,通信专业的人员经常会被问到一个问题:为什么需要为战场通信建立专门的网络?当前民用通信网络发展日新月异,4G、5G网络令每个人可以享受无处不在的通信服务,且通信带宽在跨越式增长。那么在军民融合的大背景下,直接使用民用通信网络不好吗?为什么还要单独去研究和构建专门的战场通信网?换句话说,战场通信网有什么不同于民用通信网的独特需求吗?

领导经常举着手中轻巧的手机,对通信专业人员提如下要求:"你们的通信要像手机这样方便。"确实,手机个头小,能耐大,通信顺畅,可传图可发话,无所不能。而反观战场通信装备,个大块沉,价格昂贵,但通信效果却无法令人满意。那么为什么战场上不能用上个头轻巧的手机,而必须使用个大价高性能差的电台?将手机用到战场上有什么问题?这就需要了解战场通信网的特点。只有了解了这些特点,通信专业从业者才能够很好地向首长或其他朋友解释"为什么手机在战场不能用"的问题。

具体来说,战场通信网的需求有如下一些特点:

(1)缺乏基础设施。所谓基础设施(Infrastructure),在百度百科里是如下定义的:基础设施是指为社会生产和居民生活提供公共服务的物质工程设施,是用于保证国家和地区社会经济活动正常进行的公共服务系统。它包括交通、邮电、供水供电、商业服务、科研与技术服务、园林绿化、环境保护、文化教育、卫生事业等市政公用工程设施和公共生活服务设施等。这里所指的基础设施,就是指的公共生活服务设施里的邮电设施。对于手机网络来说,除了手机到基站这一段是无线外,网络中的其他部分都是高质量的有线信道,因而可以有效保证通信质量,提高传输带宽。如果手机信号在某个地点遇到遮挡、通信效果不好,那么运营商可以选择恰当的区域补点、补盲,提高通信效率。而这样的条件,对于未来的战场环境是可遇而不可求的。作为服务作战的基础性保障力量,通信部(分)队要充分应对一切可能的情况,其中很多需要部队的地方恰恰是高山、密林、远海、境外等缺乏基础设施的地方。在这些地方,由于受条件限制,并没有现成的基础设施可用,或者是存在基础设置,但是由于基础设施不受控,考虑到保密、安全等原因不能使用这些外部的基础设施,因而通信要立足自身实施通信保障。这将成为未来作战的一个"基本假设"。而手机通信质量高,是中国移动、电信等运营部门经过多年的努力,在全国各地密集布点,以及广大人民群众实时反馈所获得的成果。在作战地域不确定的未来战场上,依托基础设施是不现实的。

(2) 网络整体移动性强,网络连接关系变化剧烈。与民用网络不同的是,战场通信网络的整体移动性很强,网络各要素之间的连接关系变化剧烈。从作战准备、转场运输到夺占要地,战场通信网的各个环节都可能随着任务需要而不断移动。网络的连接关系可以说经常发生变化。而这与民用网络相比存在很大差别。如前所述,对于手机来说,只有最后一跳是无线和移动的,而从基站开始到整个复杂的基础设施网络,其连接关系一般来说都是固定和永久不变的。这样整个网络相对就比较容易做优化和规划,而一旦网络整体动起来,网络连接关系变化了,那么要让全网所有人达成对网络的"一致意见",就需要花费很多的额外资源。这些额外资源在通信网络里被称为"开销",因为花费这些资源是为了打通通路,为用户提供服务而不得不引入的,其本身并不直接产生效益。由此也可以得知,网络的资源总体是有限的,而开销要挤占业务的资源,开销占用的资源越多,则业务本身占用的资源就越少。在特定场景下,开销大于业务,那就是为了维护网络所花费的资源比网络本身所能提供的服务要多得多,此时这个网络也就无法有效发挥作用了。

(3) 复杂电磁环境影响。众所周知,战场通信网不仅要考虑自然环境里的干扰,更重要的是要考虑在敌对环境下,敌方故意施加的电磁干扰条件下仍然具备通信能力。在未来战场上,电磁权的争夺是一个必然的现象,那么在这种情况下,尤其是在没有制电磁权优势的情况下,如何在敌人的电磁对抗条件下继续保持有效的通信,完成上级赋予的任务,是各级从事通信相关专业的人员在很长一段时间里不得不考虑的一个重要问题。因此必须有抗截获、抗干扰的通信手段和能力,而这一能力是民用系统永远不会去考虑的。

(4) 安全保密问题。军事通信的安全保密是通信发挥效能的前提。在军事对抗中,低速、安全的通信要优于高速、不安全的通信。只有确保了安全保密,通信才能谈得上效能,才能给作战带来增益;反之,若失去了安全保密,则任何武器或指挥的效能都会被归零,且通信质量越高、通信能力越好,被敌人完全掌控的概率也就越大。因此,战场通信网必须在确保安全保密前提下实施通信。与此同时,一个系统的整体安全保密强度取决于系统的最短板,因此战场通信在体系设计时就必须考虑安全保密问题,不能存在系统的短板弱项,否则很容易成为敌人的入侵点。

(5) 通信距离远,天线布设难。民用 4G 移动通信系统,手机与基站之间的距离一般不会超过一两千米,到了 5G 以后基站和手机之间的距离进一步缩短到几百米。基站覆盖范围缩小一方面可以提高通信带宽,另一方面可以提高无线信号的频率复用效率。但是战场通信网受作战场地和人员的限制,往往两点之间相聚数千米乃至数十千米,这样的距离会大大降低通信带宽,恶化通信质量。同时,天线的高度对于通信质量也有非常重要的影响。战场通信设备必须能够在机动下展开或在运动条件下通信,因此其天线无法架设很高,往往只有几米到十几米的高度,而民用通信系统可以在小区里选取最高的建筑物布设天线,从而动辄能够达到数百米的高度,因此其通信质量要优于战场通信。

除此之外,战场通信网还包含其他一些特点,如市场规模小,规模化效益难以体现等,在此不再赘述。而上述很多问题,与底层的通信信道编码、调制等具体实现机制都是紧密相关(如抗干扰机制、加密机制等),要想解决就必须修改民用系统已经优化得很好,并花了大价钱设计定制的专用编码、调制芯片,从而导致民用系统的核心机制完全颠覆,这样民用系统成熟的、性能优化的专用芯片优势就体现不出来了。上述这些差异充分说明了战场通信网有别于民用通信网的特点,导致民用通信网除了在应急通信等特殊场合外,永远无法完全取代战场通信网,民用通信设备也永远无法完全取代军用通信装备。

1.3 战术互联网与商用互联网的区别与联系

战术互联网,顾名思义,就是在战术一级构成的互联网。它与当前民用领域非常成熟的国际互联网,也就是因特网(Internet)技术同源,但是应用场合有所不同。所谓两者同源,是指战术互联网的协议基本体制来源于商用互联网,它基本沿用了商用互联网的网际协议(Internet Protocol,IP)的整体架构,是将其适当裁剪而成的。应用场合上,战术互联网属于一种专业网络,主要应用于战场,而因特网是一种通用、开放的网络。

美军战术互联网野战手册里给战术互联网下的定义是:

战术互联网是在数字化师中以动中通形式支持战斗人员运用陆军战斗指挥系统(Army Battle Command System,ABCS)的战术通信网络。战术互联网在战场作战单元、战斗勤务支援与指挥控制平台之间提供无缝隙的态势感知(Situation Awareness,SA)和指挥控制(Command and Control,C2)数据的交换。

从这个定义上看不出战术互联网与电台和IP协议有什么必然的联系。但是事实上,战术互联网的最终实现,其物理形态的表现形式就是电台,其软件的核心与民用的因特网一样,都是IP协议。

战术互联网与因特网的区别与联系如表1.1所列。

表1.1 战术互联网与因特网的区别与联系

	网络名称	战术互联网	因特网
相同点	寻址方式	IP地址	IP地址
	网络协议	以IP协议为核心	以IP协议为核心
	互联互通	IP路由协议	IP路由协议
	开放性	业务可根据需要灵活定制	业务可根据需要灵活定制
不同点	QoS等级	有明确的QoS等级要求	无明确的QoS等级
	带宽要求	要求能适应低速、不对称带宽	主要侧重高带宽
	移动性支持	能够支持节点运动导致的拓扑变化	一般不支持节点拓扑变化
	流量特征	流量具有明显的树状特征	流量分散,没有明显特征

从表1.1可看到,战术互联网与因特网的相同之处在于都是采用IP地址作为基本寻

址方式,其网络协议都是以 IP 协议为核心,网络的互联互通依赖的是 IP 路由协议。两者的基本体制是一致的。这也是战术互联网后三个字名称的由来。

而战术互联网与因特网的不同之处则源于其前两个字"战术"。首先,由于这个互联网服务于战术要求,所以它不像民用互联网那样没有明确的用户等级和服务质量等级,战术互联网里的用户等级明确,不同等级的用户其服务质量(Quality of Service,QoS)要求具有明显的差异性。其次,考虑到战场的恶劣电磁环境和敌方有意施放的干扰,战术互联网所依赖的信道传输能力较民用网络要低两三个数量级甚至更多,因此协议设计要能够适应低速的信道。同时在战场、野外通信的时候,经常会发生单向导通的情况,也就是 A 到 B 发送的数据,B 可以正常收到,但是 B 发给 A 的数据,A 却不能正常接收。例如敌方干扰源靠近 A 用户的话,就会出现这样的情况。这时协议也必须能够正常工作。再次,战场上的节点运动频繁,或者是被敌方损毁,或被临时抢通,这些都可能会导致网络的拓扑不断变化,这在民用网络中出现的概率相对较小。因此战术互联网的网络协议要支持网络拓扑的变化。最后,战场的业务流量虽然理论上可以从任何一个点到另外一个点,但是受作战体制和管理体制的影响,总体上其业务流量以军、师(旅)、营、连这样的树形结构交互的信息量占主流。不同连队之间的横向交流可能存在,但是并不会成为重点。相反,在因特网络中,任何一个用户和另外一个用户都是平等的,业务流量分散特征很明显,没有军用网络那样明显的树状流特征结构。

1.4 战术互联网的主要业务

从网络发展的历史来看,业务是驱动网络发展的源动力。因特网从美国军方的一个实验性的小网络发展到今天覆盖全球的大网,离不开两个重要的业务:电子邮件和万维网(World Wide Web)。当因特网刚刚诞生的时候,它只是一个实验室里的分组交换网络,很多人对其有什么用,需要交换些什么都表示怀疑。1972 年,BBN 公司的 Ray Tomlinson 编写了第一个电子邮件程序,大家发现可以不依赖漫长耗时的邮政系统,就可以在跨越美洲大陆的节点之间发送电子化的"邮件",这个系统的作用才真正得以凸显。许多专家开始鼓足干劲挖掘这个网络的潜力,网络的节点数也从原来的几个、十几个发展到数百、上千个。到了 20 世纪 80 年代,连接到公共因特网的主机数量就达到了 10 万台,基本覆盖了美国全境。

到了 20 世纪 80 年代末期,万维网的出现进一步将因特网推向了世界。万维网是 Tim Berners-Lee 在 1989 年到 1991 年之间,为方便欧洲核能研究所(CERN)的同事们交流方便而发明的。万维网上丰富的文字、图片、超链接等把网络资源动态、灵活、方便地链接在一起,成为人们方便有效的助手,同时也极大地推广了它的承载者——因特网的发展。除美国外,世界上其他国家,包括中国的绝大多数用户也是在随着万维网的进入才了解到因特网的概念。

以上例子说明,一个网络的发展,必须依托一个或多个核心业务。那么,战术互联网有没有能够推动其发展的核心业务? 这个答案是肯定的。

因特网的核心业务大家都比较熟悉,可以随便列举出来,比如万维网(World Wide Web)、电子邮件、文件传送、即时通信、视频播放等。战术互联网总体上仍然支持因特网的常用业务,能承载的业务类型仅受限于它的通信信道传输容量(战场通信信道的能力远远小于民用系统)。但是由于战术互联网是一个专业网络,因此其上的业务应更好地体现其专业特点,满足部队的作战需求。战术互联网的业务大体上可以分为数据和话音两大类,而数据业务又分为:态势感知、指挥控制、通信管理数据。下面分别加以介绍。

1.4.1 战场数据业务

因特网其本质是一个数据通信网,因此,数据业务的传输是其基本能力。战场数据业务主要包括以下几类:

(1)态势感知。所谓态势感知,是指在战场上,作战人员能够清楚地知道,我在哪里,我的友军在哪里,敌军在哪里。这三个"在哪里",说起来很容易,但是要让作战部队准确地掌握却非常不容易。我要知道当前所处位置的地理信息,并且,我、友、敌的位置都随着时间变化在不断变化,那么需要持续不断地互相通告位置变更信息。更进一步,敌军的信息不可能主动告诉我,那么我需要强有力的侦察手段来知晓敌军的一举一动,再把侦察到的信息报告出去。更麻烦的是,侦察到的信息并不能直接送给战场上每一位需要的作战指挥人员,因为这些信息还未经过"处理"。这些信息中,有些可能是敌军的迷惑信息(如假目标),更多情况下可能是已经被其他侦察设施和侦察手段发现的信息(如十个侦察员都发现敌方来了三架轰炸机,那么总共是只有三架轰炸机还是三十架轰炸机?这个必须通过态势信息的融合判别以后才能确定,否则直接发布出去,本来可以迎击消灭的三架轰炸机变成了三十架飞机,不仅不能起到"知己知彼"的效果,反而会给一线部队带来不必要的恐慌,挫伤我军的士气)。这些信息必须经过融合判别后形成敌方态势,然后这一态势信息再实时地发送给每一个需要的作战指挥人员。理想状态下,未来战场的指战员都希望自己能获得一张类似即时战略游戏右下角所显示的那样一张"小地图"。地图上清晰准确地用红蓝色标明我军、友军和敌军的情况,并实时、不间断地显示,从而辅助指战员做出正确的决策。态势信息主要包括:

① 我军的位置。
② 友军和平台位置。
③ 敌军和平台位置。
④ 威胁报警。
⑤ 辅助数据(地形/海拔)。
⑥ 其他数据(部队状态/连通性)。

(2)指挥控制。军语中对指挥控制的定义是"指挥员及其指挥机关对部队作战或其他行动进行掌握和制约的活动"。也就是指自上而下的作战命令、行动命令或指示,以及相应地自下而上的报告、汇报信息等。仍然以游戏类比的话,就是操作人员无论是选择一个还是多个我军作战单元,执行各种任务命令,都能很快地传达到目标单元,并且触发其相应的行动,行动的结果实时、准确地报告给上级。指挥控制信息包括:

① 作战命令。
② 火力呼唤。
③ 预警信息。

④ 作战计划。
⑤ 后勤报告。
⑥ 人员报告。
⑦ 战俘报告。

（3）通信管理。通信管理信息流主要是为了维持战术互联网正常运转所需要的额外数据流量（也被称为开销，对应的发生实际效益的态势感知、指挥控制信息流量称为净荷）。例如为了维持网络连通性和可达性而产生的路由选择协议开销、信令开销，运行网络管理协议所产生的网管协议开销等。这些额外数据并不产生实际效益，但它们是维护网络正常运转所不可缺少的。正常情况下，管理开销应保持在整个网络开销的15%以内。网络变化越剧烈，网络开销越大。通信管理信息包括：

① 网络管理开销。
② 通信传输开销。
③ 路由选择开销。
④ 报文处理开销。

1.4.2 战场话音业务

战场话音业务是战场通信的最传统业务之一，也是作战过程中的最重要业务之一。古代战场无论是"闻鼓即进"，还是"鸣金收兵"，都是把声音作为统一战场步调、协调战场行动的重要手段。有文献表明，即便是现代战争，在战争准备阶段，业务主要以数据为主，而到了战争实施阶段，业务就是话音为主。人类交互的话音，可以通过话音识别通话双方，可以通过话音的语气和语调了解事情的紧急和重要程度，而这些信息，常规数据信息难以准确表达，或者表达起来非常困难。因此，在战场通信中，话音业务在任何时候都是不可或缺的。

由于话音业务非常重要，因而传统的通信设备在很长一段时间里，都把话音通信当作唯一的或者重要的业务之一。然而，受当时的条件限制，话音业务在不同通信设备里的实现机制、编码方式也各不相同。以前各网络独立运行时，这种差异对用户的影响不大，最多是使用习惯的改变而已。但是一旦要将运行多种话音机制的网络互连，就带来了许多与老系统兼容的问题，同时也增加了话音在全网实现的复杂度。

从话音所占通路的差异划分，话音可以分为单工话和双工话，两者区别如下：

（1）双工话。双工话是日常手机和有线电话最常用的通话模式。也就是通话双方A和B，在任一时刻，既可以讲话，也可以听到对方传来的话音。这时在通信信道上，实际上要传输两路话，一路从A到B的话音，一路是从B到A的话音。双工话筒一般同时有耳机和话筒。耳机负责接收并播放对方的声音，话筒负责接收本地的话音并转换成信息交付给对方，如图1.4所示。

（2）单工话。单工话是大多数电台和对讲机常用的通话模式。在单工话模式下，任一时刻可以讲话，也可以选择听对方的话音，但是只能二选其一，而不能同时既讲话又听话。单工话筒一般耳机话筒是合一的，同时有一个双工话筒没有的重要部件：按讲（Push to Talk，PTT）按键。用户只有按下了按讲键，你的说话才能为对方听到，否则你只能播放对方的话音。识别单工话和双工话的最简单方法就是看话筒组有没有按讲PTT键。单

第1章 战术互联网概述

图 1.4 双工话筒

工话只占用一路话音通道。这路话音通道可能在传 A 到 B 的信息,也可能在传 B 到 A 的信息,但是不能同时对传 A、B 之间的信息,如图 1.5 所示。

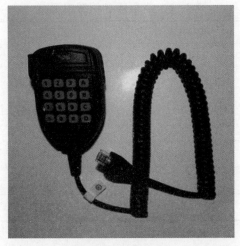

图 1.5 单工话筒

从话音的传输体制划分,可以分为电路话音和分组话音。两者的区别如下:

(1) 电路话音。所谓电路话音就是指以电路交换方式传输、交换的话音。在这种方式下,话音占据固定的信道带宽,不管通路上是否有话音信号,只要用户不挂机,这个通路就由用户使用,其他用户不得使用。传统的电话交换网都是采用的这种方式。

(2) 分组话音。分组话音是指话音以数据分组的方式承载并传输、交换的话音。当前最常用的分组承载方式是 IP 分组,如果采用 IP 分组承载话音则被称为 IP 话音。分组话音是话音传输交换的发展趋势。因特网里的话音传输也采用的是分组话音。它的传输效率较传统的电路话音高很多。

尽管话音传输交换的发展趋势是分组话音,但是考虑到战场通信网要把绝大多数的传统通信设备用起来,这些传统的通信设备大多不支持分组话音,因此在现阶段的实现中,各国战场信息系统的话音传输还大多是以电路话音为主,下一步逐渐转向全分组话音。

除此之外,为了让话音能够在各种质量、各种传输速率的信道上传输,业界开发了众多的话音编码标准。这些话音编码标准各有特色,分别适合不同传输速率,不同传输信道特点的网络。令人困扰的是,多种多样的话音编码在不同的通信网得到了应用,就像操各国语言的人互相之间交流一样,它们之间的交互就要涉及话音编码的转换,从而进一步增加了战场通信网络话音实现的复杂度。

表1.2所列的话音的机制和编码上的差异,给话音组网带来了许多现实的问题。例如:单工话和双工话用户如何通话?电路交换的话音用户和分组交换的话音用户如何通话?不同话音编码之间如何转换?是两两互转还是统一转换?话音的信令如何转换?等等。需要工程人员拿出方案加以解决。在具体的解决机制上,各国实现体制均有较大差别,因此无法一一赘述。基于现有技术水平,目前战场网络的话音还是以电路方式或虚电路方式为主流,基于软交换的IP话音还只在局部应用。下一代的话音很有可能仅仅是未来数据通信网上的特殊业务,而不再有独立的通道。受篇幅限制,话音业务在本书中不作为重点,而将数据通信作为主要的分析对象。

表1.2 常见话音编码对照表

编码名称	编码速率	编码类型	应用场合
G.711	64kb/s	PCM编码	有线通信
G.729(CS-ACELP)	8kb/s	预测PCM编码	移动通信
CVSD	16kb/s	增量编码	无线通信
CELP	8~12kb/s	声码话	无线通信
ACELP	5.27kb/s	声码话	无线通信
AHELP	2.4kb/s	声码话	无线通信

1.5 本书的主要内容

战术互联网作为一个战场级的通信网络,既涉及一套完整的概念和技术体系,同时也涉及一个庞大的系统工程,它所涵盖的面非常广,用一本书来囊括是远远不够的。本书定位在网络工程领域的专业应用书籍,作者编写本书的目的,就是用于阐述经典的以IP为代表的通信网络技术,是如何为了解决战场通信中的特殊问题而嬗变的。所有材料取舍均围绕这一主题。亦即在本书中,凡是战术互联网里与协议关联较大的内容重点讨论,在已有计算机网络书籍里不涉及的内容重点讨论,而与协议关联不大的内容,例如微波、卫星等主要涉及传输信道的内容被省略,在计算机网络里重点讨论的经典有线网路由协议如开放最短路径优先协议(Open Shortest Path First,OSPF)、路由信息协议(Routing Information Protocol,RIP)、边界网关协议(Border Gateway Protocol,BGP)等不再赘述。同时也是为了让本书讨论更聚焦,更具有一般性,本书除了在第7章介绍了几种美军电台及其对应的组网协议外,其他章节一般不涉及具体的装备和设备类型。第7章以特定电台介绍协议的原因是电台相关协议都根据电台的传输和物理特性做了大量优化,几乎没有两种网络电台在协议设计上是完全相同的。完全脱离开电台讨论电台协议将导致几乎无法讨论协议细节。为此本书在内容的选取上做了折中。除此之外,本书其他章节大部分内容都围绕协议展开,而不关注相关设备具体的物理层实现。同时如前所述,话音在战术互联网里编码的种类也非常多,传输的方法和协议也多种多样,也是一个相当宏大的专题。受篇幅限制,本书除了在体系架构上和总体上将话音和数据一并讨论外,在应用和实现上将重点侧重数据业务的实现。对战场传输设备具体实现感兴趣的读者可以参阅《战术通信理论与技术》①等书籍。

1.6　网络协议的标准化及其必要性

网络中无数节点之所以能够互相协作,其原因是通信网的工程师们设计并定义了无数协议。所有加入网络的通信网节点都必须遵守这些协议,以保证能够互相通信②。有关这些协议的具体要求,落在纸面上后,在通信网业界,就不再称呼其为协议或"合同",而称为"标准"。而制订这些标准的,则是种类众多的一大批标准化组织。它们是令全球网络能够连通并高效运转的幕后功臣。本书的大部分内容,实际上是在介绍战术互联网的主要功能,以及实现这些功能的典型协议,而有关这些协议的最权威解释,则在这些标准中,这也是本书将标准化组织与标准放在第 2 章介绍的重要原因。读者如果对某个协议有疑问,最好的解决策略是寻找相关的标准(一般都在介绍协议时给出标准号),这些标准绝大多数都经过工业界验证,行文严谨无歧义,你的许多问题都可以在标准里找到答案。假如你的问题在标准里并未涉及,你也可以询问标准的起草者和制订机构,他们一般会给你满意的答复。

1.6.1　标准的重要性

在介绍标准化组织之前,首先要介绍一下标准的重要性。为什么需要标准?可以说,尽管在日常生活中,绝大多数使用者在享受标准化带来的好处,但是他们并没有体会到标准的重要性。例如,通用串行总线(Universal Serial Bus,USB)盘可以插入任何具有 USB 接口的笔记本、台式机电脑上,许多小电器如照相机、电子书、手机甚至电风扇可以通过 USB 接口充电。这样只要携带一台外接 USB 接口的笔记本电脑和数据线,就可以在旅行过程中给照相机、手机充电,并及时将拍摄的照片导入到笔记本中。这实际上得益于 USB 接口的标准化。事实上,凡是涉及由不同的组织和厂家来实现的需要相互交互的产品和设备时,就需要标准。只有大家遵守同一个标准,且对该标准的理解完全一致,那么他们所研制出来的产品才有可能互连互通。

请注意,采用同一标准只是不同厂家产品实现互通的必要条件而非充分条件。没有

---

① 于全编著,电子工业出版社 2009 年 3 月出版。
② 在《独立日(Independence Day)》里,那个挽救人类的科学家一下把病毒上传到外星人的系统里,导致外星人系统瘫痪,要实现这一点的基础必须是,外星人已经采纳了某一种商用计算机系统全套标准。否则请你简单地思考一下,如何把 windows 操作系统里的病毒传到苹果机的 MAC 操作系统里?

标准支撑的两个不同公司产品之间是肯定无法互通的（假设你和同事明天的工作完全相同，但是让你们俩分别独立用50字表达明天工作计划，这50字完全相同的概率有多大。尽管这50个字有所差异，但人仍然可以理解它们代表的含义是相同的；而对于计算机来说，由于目前的计算机尚缺乏自然语言的理解能力，通过文字比对，它只能认为这是两份不同的计划）。即便是遵循同一标准，在实现时，由于不同厂家对标准的理解不同，也不能保证能够互联互通（有一比特理解有差异就通不起来）。如果是物理接口、电气接口等标准，这种差异性可以通过肉眼或借助一些常用仪器仪表看出来。比如接口是圆是方，接口插针数量是否正确，圆形接口的内外径是否符合要求（即使有毫米甚至不到毫米的差别，有些老师傅也能一眼看出来），还有就是电压电平是否符合标称值等，这些可以通过通用的电压计、电流表等测量出来。但随着信息系统越来越普及，关于协议的标准越来越多。所谓协议，就是指通信双方之间的信息交互流程和处理约定。这些流程和约定通过人眼和常规的仪器仪表是无法检查的。因此不同厂家的协议产品在上市销售之前，往往还必须经过一个称为"协议一致性测试"的阶段。这个阶段主要由一个公认的第三方，来测试并验证所开发的协议是否符合相关的标准，即你对标准的理解与其他厂家或测试方的理解是完全一致的。如果你通过了一致性测试，才表明你提供的协议可以和其他通过测试的协议互连互通。

也就是说，相比常规的物理、电气接口标准，协议标准的制订和检验都要复杂得多。遗憾的是，随着网络技术的不断发展（包括战术互联网的发展），有关协议标准的需求也越来越大，协议标准的制订和有效实施已成为制约信息系统发展的长期、重要的因素。

从制订协议标准到产品上市需要一系列繁复且耗时很长的工作，它们包括：

（1）有互通需求的相关人员（如研究机构、生产厂家等）发起或参与制订标准。相关人员需要坐下来仔细商定一个相互交互的接口，也就是系统中的哪些功能是必须要交互的，哪些是不需要交互的。例如产品的颜色可能并不会影响不同产品的互通，因此不需要拿出来协商。而参与的每一方都希望互通的接口最简单化，以避免陷入旷日持久的争论之中，修改并完善使其可操作且无歧义。

（2）设计者仔细阅读标准并参照标准实现系统。设计者必须一丝不苟地按照标准行事，个人的创意和更好的想法在这里无济于事，因为标准一旦制订下来，你只有遵守才能与其他厂家遵守标准的产品互连，否则只有连不通这一个结果，无论你的想法多么有理。

（3）专门的组织开发一致性测试检验平台。由于各厂家按照标准制作的产品或多或少有些理解不同或稍微地偏差（例如制造螺丝螺母，标准的口径是严丝合缝的，但是制造螺丝的一方往大的地方稍微偏差一点，而制造螺母的一方往小的地方稍微偏差一点，那么这两个产品就可能拧不到一起），所以必须需要有个裁判来"判定"其是否符合标准；当然为公平起见，这个裁判不能出自场上的任何一支竞赛队伍。一般应有一个中立的组织或单位负责依照标准开发一套测试平台，来对标准定义的功能和接口逐一测试，要完全覆盖标准所规定的所有必选功能性能，基本覆盖可选功能项，以确保某厂家的协议产品与标准一致。

（4）厂家产品交付测试。厂家产品交付第三方组织，经过详细全面测试（要测试所有可能互连互通的功能）并解决所有遇到的问题后获得认证证书；由于在测试过程中已经考虑了裕量，因此通过测试的产品可以在非常大的概率（并不一定是百分之百，这取决于一致性测试是否测试了全部接口功能,称为"覆盖率")上保证实现不同厂家的产品互通。

显而易见,以上过程需要花费大量的时间、精力和金钱。这也是为什么占有市场主导地位的厂家不愿意制订和遵守标准的原因。它们可以把更多的精力放在产品的优化和性能提升上。同时,非标准化可以把所有潜在的竞争对手排斥在外。

与标准化产品相比,非标准化产品有如下优点:

(1) 产品可以做得性能更优化。正如前面介绍的,标准化实际上是不同利益团体折中的结果,标准化的方案往往不是最佳方案。同时,由于参与标准制订的各方都希望把交互的接口最小化,因此标准实际上把接口的功能简化到最低限度。因此,标准化确实在一定程度上降低了系统或产品的效率,由于不是最优化设计,标准化产品的个头也可以比非标产品大。因此当前市场上的非标准化的产品①性能往往优于标准化的产品,而体积却比标准化产品更小。

(2) 产品升级换代更方便。由于非标产品不需要跟其他厂家协商,如果有更好的想法和实施方案可以立即在新的产品中实施,因此产品的升级换代很方便,不受外界约束。而标准化产品则必须把新的思想体现在新一代标准里才有可能得到实施,新标准不出现,则任何好的想法无法实施,这就使得产品的升级换代受制于人。

(3) 厂家可以少花钱,加速产品推出。生产厂家由于减少了制订标准(或等待标准发布)、接受一致性测试等一系列阶段,从而可以节省大量时间和金钱,把精力放在产品更新上,从而进一步加速产品推出。

相比之下,笔者认为,非标准化的缺点却是致命的,它们包括:

(1) 增加用户负担(经济的和日常的)。由于非标准化产品提供的都是非标准接口,当用户需要与使用标准接口的其他设备互联时(比如笔记本与投影机互连),就需要额外的转换插头。首先这些转换插头都以附件产品的形式销售给用户,用户不得不为这些本来应该提供的功能二次买单。其次,保存和管理这些附件为用户带来了额外的负担。想象一下在未来的某一天,用户在各种各样的电源插头里寻找某个产品的专用插头的场景。再想象一下办公室里所有的电源变压器、键盘、鼠标、USB 盘,都是各式各样的专用设备,那将是怎样一种混乱的景象,如图 1.6 所示。

(2) 价格及行业垄断。由于没有标准的存在,产品的生产者不用担心竞争对手的出现,它们可以非常有效地排斥竞争者。尤其是对于通信网的设计者来说,这一点几乎是致命的。一旦某个通信系统采用了非标产品,那么除非你淘汰掉全部的已有设备,否则从此后你将只有唯一的供货商和供货来源,因为其他的产品竞争者无法与老的非标系统互联互通(根本没有标准,一个比特的差异你也是连不起来的),因此它们被自然而然地排斥在外。在产品价格,供货周期上你将彻底丧失发言权和决策权,因为你别无选择。而且若非壮士断腕,你是很难找到其他替代方案的。

(3) 用户劫持。非标准产品的另一个潜在并现实的危害是用户劫持。你的电子邮件发送列表,你的个人联系电话本,你的文档等,可以说你使用非标准产品越频繁,你就越来

---

① 哪些产品是非标准化的? 很好识别:它的接口是你手头上没有的,要与其他设备连接,都需要购买额外的适配器和连接器的就是。

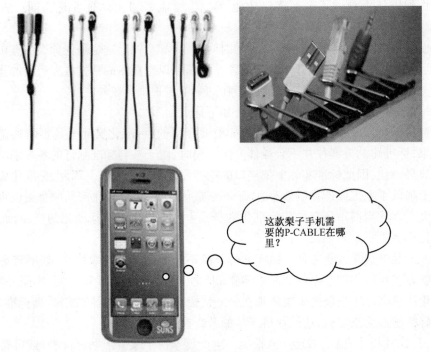

图1.6 非标准化增加了用户的负担

越倾向于被非标准产品劫持。因为你一旦离开该产品,你的所有信息和资源都将丢失。而这些非标产品往往很不愿意提供机会让你把这些信息资源转换成其他产品或标准化的格式,从而脱离它的控制。更进一步,非标准产品会逐渐蚕食你的选择。例如,你是否想让你的手机放出高质量的音乐?那么,请买该手机配套的音响。你是否想看流畅的手机视频?那么请买该手机配套的投影设备。这是目前一些产品正在做的,将来它们也许会推荐你购买整套的家庭影院系统,为了保证家庭影院的质量,它们会推出配套的家庭装修服务。为保证在车辆上播放出最佳效果,它们会推出整套车辆音响,直到推出专用的车辆……恐怕直到这一步,某些读者才知道我所说的"用户劫持"是何意。但是,我所说的绝不是笑话,它正在发生,不过目前可能还没那么远。但是当它走到那么远时,你想回头已经来不及了。

基于以上原因,有理由认为,标准化工作尽管困难,耗时耗力,但是从长远看,有利于个人,有利于大众,有利于社会的高尚工作。请向这些标准化组织致敬吧。

1.6.2 因特网工程部

之所以要把因特网工程部(The Internet Engineering Task Force,IETF)这个标准化组织列为第一个,是因为该组织制订的标准现已成为全球最大网络——因特网的核心基础。顾名思义,因特网工程部实际上是随着因特网的不断发展而建立起来的一个旨在推广因特网,解决因特网发展中遇到的相关技术问题的组织。而该组织处理的核心问题就是标准。当因特网还处于婴儿期时(只有几个或十几个节点时),任何一个工程师都可以设计一个自认为有用的协议,然后在这几个节点之间跑一圈,把每个节点"升级"一下就可以了。那个阶段并不需要标准。然而,随着因特网越来越普及,靠一个人升级所有节点变得越来越不现实,同样,由一个公司或机构来开发所有节点软件也越来越无法为大家接受。随着因特网用户的增加,越来越多的公司希望能够进入因特网这一巨大的市场并分得一杯羹。此时,多个开发者,多个公司如何开发出能够互相理解、互相配合的产品就成了摆在大家桌面上的问题。

因此,在因特网出现的第 15 年,1986 年,因特网工程部成立了,它的作用就是制订有关因特网互联、互操作的标准。迄今为止,因特网工程部已经制订了数千个标准,所有这些标准都是完全公开、免费下载的①。这些标准或多或少被所有的网络产品开发商所采纳,从而使因特网工程部成为当前通信网络领域最有影响力的标准化组织。

IETF 内部划分了大量负责特定议题的工作组,每个工作组由一个指定主席和一个或多个副主席负责。工作组内再进一步划分为领域,每个领域有一个领域指导专家和多个副指导专家。各领域分别负责制订该领域内相关标准。IETF 定期举行会议,就标准有关问题进行探讨。

在 IETF 制订的第 2026 号标准(被称为征求建议书 Require For Comment,简称 RFC2026)里,专门明确了 IETF 的标准制订过程。IETF 的标准制订过程有三个阶段:草案(draft)阶段、征求建议书(Require For Comment,RFC)阶段和标准(Standard,STD)阶段。

草案阶段是 IETF 标准的起步阶段,所有人都可以提交草案,谁也可以访问,但是绝大多数草案其命运都是淹没在茫茫的草案文海中,只有极少部分由特定兴趣群体推动的草案才会提交给工作组的领域专家讨论,从而进一步修改(每修改一次获得 6 个月的生命期)或进入到下一阶段——RFC 阶段,而所有其他没人提到的草案会在 6 个月后在草案库里被清除。

RFC 阶段,即征求建议书阶段则是一个更为正式的阶段。凡进入该阶段的标准都将被 IETF 存档。取名"征求建议"源于因特网的婴儿期。当因特网还被称为美国高级研究计划署(Advanced Research Project Agency,ARPA)网时,RFC 只是构建这些网络的技术专家们撰写的技术文档。这些文档详细阐述了网络里的许多技术细节并礼貌地征求建议。这些文档成为最早期的 RFC(例如 RFC1 写于 1969 年)。但是,到了现在,RFC 已经意味着这个文档已经可以称为一个事实上的标准了。它一旦出台,就不会再改变,如果确实存在问题或需要升级,那么 IETF 会将修改后的 RFC 重新赋一个编号,并用之代替老的 RFC。

RFC 的种类很多,具体包括:

(1)标准类。这是业界或网络用户关心的主流。该类 RFC 其最终目标是形成所有相关利益团体都遵从的技术标准。

(2)试验类。该类 RFC 指明某一领域的研究方向或尝试。用于为因特网技术群体提供经验和为其他标准 RFC 制订提供依据。

(3)信息类。该类 RFC 为因特网技术群体提供一些非共识的,仅供参考的信息资料,甚至其中有一些搞笑文档,让你轻松一下(可以浏览各年度 4 月 1 日出版的 RFC 文档)。

凡是经过多个独立实验验证,并且实现互连互通,被因特网群体广泛认可的 RFC 最

---

① 网址是 www.ietf.org。

终会被赋予一个STD编号(同时也保留原来的RFC编号),成为最终标准。但是事实上,绝大多数的因特网协议,它们所遵循的规范目前尚停留在RFC阶段,所以有关因特网协议的最终解释权均在征求建议文档里。如果大家对本书介绍的协议感兴趣或有疑问时,希望多多查阅这些相关的征求建议文档。

1.6.3 国际电信联盟-电信标准部

国际电信联盟电信标准化组织(International Telecommunication Union Telecommunication Standardization Sector,ITU-T)是联合国下属的,由联合国成员国共同参加的官方标准制订机构,也是一个历史非常悠久的国际组织。它的职责主要是负责制订国际间有关无线电、电信的管理制度和标准。国际的电报、电话能够互通,这都得益于该组织的工作。它的前身被称为国际电报电话咨询委员会(Consultative Committee on International Telegraph and Telephone,CCITT),它所制订的标准被称为"建议"(Recommendation)。据维基百科说,由于ITU-T作为国际组织的长期性和作为联合国的特别机构的特殊地位,ITU-T发布的标准比大多数其他同一级别的技术规范制定组织拥有更高的国际认同度。

但是,ITU-T制订标准需要联合国相关成员国参与,受其运作机制限制,制订标准的周期相对较长,而通信网络技术的发展却日新月异,所以该组织在一些新兴技术的标准制订过程中显得不够活跃,进展相对较缓。近些年来,ITU-T也做了大量改革,现有的标准制订程序已大大加快,有望在今后的标准制订过程中发挥更大的作用。

ITU-T发布的建议书一般以相关类别的大写字母开头,后跟随一个".",随后是数字。每个大写字母代替一类建议书。ITU-T的主要类别如表1.3所列。

表1.3 ITU-T建议书主要类别

代表字母	类 别	典型建议
A	ITU-T各部分的组织协调	
B	语法规定,包括定义、符号和分类	
C	常规通信统计	
D	常规资费原则	
E	总体网络操作,电话服务,维护操作和人为因素	E.164 国际公共电信号码分配计划
F	非电话电信服务	
G	传输系统和媒体,数字系统和网络	G.711 音频压缩
H	视频、音频和多媒体系统	H.263 视频压缩标准,H.264 视频压缩标准,H.323 基于分组传输的多媒体通信系统
I	综合业务数字网	
J	电缆网络里电视、广播和其他多媒体信号的传输	
K	抗干扰保护	
L	电缆和室外设备的建设、安装和维护	

(续)

代表字母	类 别	典型建议
M	电信管理网和网络维护：国际传输系统、电话线路、传真和租用线路	
N	维护国际电视和伴音传输线路	
O	测量仪器规范	
P	电话传输质量、电话安装、本地接入网	
Q	交换和信令	Q.931 综合业务数字网信令第三层 Q.2931 宽带综合业务数字网的 ATM 信令
R	电报传输	
S	电报服务终端设备	
T	远程信息处理服务终端	
U	电报交换	
V	电话网上的数据通信	
X	数据网和开放系统通信	
Y	全球信息基础架构和网络协议特征	
Z	电信系统语言和通用软件特征	

1.6.4 电子与电气工程师协会

IEEE 是电子与电气工程师协会（Institute of Electronics and Electrical Engineering）的缩写。该协会是目前世界上最大的专业技术团体。它是一个国际性组织，包括中国在内的世界范围内的电子与电气行业工程师，绝大多数都是它的会员。它的目标是在电气工程、电子学、无线电以及工程的相关分支领域发展理论、提高创造性和产品质量。制订电子行业相关标准是 IEEE 的工作之一，除此之外它还包括出版文献，组织并召开学术会议，开展职业技术培训等。在标准制订方面，它是当前电信、信息技术和能源产品和服务的相关国际标准开发的领头羊。

IEEE 的标准制订机构被称为 IEEE 标准联盟（IEEE Standard Association，IEEE-SA）。IEEE 标准联盟根据专业分工和用户需求设立了许多个标准委员会来制订相应的标准。其中对通信网络领域来说，最有影响力的就是 IEEE 802 标准委员会。

IEEE 802 标准委员会成立于 1980 年 2 月，又被称为 IEEE 802 局域网/城域网标准委员会（LAN/MAN Standard Committee，LMSC）。该委员会专门研究和制订有关局域网和城域网的各种标准。IEEE 802 LMSC 委员会由 11 个工作组组成，这些工作组的职能分别如下：

(1) 802.1，高层接口工作组。
(2) 802.3，以太网工作组。
(3) 802.11，无线局域网工作组。
(4) 802.15，无线个人网工作组。
(5) 802.16，宽带无线接入工作组。

(6) 802.17,弹性分组环(Resilient Packet Ring,一种局域网技术)工作组。

(7) 802.18,频谱法规技术建议工作组。

(8) 802.19,共存技术建议工作组。

(9) 802.20,移动宽带无线接入工作组。

(10) 802.21,媒体独立切换工作组。

(11) 802.22,无线区域网工作组。

每个工作组制订的标准以该工作组编号开头,随后跟一个或多个字母表示不同的标准内容或版本。

在这些工作组中,目前最有名的应该算是IEEE802.11工作组。该工作组制订的IEEE 802.11系列标准几乎一统无线局域网天下;在今天的笔记本电脑或智能手机里几乎无一例外地安装了采用IEEE 802.11无线局域网标准的网卡。这些网卡可能产自不同的生产厂家,但是却能够高效地互相通信,给使用者带来了很大便利。

1.6.5 宽带论坛

宽带论坛(Broadband Forum,BBF)是一个在宽带通信网领域非常活跃的非营利标准化组织。目前该组织的会员有近200个,几乎电信届的龙头企业都是该论坛的会员。它制订的标准以技术报告(Technical Report,TR)的形式出现。这些技术报告是事实上的行业标准,受到了业界的广泛遵循。

宽带论坛是多个论坛的综合体。它的主体起源于1994年成立的非对称数字用户线路(Asymmetrical Digital Subscriber Line,ADSL)论坛,当时该论坛的主旨是制订ADSL相关的行业标准。后来,该论坛扩展了其关注领域,不仅仅针对ADSL,而是开始对所有的数字用户线(Digital Subscriber Line,DSL)制订相关标准,因此该论坛也随后更名为DSL论坛。

在20世纪90年代初,在ADSL论坛还未成立前,另外两个行业论坛——异步传递方式(Asynchronous Transfer Mode,ATM)论坛和帧中继(Frame Relay,FR)论坛就已经很活跃了。这两个论坛都成立于1991年,当时正是ATM和FR发展风头正劲时,由于其他标准化组织制订标准的周期过长,赶不上ATM和FR飞速发展的需求,因此这两个论坛应运而生。其中ATM论坛的表现尤其突出,它在短短几年内制订了超过200个ATM相关标准,在当时的标准制订组织中可谓独树一帜,发挥了重要作用。然而,市场却并没有眷顾这两种技术,而是顽固地选择了另外一种更简单、更古老的技术——IP,从而使得这些论坛的工作劲头在20世纪90年代末受到沉重打击[①]。到2000年后,这些组织纷纷改弦更张,与一些新成立的论坛或老的相关论坛合并。其中,FR论坛在2003年与2000年成立的MPLS论坛合并,2005年合并后的组织又与ATM论坛合并成为IP/MPLS论坛,并最终于2009年与DSL论坛合并成为现在的宽带论坛,如图1.7所示。

在后面讨论相关技术时会看到,论坛的合并过程,跟这些相关技术的应用有着潜在的

---

① 有传言说,ATM论坛的工作效率过高也是导致ATM发展受限的原因之一。因为ATM论坛的标准每一版本推出的间隔期过短,往往厂家前一版本还没完全实现,后一版本又出来了,导致厂家无所适从。此传言是否属实无法证实,但是另一方面也提示标准制定者,标准发布后,有必要保持一定时间的稳定期。

关联。事实上，当今的宽带技术，就是以上这些早期论坛名称所包含的技术综合应用的结果。

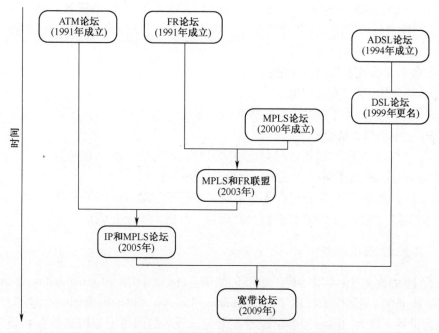

图1.7 宽带论坛发展历史示意图

1.6.6 3GPP 和 3GPP2

3GPP(3G Partnership Project)是第三代合作伙伴计划的缩写。这里的第三代，是指第三代移动通信(即3G通信，市面上的3G手机即采用此种通信模式)。有意思的是，在后面介绍相关技术时会看到，实现第三代移动通信在业界并非一条道路，而是有两条道路。这两条道路虽然都要达到相同的(或类似的)功能，但是其实现的方式却有所差异。相应地，在业界形成了两大阵营，分别支持这两条道路。对应地出现了两个标准化组织，分别致力于对应技术路线的标准化工作(两大阵营之间的产品是无法互通的)。这两个标准化组织就是3GPP和3GPP2。其中3GPP主要推动以全球移动通信系统(Global System of Mobile Communication,GSM)和宽带码分多址(Wideband Code Division Multiple Access,WCDMA)为核心网络技术的移动通信系统发展，它成立于1998年；而3GPP2则主要推动以码分复用(Code Division Multiple Access,CDMA)2000为核心网络技术的移动通信系统发展，它成立于1999年。顾名思义，3GPP和3GPP2都是旨在推动第三代移动通信发展的组织。它们的主要工作就是制订各自的3G相关标准。这两个组织事实上占据了第三代移动通信标准制订的统治地位，对于推动第三代移动通信的发展发挥了非常重要的作用。中国于1999年同时加入了这两个标准化组织。在我国，目前两大组织制订的标准也在同时应用。

所有的3GPP标准都是以技术标准(Technical Standard,TS)或技术报告(TR)加四到五位数字组成。前两位数字和后二到三位数字之间用"."隔开。前面的数字代表系列号，后面的数字代表在该系列里的编号。

3GPP2 标准号遵循标准编号规则①。所有的标准都以技术标准组(Technical Standard Group,TSG)开头,后跟 G. Tcccc[-ddd]-X 的形式,其中:

(1) G 代表技术标准组号(G 的值可以是 A、C、X、S 和 SC 中的任意一个。3GPP2 内部分为 4 个技术标准组及一个指导委员会。G 用于区分这 5 个分支机构,分别为:

① A 表示接入网接口技术标准组;

② C 表示无线接入技术标准组;

③ X 表示核心网技术标准组;

④ S 表示服务和系统相关技术标准组;

⑤ SC 表示指导委员会。

(2) T 明确这是项目、报告还是规范(P 为项目;R 为报告;S 为规范);

(3) cccc 是四位的数字文本编号([0000~9999]);

(4) ddd 是可选的分卷编号,分为多卷的文档可用此编号([000~999]);

(5) X 定义了修订版本(0 代表初次发布,A~Z:版本不断升级)。

1.6.7 其他标准化组织

除了上述这些标准化组织外,还有国际标准化组织(International Standard Organization,ISO)、美国国家标准学会(American National Standards Institute,ANSI)等。其中,ISO 是世界上最大的国际标准制订专业组织。著名的网络七层模型就是由该组织设计的。它的成员有近 160 个国家和地区,尽管 ISO 本身是一个非政府组织,但是其成员有很多是相关国家和地区的政府机构和服务于政府机构的相关职权部门。因此 ISO 发布的标准具有较强的约束力。IEEE 的 802 标准委员会制订的许多标准,后期都已被 ISO 接纳为 ISO 标准(IEEE 标准 IEEE 802.1~802.6 已成为 ISO 的国际标准 ISO8802-1~8802-6)从而成为国际标准,标准的覆盖范围与约束力得到了进一步的提升。

美国国家标准学会是一个老牌的私立非盈利标准化组织,由于很多计算机技术早期发源于美国,而 ANSI 制订的相关标准确保了这些技术成长壮大并最终走向商业化、全球化。因此大多数人所接触到的许多计算机技术,其所遵循的标准都有 ANSI 的烙印。除此之外,还有许许多多重要的国际的、国家的标准化组织。为了不让读者感到厌倦,在此就不再一一列举。需要说明的是,正是这些标准化组织的共同努力,才使得如今全球化的网络成为可能,千千万万的用户才有可能拿着自己的手机和笔记本电脑,旅行到其他国家时还能够访问因特网和打电话。当然,标准化工作还可以做得更强、更完善,这样用户在日常工作中就可以避免文件格式的倒换、避免漫游到某些国家后需要重新购买或更换手机后才能通话的现象发生、避免用户被自己所购买的产品和设备劫持。但是这需要用户通过行动——"拒绝非标产品诱惑,坚持采用标准化产品"来支持。

1.6.8 军用标准

作战行动和常规的民事行动和商业活动有比较显著的差别。例如作战行动的地域往往是不发达地区,信息基础设施不够好,或者出于毁伤敌人信息沟通能力而故意地摧毁战

---

① http://www.3gpp2.org/public_html/Specs/SC.R1002-0_v1.0_Publication_Numbering_Guidelines_031204.pdf。

地信息基础设施等。因此作战行动必须依托自身的基础设施,同时要考虑高机动、对抗环境和恶劣电磁环境的影响。这些因素在民用系统里可能很少加以考虑,为此,军事行动可能会需要一些专用的技术。而这些专用的技术需求无法包含在民用系统标准中,因此催生了专门的军用标准。国际上比较典型的军用标准是美国军事标准和北大西洋公约组织标准。

美国军事标准实际的名称是"合众国防卫标准"(United States Defense Standard)。美国军事标准由美国国防部颁布,用于实现军事技术的标准化。

美军认为,标准化有助于实现设备的互操作,确保产品满足特定的需求、通用性、可靠性,减少全期成本,确保与后勤系统的兼容性,以及其他防卫目标的实现。

美军标准分几大类,包括表1.4所列的几种类别。

表1.4 美军标准主要类别

缩　写	类　型	定　义
MIL-HDBK	防卫手册	包含标准操作使用程序、技术、工程和设计信息的指导性文档。MIL-STD-967里定义了防卫手册的格式和内容
MIL-SPEC	防卫规范	描述基本的技术需求的文档。这些技术需求针对的是军事应用特殊的产品或者是做了本质性改动的商业产品。MIL-STD-961里定义了防卫规范的格式和内容
MIL-STD	防卫标准	制订了标准的工程和技术需求的文档。这些技术需求针对的是军事应用特殊的产品或者是做了本质性改动的商业产品。产品可以包括工艺、方法、过程等。MIL-STD-962里定义了防卫标准的格式和内容
MIL-PRF	性能规范	性能规范指明了在特定场景下验证性能符合度时所要达到的结果,但是并没有指明实现所要的结果要采用什么方法。性能规范只是定义了产品的功能需求,它所运行的环境,以及接口、互换性要求等
MIL-DTL	详细规范	详细规范指明了设计的需求,包括需要使用什么原料,如何实现一个需求,或者一个产品如何生产和优化的过程。同时包含性能需求和详细需求的规范将被视为详细规范

美军坚持标准化是一个长期的过程。18世纪末期和整个19世纪,美国和法国军方在全球范围内最早采纳军用标准,并长期支持军用标准研发。美国和法国军方也一直是军用产品互换性和标准化的倡导者。到了第二次世界大战(1939—1945年),基本上所有国家的军队和跨国军事联盟都开始重视和强调军事标准。

例如,由于在尺寸误差容忍度上,第二次世界大战之前的美军和英军的标准不同,就导致了美国的螺丝、螺母无法安装到英国的设备上。后期防卫标准的统一为第二次世界大战的胜利做出了许多贡献,例如减少了弹药的种类,后勤更加方便,确保了工具的兼容性,以及确保了军事设备生产时的产品质量。

另一个在军用标准制订领域的积极参与者是北大西洋公约组织(North Atlantic Treaty Organization, NATO)。众所周知,北大西洋公约组织是由美国牵头,美国盟友国家共同组成的军事同盟组织。军事同盟必然涉及武器装备的协同、公用或互换。为此,制订相应的军事标准并落实之也是确保北约各国之间能够有效协同的必要举措。NATO的标准制订有一系列的组织,它们包括NATO标准化委员会(Committee of Standardization)、NATO标准化组织（NATO Standardization Organization，NSO）、NATO 标准化局（NATO Standardization Agency，NSA）和 NATO 标准化参谋组（NATO Standardization Staff Group，NSSG）等，这些组织都在 NSO 下开展工作。标准制订的具体执行机构是 NSA，所制订的标准由 NATO 各成员国共同遵守。

NSA 制订的军事标准都以 STANAG 和 AP 开头。STANAG（NATO Standardization Agreement）是几个或全部 NATO 成员国同意执行的标准，这些标准在各成员国执行时可以只执行一部分，也可以有所保留。联盟出版物（Allied Publication，AP）是 NATO 几个或全部成员国根据任务权限（Tasking Authority Level）所执行的标准。

我国标准除国家标准（以 GB 开头）外，还包括行业标准和军用标准。其中国家军用标准是以 GJB（"国军标"的拼音首字母）开头。GJB 系列标准是我国军用产品应该遵循的标准。每个标准根据其内容不同，其发行的权限也不相同。大部分的国家军用标准可以在通用标准网上查询到。网址为：www.ptsn.net.cn。

1.6.9 关于标准的错误观点

标准并不是一个陌生的概念。它几乎渗入了日常生活的方方面面。很多技术甚至没有给它起很好的名字，而直接用标准号来称呼它。例如 802.11，RS232 等都是如此。几乎每个对技术略通的人都知道"标准"这个名词。似乎大家都知道标准是什么，貌似不需要花这么大篇幅的章节来讲述它。然而，遗憾的是，对于标准，绝大多数人的认识是肤浅的，存在许多对标准认识的误区，存在很多关于标准的错误观点。这些错误观点不消除，标准就无法真正有效得以实施。在此，本书罗列一些常见的错误观点，并逐一加以分析。

（1）制定标准就是写一份标准文档。这一错误观点的普及率是所有错误中覆盖面最广的。上至产业规划者，下至技术人员和大多数标准从业人员，甚至很多国家部门和行业标准管理部门也是这一认识。很明显这一认识是错误的。一个完整的标准，在颁布前应该有一到两个证明可以实用的实验系统，应该有一套标准符合性检验的一致性测试平台，最后，才是一套完整的，可实施的，无歧义的标准文档。实验系统的作用是检验所制订的标准是否可操作。假如没有实验系统就直接发布标准，那么很有可能标准里还存着某些未明确的硬伤或过不去的门槛，这样导致标准无法执行。一致性测试平台的作用是验证某个产品是否符合标准。可以声称产品遵守某个标准，但是如何验证呢？毕竟一个标准可能涉及很多内容，有很多异常情况，必须通过一致性测试，达到一定的标准内容覆盖（要求做的都做了，而且是按照要求做的）后，才能认为是符合标准的。没有做过标准一致性检验，连标准发布者自己提供的产品都没法保证符合自己发布的标准，那么标准的权威性就无从谈起。因此，一个标准对外是一个编号的标准文档，它应该包含的是一个实验的系统、一套一致性检验措施甚至一个或多个专门的检验仪器。可以想见一个标准的制订和发布过程一定是比较长的，其制订成本也必然比较高昂。而某些标准管理部门，制订一个标准经费只有区区几万元，十几万元，制订的周期又非常之短，很明显的只是把标准看成是一个随意写就的文档。从而导致标准的可执行度不够高。

（2）有了标准就可以互联互通了。在技术领域经常听到这样一句话："×××不是有标准吗？照标准执行就可以互联互通了。"这句话看似不错，但是却忽略了一个前提。这个前提就是，"有了标准，且通过该标准一致性检验测试的，就应该可以互联互通了。"请问现在的国家军用标准，有多少经过了标准一致性检验测试这道程序？谁来发布国家军用标准的检验合格证书？行业标准是有专门的证书发布机构的。例如信息产品，需要经过工业和信息化部电信传输研究所检验后，专门颁发相应的一致性检验合格证和入网许可证。传统的一些物理的、电气的接口标准，它的规定相对明确，例如内径多少，外径多少，电平多少，允许的误差范围是多少等。这些标准不需要专门的仪器，通过目测和一些通用测量仪器例如游标卡尺、电压表等就可以测量出来。这样的标准实施起来容易，也不需要专门的一致性检验系统。但是一些更复杂的标准，例如特定的协议标准，如何确定这个产品是否与已经发布的标准一致？是否已经完全实现了已经发布的标准内容？两个产品都声称自己符合标准，其运行逻辑是否能够互通？以上问题不经过专门的一致性测试系统是无法得知的。这就要求在通用的仪器仪表之外，要开发专门的一致性测试系统，测试系统要能够覆盖标准的主要核心功能，能够以较高的概率发现可选功能的差异。甚至要开发一些专用的仪器仪表来验证其是否符合标准。只有通过检验，且发给一致性检验合格证书的产品才能够互联互通。

（3）不制订标准或者标准不公开可以有更好的安全性。很多系统承包商从维护自己的利益出发，在系统研制过程中愿意使用一些非标准的产品，这样他们可以有效地把潜在的竞争对手和未来的竞争对手排除在外。但是他们也有一个听起来貌似合理的理由"不制订标准或者标准不公开可以有更好的安全性"。这个思想并非新创，它被称为"通过模糊提高安全性"(Security Through Obscurity)。通过模糊提高安全性的观念在多年前就被一些工程师提出来，他们认为如果攻击者不了解某个产品，则就不容易发现该产品的缺陷。它和"设计上的安全性"和"开放安全"两个概念是反的。然而，多年实践证明，在大多数情况下，采用通过模糊提高安全性的设计方案，其方案的稳定性和缺陷远远大于"设计上的安全性"。也就是说，公开设计，可以让更多的人寻找和发现潜在的缺陷，而封闭、模糊的设计，由于缺乏同行验证，其潜在的缺陷可能会非常低级和简单。也就是说，一个攻击者，一般情况下，如果他要针对一个系统进行攻击，则他了解一个模糊系统并找到其缺陷，要比找到一个开放安全系统上的缺陷容易得多。因此"通过模糊提高安全性"的安全方案在国际工程应用上的接受度非常低，美国国家标准技术委员会(National Institute of Standards and Technology, NIST)在许多文档里都明确反对"通过模糊提高安全性"的思想。它说"系统的安全性不应当依赖某个实现或者部件的隐秘性来达成"。本书重点不在安全，所以在安全方面是否要通过模糊性来达成本书不给出明确建议，但是很明显，从标准的互联互通，可靠性和可互换性等角度考虑，接口不制订标准或标准不公开是站不住脚的。作者认为："凡是存在互联互通可能性的接口都应该制订标准。标准应该对可能的设备承研商开放。"

（4）制定标准、研制符合标准的产品和标准一致性检验都可以让一个厂家来做。任何一个标准总有牵头制订单位，谁来牵头制订更合适呢？显然，请那些成功开发了实验系统的厂家来制订标准是合理的。因为他们通过实验系统的开发，已经掌握了具体的流程和详细的细节，他们写的标准将比其他没有实验系统的更有可操作性。当然，其他对标准感兴趣的公司和学者也可以积极参与到标准的撰写过程中来，通过研读，讨论获得无歧义、可操作性强的解决方案。但是，标准的一致性检验是否也可以请标准的起草厂家来开发呢？这个答案恰恰是否定的。标准的一致性检验必须依托一个第三方，它独立于标准的起草者，通过对标准本身的阅读，来理解标准的实现过程并加以验证，这实际上是一个标准的验错过程。假如标准哪个地方有歧义或者描述不清晰，那么就会导致一致性测试和标准的差异，这样双方坐下来，有利于标准的进一步明确与完善。如果让标准的研制厂家来开发一致性测试，存在以下几个风险。首先，一致性测试的实现和标准实验系统的开发是一批人，那么可能会采用标准里并没有明确的，但又是至关重要的逻辑，那么该厂家的产品可以通过一致性测试，所有其他按照标准研制的厂家，由于其中隐藏的门槛导致无法实现，从而让标准事实上不可操作。只能一家实现的标准不再具有任何意义。其次，系统研制厂家和一致性测试的开发如果是一家，那么很容易导致实现与标准的偏离。因为系统实现和一致性测试只要同时更新，就可以互通了，但是这时更新的逻辑可能与标准里所阐述的逻辑完全不同。这同样也会导致标准不可操作。再次，一致性测试与系统开发者的分离也有助于打破垄断，毕竟开发者是运动员，而一致性测试将来要承担颁发检验合格证，颁发入网证书等职责，它所承担的是裁判员角色。让一家单位同时承担裁判员和运动员的角色显然不合适。因此，制订标准者与一致性系统的研制者应该分离。

（5）由于军队的特殊性，军队应该多制订自己的标准。军队作为一个特殊的行业，它在产品的使用需求、应用场合等方面都有其特殊的要求。这也是世界各国制订军用标准的出发点。但是，是不是制订的军用标准越多越好呢？什么东西，只要能跟军事挂钩，就来制订一个军用标准？事实上，这个思想是非常错误的。产生这一思想的根源还是没有充分认识到标准制订的复杂性。如果仔细考虑一下整个标准的制订过程，就会知道生产一个真正可操作、发挥作用的标准，其形成的周期长，代价非常高昂。越是涉及层次高、涵盖面广的标准，其周期和研制代价越高。这样一来，军队自己的标准制订的越多，研制成本就要大大增加，研制周期就要大大延长。无论是从军队系统建设周期和研制经费上看都不划算。对于当今世界的任何一个主流国家来说，军队无论在哪里都是小众，单独为军队维持一套完整的标准及标准的配套系统是军队自身难以承担的。即便是世界头号军事强国美国，它也做不到所有的军用设备全部采用独立的一套美军标准，反而曾经吃过军用标准过多过滥的苦头，走过军用标准过多过滥的弯路。由于军用标准在第二次世界大战中发挥了重要作用，因此有一段时间美军标制订覆盖面非常广，结果导致了供应商供应周期的迟缓，设备单位价格的大大提高。到二十世纪八九十年代，据统计美军制订了 30000多个标准，这些标准设置了一些不必要的限制，增加了承包商的研制开发成本和产品价格，阻碍了新技术在部队的应用。为了应对日益增加的批评，国防部长 William Perry 在1994 年专门颁布了一份备忘录，要求在没有特别说明的情况下禁止使用军用标准。国防部开始强力推荐使用工业标准。根据 2003 年一本杂志调查，美国军用标准从早期的45500 个已经减少到了目前的 28300 个。民用系统受广大的用户需求驱动，其技术发展日新月异，标准更新也非常迅速，且其标准的制订、检验都不需要军队投入。因而，军方的产品应尽可能地依托民用标准，最大化地利用民用系统的成果与资源。

1.6.10 军队标准制订应遵循的原则

综上，作者认为军队标准制订应遵循如下三个原则。

原则一：能沿用民用标准的应尽量使用民用标准，尽量少制订军用标准。技术的发展日新月异,为了跟踪技术的发展,尽快地把新技术转化为生产力和商业利润,需求催生了大量的标准化组织。这些标准化组织受大公司支持,有资金、有能力、有技术在很短的时间内推出可靠、稳定的标准。直接接纳它们的劳动成果,将民用技术直接应用到军事系统中,是最经济、最有效的方法,同时也可以保证与民用技术的发展随时接轨。这也是我国军队发展坚持军民融合发展战略、充分利用商用成果的根本原因。如果一味地强调军用标准,那么就是和军民融合发展的大战略背道而驰,就和民用技术的发展无法接轨。应该坚持凡是能够采用民用标准的地方,一定采用民用标准,只有确实民用标准无法满足的地方,才通过制定军用标准来加以弥补。有些可以作为民用标准的增强型选项(如增强安全选项、增强抗干扰选项等),而不必重新定义个全新的标准。这样当民用标准更新后,军用标准就可以一同更新,而不会处于版本前后不一致的尴尬境地。

原则二:制订军用标准应该给予充足的时间与经费,要有一致性测试检验手段,确保每个标准具有可操作性和权威性。在确有需求的条件下,制订军用标准要遵循客观规律,不能操之过急,不能只收文档,要提供充足的经费,不仅要有充足的标准文档制订经费,还应提供一致性验证系统的开发、研制、设计经费。要有对应的实验系统,最好经过两个或更多个独立开发系统的验证,最重要的是要由非标准制订者的第三方来开发一致性测试系统(包括软、硬件,甚至仪器仪表)。一致性测试系统的测试集合要能够覆盖全部的标准必选集合,并且基本覆盖可选集合。一致性测试系统本身要可靠,具有权威性。所有颁布的军用标准,要有专门的实体,通过一致性测试流程来验证其是否符合,如果符合,应发放检测合格证书。未经权威部门检测的产品不得声称"符合×××军用标准"。总之,军用标准的制订整个过程要科学合理,军用标准要"少而精"。每一个军用标准都有其权威性,不能让军用标准成为一纸空文。一句话,没有验收和检验手段的标准等于没有标准。

原则三:杜绝信息系统采用非标准接口。由于我军信息系统建设起步较晚,相比外军缺口较大,自从20世纪末期开始一直处于追赶状态,要在短期内弥补跟外军信息系统建设的差距,信息系统的建设就或多或少存在着赶工期的现象。由于标准的制订周期长、程序复杂、成本高,在前期的许多信息系统设计开发过程中,往往忽略了标准的制订过程和验证过程,不少信息系统的接口采用的是非标准接口,或者即便有标准,也跟实际系统存在较大的差异。非标准系统的采用导致了许多信息设备互联互通困难、后勤保障困难、升级换代困难的"三难"现象。从21世纪10年代往后,我军与外军处于同步发展期,这时的信息系统建设不宜再强调进度和速度,而应该着重重视信息系统建设的质量与标准。我军应该杜绝信息系统再采用自定义的非标准接口,凡是存在互联互通可能的地方,都应该明确标准并严格落实,绝大多数可以直接采用民用标准。经过充分论证后,必须制订军用标准的地方应安排制订军用标准,已有标准的接口、备件应该严格遵守,并同步建设一致性测试系统和仪器仪表,指定专门的一致性测试评估机构。标准应该扩充到信息系统可能接口的方方面面,包括传统的硬件接口、软件接口、数据格式(以对外提供数据)等。凡是应该采用标准接口而实际采用非标准接口的信息系统应该不予以设计定型,否则给我军的信息系统发展会带来隐患。

当然,以上标准制订的三个原则涉及决策层、管理层、技术层等多个层面和组织机构,单靠一家无法实施,还需要全军上下各部门共同努力,早日扭转信息系统互联互通能力差、后勤保障复杂的局面。

1.7 战术互联网的发展

事实上,在全球范围内,战术通信网络都一直紧随着战略通信网在不断发展。与战略通信相比,战术通信具有设备小而轻,可以便携,能够实现有线、无线相结合的特征。可在恶劣自然环境和电磁环境(丛林、山地和地方强电磁干扰)条件下使用,通信范围一般在几十千米到几百千米之间。

战术通信网络作为战场作战的信息保障网络,有两种保障模式。一种被称为"伴随保障",也就是随着指挥流走。通信设备和通信人员配属在指挥、作战人员身边,需要指挥和报告时,按照指挥层级逐层下达命令或逐级上报。这样形成的保障模式与指挥流程基本一致,呈一种树状结构。如图 1.8 所示。

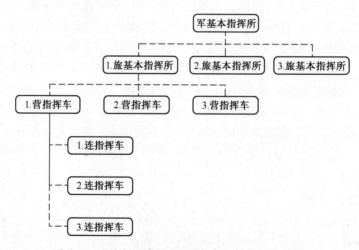

图 1.8 伴随式保障树状图(虚线代表信息流向图)

到 20 世纪 60 年代为止,世界各国的通信保障基本采用这一模式。当时通信设备少,通信设备主要保障重点方向,采用这种模式具有结构清晰,与指挥流充分结合的特点。但随着通信系统逐渐增加,通信设备基本覆盖了战场所有要素,传统的树状通信模式已经不能满足指挥人员的需要,如果全部采用伴随保障,这样网络就是一个非常密集的树,且核心就是指挥机构,大大限制了指挥的灵活性,其抗毁性和抗侦察能力也非常弱。因此又出现另一种模式,被称为"区域保障"。也就是通信信息系统不再跟随指挥要素走,而是在战场地域里建立起一个临时的、栅格式的公共网络,需要通信的要素只需要接入到这个公共网络(这个区域),就可以和其他要素通信,也就相当于架设了一个临时的公共通信系统。由于区域保障可以覆盖整个作战地域,且核心链路采用栅格组网,抗毁性高。区域保障模式是 20 世纪 60 年代后各国在战术通信领域积极发展的保障模式,如图 1.9 所示。

在图 1.9 中,可以看到有两类节点,一类白色节点,称为"干线节点",它们用于构成覆盖战场区域的核心栅格化网络,一般不直接与用户(指挥要素)连接,主要用于实现信

第 1 章 战术互联网概述

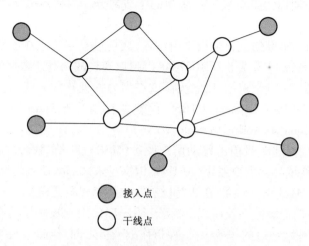

图 1.9 区域保障通信网络示意图

息的转接、交换,干线节点之间一般有多条通路,这样一旦战场上某个节点或某个链路被有意或无意损毁,也不会导致战场通信彻底中断。另外一类灰色节点,被称为"接入点"。各级指挥要素(如师/旅/团指挥所,营指挥战车等)就近通过有线或无线方式与这些接入节点连接,从而"入网",实现与战场其他用户的信息交互。用户节点可以转接也可以不转接其他用户的业务。在实际系统中,考虑到不同指挥要素的作战力量差异较大,信息通信需求也有较大区别,因此分别为不同等级的用户可以设置多种用户节点(如"大用户节点""小用户节点")。这些用户节点的主要差异是信息点的数量,信息的传输能力上的差异,以最经济节约的方式适应不同指挥层级的需求。

自从 20 世纪 60 年代后,世界各国军队都在致力于将信息系统应用到战场通信中,出现了多种战场区域通信系统。除了在第 1.1 节介绍的美军 MSE 和 EPLRS 系统外,还有德国的奥托科(AUTOKO),法国的里达通信系统(RITA),瑞典和挪威的增量调制移动通信系统(DELTAMOBILE),荷兰的增量调制战术地域通信系统(DELTACS),英国的第一代熊(BRUIN)、第二代松鸡(PTAARMIGAN)和第三代多功能通信系统(MRS),澳大利亚的乌鸦(RAVEN)和小鹦鹉(PARAKEET),加拿大的马可尼地域通信系统(CMACS),意大利的卡特林(CATRIN)和移动综合数字自动化系统(MIDAS),西班牙的 RADITE 地域通信网等。

1967 年,美国、英国、加拿大和澳大利亚四国联合研制野鸭(MALLARD)系统,由于种种原因,该系统最终夭折了。1971 年美国单独开始研制 TRI-TAC 系统,但是因为研制时间长、费用高,五角大楼感到实现该系统困难较大,被迫寻找新的途径,随后提出了研制 MSE 系统。时值越南战争后期,为了将系统尽快装备部队,陆军通信电子司令部在研制 MSE 时采取了非研制产品(NDI)方案,即将 TRI-TAC 的一些已成型设备和国外研制的战术地域通信设备(如 RITA)结合为一体,组成了一个能提供话音、数据、电传和传真业务的通信网络。

美军军一级典型的作战地域为 $(150 \times 250) \text{km}^2$。在此地域中将配备 42 个节点中心来满足五个师建制的一个军在空、地一体的作战战场上的需要。一个 MSE 系统可以为 8100 个用户提供服务,其中固定用户 6200 个,移动用户 1900 个。

MSE 形成了后期称为美军战术互联网的干线部分。为后期战术互联网的建设奠定了基础。

随着世界各国的军事信息化建设不断深入，战场信息系统也在不断发展。比较典型的是法军的 RITA 系统，它开发出了 RITA2000，可以实现战场高速数据传输和战场信息交换。在美国方面，自 20 世纪末期开始，美国就在大力推进软件无线电技术以及联合战术无线电(Joint Tactical Radio System，JTRS)系统，并计划基于 JTRS 构建作战人员信息网(Warfighter Information Network-tactical，WIN-T)。

WIN-T 将取代美陆军目前由移动用户设备(MSE)和三军联合战术通信系统(TRI-TAC)构成的战术地域公共用户系统(ACUS)，以满足未来部队作战的通信需要。

MSE 和 TRI-TAC 这两个系统在 20 世纪 80—90 年代曾是美陆军重要的战术通信系统，其中 MSE 用于较低级的军及军以下梯队，TRI-TAC 用于较高层的军以上梯队。在战场上，MSE 支援军和师一级的作战人员，保持作战人员之间、作战人员与指挥所和战术作战中心的司令官之间的联络；TRI-TAC 则提供一个战区级的通信基础网，该网能支持战术网之间以及执行战术和战略任务的陆军与联合梯队之间的信息传输。

由于 MSE 基于电路交换，以话音通信为主，数据相对很弱，远不能满足未来部队对话音、数据、图像、视频等多业务通信需求，而且还有网络安装时间长和不能提供动中通能力的缺点，因此美陆军将以 WIN-T 取而代之。

但由于在 WIN-T 在装备部队之前还需要一段较长的准备时间，结合从伊拉克战争中汲取的经验教训，美军中央司令部迫切需求对可部署通信系统及其支持体系进行改进。美陆军意识到需要向作战人员提供一种过渡能力，并结合 WIN-T 发展计划制订一种"桥接到未来网络"的概念。联合网络节点(Joint Network Node，JNN)就是这样一个过渡性计划，它在战术构成上替代 MSE 交换网，提供现代化的交换、传输、信息网络安全、网络管理和终端设备，以填补从伊拉克作战中发现的空白。JNN 现已被纳入 WIN-T，成为 WIN-T 的增量。

再往后，美军计划开发未来作战系统(Future Combat System，FCS)，它是一个利用通信和信息网络将多种有人和无人系统、空中和地面系统及士兵系统等链接在一起的网络化的多系统之系统，如图 1.10 所示。届时，WIN-T 将作为 FCS 的战场战术级组成部分，融入整个 FCS 中。

第1章 战术互联网概述

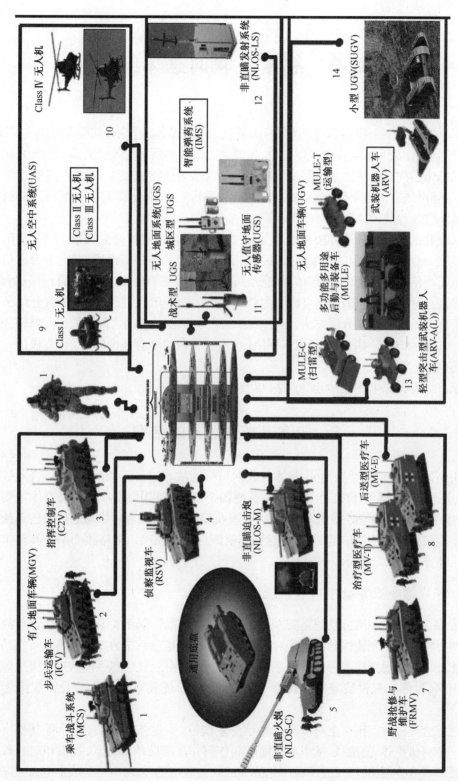

图1.10 FCS体系结构构图

第 2 章　战术互联网总体结构

战术互联网是一个覆盖军、师(旅)一级规模的战役战术通信网,其覆盖范围广,涉及要素多,而且从作战和日常行动规则上说,各要素之间存在明显的等级关系,因而,采用分层多级的总体结构实现战术互联网是恰当的。尽管从简化指挥层次、提高反应速度等角度考虑,战场网络有向扁平化发展的趋势,但是其逻辑上也将仍然保持分级分层的架构,以适应部队常规作战的体制和结构需求。

战术互联网的分层分级方法有很多,相互之间也存在一定的映射关系。以构成的信道设备类型划分,可以分为战术电台互联网层、野战综合业务数字网层、升空平台通信层和机动卫星通信层;以要素的指挥体系划分,可以分为军旅网层、旅营网层、营连网层和连以下子网层;以网络的形态划分,可以分为骨干网、指挥所子网、接入子网、无线分组子网和专用子网层。所有这些分层方法,有一点是共同的,那就是各层之间均使用互联网控制器相衔接,使战术互联网中的各种通信网络(包括同种网络和异种网络)综合集成为一体化的通信网络。

下面将分别讨论上述几种分层方法,以及相互之间的关系。

2.1　按信道类型划分的结构

如前所述,按照信道类型划分,战术互联网可分为战术电台互联网、野战综合业务数字网、升空平台通信系统和机动卫星通信系统四个部分。其中,战术互联网整体主要由"野战综合业务数字网"和"战术电台互联网"有机融合而成,并通过机动卫星通信系统和升空平台通信系统延伸通信范围、实现远程超视距通信以及接入战略核心网。其基本层次概念示意图如图 2.1 所示。

2.1.1　野战综合业务数字网分系统

野战综合业务数字网分系统是陆军、海军、空军、火箭军等诸军兵种遂行联合作战时指挥控制、情报侦察、预警探测和电子对抗战场五大电子信息系统的基础网络。可在预先展开的作战地域开设野战综合业务数字网,使我军任何网络、任何作战部队接入野战综合业务数字网,为部队提供战场宽带的综合业务网络,形成我军数字化的公共数字通信平台。

野战综合业务数字网对上可以与战略信息系统网(如宽带综合信息网)等其他网系互联成一个有机整体,使战役、战术通信网络和任何作战部队均可接入,提供相对比较高速的战场综合业务网络,形成我军数字化战场的公共通信平台;对下可与战术电台互联网无缝连接,使"机动通信网"相辅相成,取长补短,共同保障战役、战斗指挥的通信联络。

2.1.2 战术电台互联网分系统

战术电台互联网是通过网络互联协议将各种战术电台互连在一起形成的无缝电台网络。其作战使命是为运动作战的各要素之间提供基本的战场态势、指挥控制和话音通信能力;增强指战员及武器平台对战场信息的共享能力;保障各作战要素之间纵向和横向的信息传输,形成整体作战能力。

战术电台互联网基本构架是由战术电台互连骨干网和战术电台互联子网组成。一级骨干网通常由高速数据电台构建,为电台互联子网提供接入和广域互连,并通过标准接口与干线网互联,形成骨干网与干线网的无缝连接,并通过干线网实现分布在不同地理位置的战术电台互联网之间的互联互通。

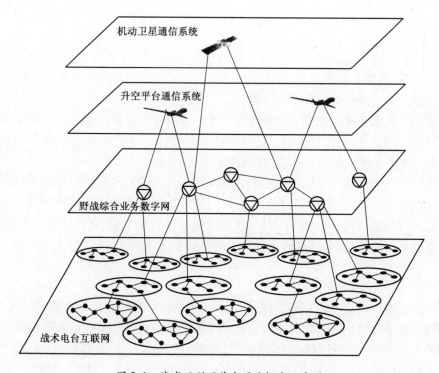

图 2.1 战术互联网基本层次概念示意图

2.1.3 升空平台通信分系统

升空平台通信分系统主要为战术电台互联网或干线网提供超视距连接,扩展其通信范围,升空平台通信系统基本可以实现作战地域内的通信覆盖,增强战术互联网在山区、丛林、水网地区的组网能力,从而极大地提高了该网络的综合效能和通信保障能力。

升空平台通信分系统主要包括升空无人机和无人直升机两类中继平台。

依据升空平台通信分系统装载设备的不同,升空平台可以在逻辑上属于干线网(若升空平台携带接力机)或战术电台骨干网(若升空平台携带高速数据电台或多信道网关电台)。

2.1.4 机动卫星通信分系统

机动卫星通信分系统是战术互联网的组成部分,可以用于构成网络节点间的传输链路,根据需要,也可单独组织运用。其作用与升空平台通信系统基本相同。但其通信距离更广,支持的通信容量更大。

2.2 按网络形态划分的结构

以网络的形态划分,战术互联网可以分为骨干网络、指挥所子网、无线分组子网和专用子网。

2.2.1 干线网

干线网主要由干线节点和大容量干线传输设备组成。干线节点具有交换和路由功能,主要由互联网控制器和野战 ATM 交换机构成。干线大容量传输设备包括数字微波接力机、散射、卫星、光纤、高速数据电台等。

干线网是战术互联网的核心部分,为师、团各级指挥所和有特殊需求的营提供广域网连接,干线网对上可以实现和战略、战役网的互联互通,对下主要通过移动骨干网与战斗前沿的战术电台子网通信,也可直接接入战术电台子网。

干线网在作战地域内布设成栅格状,机动情况下采用大容量无线传输手段(数字微波接力、散射、卫星、光纤等),通过升空平台、卫星、散射链路扩大干线网的覆盖范围,提供高性能的网络服务;在运动情况下,干线网可依托动中通卫星、高速数据电台链路和升空平台等提供广域的、具有较高通信容量的网络服务,以提高干线网的适应能力。

2.2.2 指挥所子网

指挥所子网为指挥所内部各指挥平台及上下级指挥所之间提供高速数据通道,满足指挥所内部和上下级指挥所之间文电信息和战场图像信息等信息传输的需要。可采用高速数据电台及(或)指挥所有线/无线通信系统构建,采用以 IP 为基础的自组织网络,支持基于简单网络管理协议(Simple Network Management Protocol,SNMP)的网络管理。

2.2.3 无线分组子网

无线分组子网采用分布式、自组织的 Ad hoc 网络结构组成具有一定抗毁能力、保密、抗干扰的多跳无线数据分组网,支持移动用户间的话音和分组数据通信,满足指挥信息和敌我位置信息的传输需要,话音和数据信道具有自动转换的能力,可采用新一代通用超短波电台构建。

无线分组子网之间采用互联网控制器接入上一级网络。互联网控制器应该支持 TCP/IP 协议栈,支持基于 SNMP 的网络管理。

2.2.4 专用子网

用传统电台和除新一代电台外的其他无线传输设备所构成的用户数据子网称为专用

子网。各专用子网应在网络层采用互联网控制器等网关设备接入骨干网络。网关设备应该支持 TCP/IP 协议栈,支持基于 SNMP 的网络管理。子网外单元应能以 IP 地址通过网关设备寻址到子网内部的任一节点。

战术互联网的网络结构如图 2.2 所示。

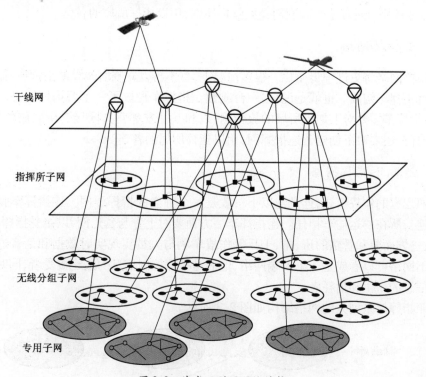

图 2.2 战术互联网网络结构

2.3 按指挥体系划分的结构

按照指挥体系划分,战术互联网可以划分为军指挥所网络、师(旅)指挥所网络、营指挥网络和连以下网络。

2.3.1 军指挥所网络

军指挥所网络按照作战编成设置,可以包括师基本指挥所、前进指挥所、预备指挥所、后装指挥所等。每个指挥所依据其作战时赋予的任务不同,分别设有多个席位。军指挥所网络就是实现这些席位之间的互联互通以及不同指挥所之间的信息交互。通常情况下,指挥所内部可以用有线(光纤、被复线等)或指挥所无线通信系统实现内部席位之间的连接。这些通信手段的信息传输速率相对较高,而指挥所之间则采用一些远距离无线通信手段达成连接。

2.3.2 师(旅)指挥所网络

师(旅)指挥所也是按照作战编成设置,包括师(旅)基本指挥所、前进指挥所和预备指挥所等。师(旅)指挥所网络的通信手段与军指挥所类似,不过要素和席位将更为精简。军、师(旅)指挥所子网都可以用有线或无线构成,所构成的子网也就是 2.2.2 节所提出的指挥所子网。这些指挥所子网最终都接入到干线网中,以达成和整个系统中的其他用户互联互通。一般来说,师(旅)还要对上加入军指挥网,和其他友邻师旅构成一个军师(旅)指挥网,同时还要对下创建旅营指挥网,用以指挥所属的各营。

2.3.3 营指挥网络

营指挥网络将更进一步简化。很多情况下,营不再设立临时架设的指挥所,而是由一台或数台指挥车构成。也就是说,这一台或数台指挥车形成了一个营指挥网络。一般来说,各营指挥车需要对上加入所属的旅营网,以和其他友邻营共同接受所属旅的指挥;同时,营指挥车还要对下创建营连指挥网,用以指挥所属的各连。

2.3.4 连以下指挥网络

依照现有的作战模式,连及连以下一般是一个独立的指挥子网。连指挥车就由连长车或者连长所在的运输车担任。连指挥车一方面要对上参与营连网,以接受指挥,实现连级协同;一方面要和管辖的班、排、士兵等作战车辆与人员实现实时数据和话音通信。每个连以下网络可以看成是一个末端网络,他们是指挥控制信息的最终接受者,同时也可能是态势信息的产生和消耗者。

按照指挥体系划分的网络结构如图 2.3 所示。

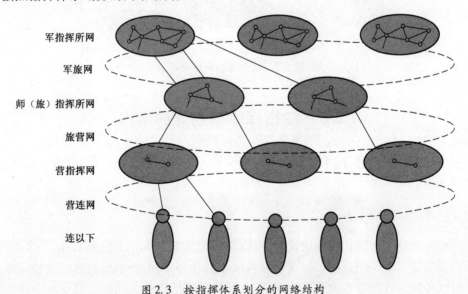

图 2.3 按指挥体系划分的网络结构

2.4 战术互联网协议体系结构

战术互联网采用分层的协议体系结构,利用网际层实现多种同构和异构子网的互联,子网内部可根据各自的特点选择相应的协议结构实现对上层的服务。战术互联网选择

IPv4 作为网际层的协议。协议分层结构可以选择国际标准化组织的七层模型(OSI/RM)或互联网的五层模型(TCP/IP)进行描述。战术互联网的协议体系结构参照 OSI 和互联网协议模型制定,采用五层结构来描述,如图 2.4 所示。

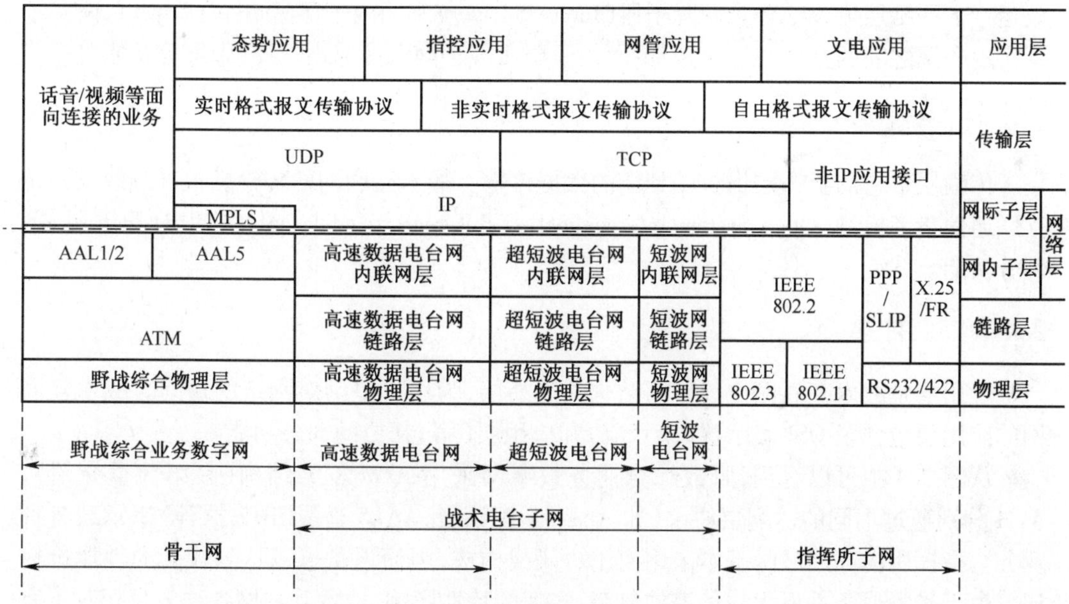

话音/视频等面向连接的业务	态势应用	指控应用	网管应用	文电应用	应用层	
	实时格式报文传输协议	非实时格式报文传输协议	自由格式报文传输协议	传输层		
	UDP	TCP	非IP应用接口			
	MPLS	IP		网际子层	网络层
AAL1/2	AAL5	高速数据电台网内联网层	超短波电台网内联网层	短波网内联网层	IEEE 802.2	PPP/SLIP	X.25/FR	网内子层
ATM		高速数据电台网链路层	超短波电台网链路层	短波网链路层			链路层
野战综合物理层		高速数据电台网物理层	超短波电台网物理层	短波网物理层	IEEE 802.3	IEEE 802.11	RS232/422	物理层

野战综合业务数字网 ← 高速数据电台网 → 超短波电台网 → 短波电台网

骨干网 ← 战术电台子网 → 指挥所子网

图 2.4 战术互联网协议体系结构

从图 2.4 可看出,战术互联网是建立在多种不同的子网技术之上的,端系统、端用户之间通过一系列的子网实现通信。图中网际子层与网内子层之间的虚线以上部分与下层没有严格的一一对应关系,只表明其层次关系。下面按照从下向上的顺序对战术互联网协议体系结构的各个层次进行说明。

2.4.1 物理层

物理层为它的上一层对等实体间提供建立、维持和拆除物理链路所必需的(机械的、电气的、功能的、规程的)特性,目的在于保证可靠的比特信号传输。

战术互联网采用 A 接口、K 接口、LAN 接口、串行接口、远传 CA、CH 接口、E1 接口、STM-1 接口、RS232 接口、RS422 接口、B 接口、UHF 电台、VHF 电台、HF 电台作为其物理层。涉及的物理接口类型众多。

2.4.2 数据链路层

数据链路层在已经建立的物理链路上,为它的上一层提供数据传输及链路控制功能,完成成帧的发送和接收,实现流量控制与差错控制。对于战术电台子网、指挥所子网等共享信道,该层可以细分为逻辑链路控制(Logical Link Control,LLC)子层和媒体访问控制(Medium Access Control,MAC)子层。LLC 子层完成成帧的发送和接收,为上层提供用于通信的数据链路;MAC 子层提供管理通信实体接入信道而建立数据链路的控制过程。

战术互联网采用 ATM、PPP、SLIP、HDLC、以太网、UHF 电台子网协议、VHF 电台子网协议、短波子网作为其链路层协议。

2.4.3 网络层

网络层通过分组交换和路由选择为传输层提供端到端的数据通路,并控制网络的有效运行。网络层可以细分为网际子层(Internet Layer)和网内子层(Intranet Layer),网际子层实现子网之间的互联与路由选择;网内子层实现子网内的路由选择、中继等功能。

2.4.4 传输层

传输层对它的上一层提供端到端的数据传输。战术互联网的传输层包含开放式系统互联通信参考模型(Open System Interconnection Reference Model,OSI)会话层(第五层)的部分功能。

2.4.5 应用层

应用层是战术互联网协议体系结构的最高层,为用户提供对网络的访问。战术互联网的应用层包含了 OSI 表示层(第六层)和应用层(第七层)的部分功能。

从图 2.4 中可以看到,野战综合业务数字网采用 ATM 框架结构(在第 3 章介绍),ATM 分别通过不同的适配层协议(如 AAL2 适配话音,AAL5 适配 IP 数据等)来承载各种业务。指挥所内部局域网基本采用商用协议栈构成,因而设备可以达到较高的性能价格比。由于受野战条件下无线信道的复杂、多变的特性影响,战术互联网各种电台相对于有线来说数据速率都比较低。在这类低速网络中,同时需要实现信息的高效传输与灵活的自组网,而这两者之间又是互相矛盾的。经验证明,有线网络的通用组网协议无法满足这两个要求,无线网络必须根据信道的特点设计组网协议才能够实现高效与灵活组网的结合。不同频段的电台其信道具有较大差别,从而决定了组网协议也是相互独立的。因此,在战术电台互联网内部,高速电台网、超短波电台网和短波电台网均具有独立的内联网层、数据链路层和物理层。其中:内联网层完成子网内的分布式、无中心组网,并实现与上层协议(如 IP 层)的接口;数据链路层实现信道访问控制、纠错、重传等工作;物理层则实现该电台的电气接口、信道编码等工作。在图 2.4 中,网络层与链路层之间用粗虚线分隔,借以表明网络层协议栈与底层协议栈并不存在严格的一一对应关系,所体现的是各层协议相对的层次关系。例如,高速电台网、超短波电台网、短波网的内联网层均同时具备标准 IP 接口与非 IP 应用接口。标准 IP 接口是所有战术互联网互联设备需要具备的接口,它用于实现所有异种网之间(如高速电台网与短波电台网之间、短波电台网与野综之间、高速电台网与指挥所通信系统之间等)的互联互通。非 IP 应用接口则用于实现信息的高效传输。同理,实时格式报文传输协议、非实时格式报文传输协议、自由格式报文传输协议均位于传输控制协议(Transmission Control Protocol,TCP)或用户数据报协议(User Datagram Protocol,UDP)协议之上,一般情况下实时格式报文传输协议采用 UDP 协议传输,而自由格式报文传输协议同样也可以通过 UDP 协议或 TCP 协议实现。

2.4.6 协议转换关系

如前所述,战术互联网是由多种物理传输设备综合而成的。其链路及协议类型多种多样。各种业务在战术互联网中传输时,会经过多种传输媒体,跨越多个网络。在跨网传输过程中,必然涉及协议间的转换与互连。由于信源与信宿不同、业务类型不同,在业务传输过程中所完成的协议互连、转换过程也是多种多样,无法尽述。图 2.5~图 2.7 分别以野战综合用户发起、终结于电台用户的话音、非 IP 数据和 IP 数据的传输流程为例,描述了协议之间互连与转换关系。

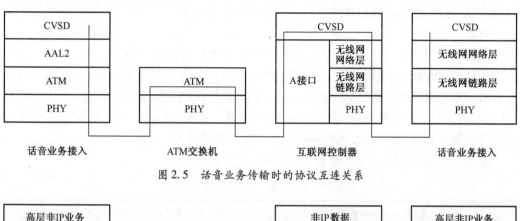

图 2.5 话音业务传输时的协议互连关系

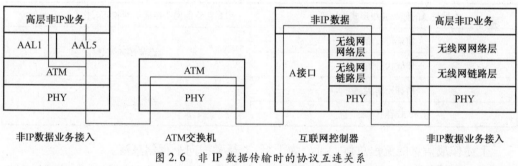

图 2.6 非 IP 数据传输时的协议互连关系

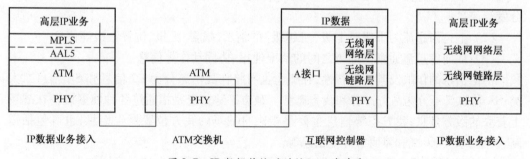

图 2.7 IP 数据传输时的协议互连关系

2.5 信息流程

从通信网络的角度来看,各种作战信息都是需要通信网络传递承载的。这些业务将以多种形式出现。

根据信息的承载媒体形式不同,可以将这些信息大致划分为:话音业务、数据业务、图像业务、视频业务等。根据信息的作战应用形式不同,又可分为:侦察情报信息和指挥控制信息、作战状态信息以及技术和后勤保障信息等。侦察情报信息主要是对目标状态、性质、位置等特征的描述,一般来自各种配属的侦察手段(器材),传送到各级指挥所;指挥控制信息是指上级下达的作战命令、指示、口令、信号、射击诸元等,逐级按职能指挥,直到武器控制系统;作战状态信息主要是指有关战斗部署、战斗进程、战场态势、人员、武器装备的战损情况等作战部队的实时状况信息;技术与后勤保障信息是指有关弹药、油料、器材的供运、分配,战场武器装备的维修及车辆的工况信息等。

根据信息的传输机制和实时性要求不同,总体上又可分为:具有广播特性和实时性较高的态势感知(SA)信息;具有点呼特性和实时性较低的指挥控制(C2)信息。C2信息实时性较低,这是由于各级指挥员,在根据上级指令或战场态势形成本级指令时,通常需进行分析决策和拟制文书所致。一般可将上述的侦察情报信息和作战状态信息归为态势感知信息,技术与后勤保障信息可归为指挥控制信息。针对SA和C2信息,据情可分别开设态势感知网和指挥控制网,也可两者混合用一个网组织。

战场师一级作战信息分类如表2.1所列。

表2.1 战场师一级作战信息分类

根据信息的作战应用形式不同划分	根据信息的网络传播机制和实时性要求不同划分
侦察情报信息	态势感知信息
作战状态信息	
指挥控制信息	指挥控制信息
技术与后勤保障信息	

上述作战信息的流程总体上可分为下行、上行和横向平行信息流。

(1) 下行信息流为上级对下级(可越级)的命令、指示、计划、通报、通令、通知、态势分发等信息。

(2) 上行信息流为下级对上级(可越级)的请示、报告、汇报、位置上报等信息。

(3) 横向信息流通常为同级之间的情况通报、协同动作等信息。

根据信息的作战及其传播特性,在概念上可将作战信息分为C2信息和SA信息二大类;SA信息又可分为敌方态势和我方态势。敌方态势信息是指通过各种侦察设备在战场上获取的敌方信息;我方态势信息主要是指来自战场的我方位置报告信息,也可包括道路、桥梁、水文、天气和障碍等环境信息等。

C2信息流程概念性示意图如图2.8所示,SA信息流程概念性示意图如图2.9所示。

图2.8中,虚线表示可据情越级扁平化灵活进行通信联络组织。由于现武器平台与数字化士兵也具备目标定位等侦察功能,实际在图2.9中的我情信息也可包括敌情信息,这同专门的敌情侦察信息流是类似的。

注意态势信息是逐级汇聚并进行融合处理的,然后根据需要逐级下发,因此态势信息上行都是只经过一级就落地处理,下行则有可能是跨越多级,而且以广播和组播居多(见2.6节),而指挥控制信息则以下行的广播和组播信息为主,上行的请示汇报一般也不需要经过融合处理过程。指挥控制信息同时支持端到端的信息传输。即战场通信网支持在特殊情况下,师长可以直接给一线战斗人员发布命令。一线战斗人员也可以直接向非直接上级汇报作战情况,从而大大缩短信息上传和下达的流程。

第 2 章 战术互联网总体结构

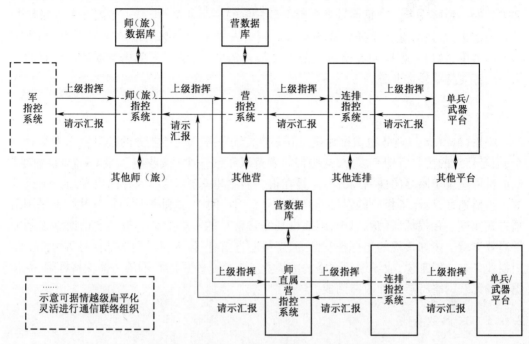

图 2.8 战场师一级 C2 信息流程概念性示意图

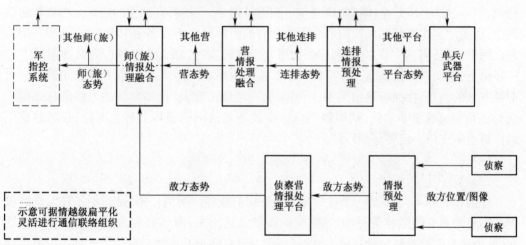

图 2.9 战场师一级 SA 信息流程概念性示意图

2.6 战场业务类型

依据战场业务的发起者和接收者的不同,战场业务可以分为单播、组播、广播、任播和多源组播等类型。

2.6.1 单播业务

单播(Unicast)业务也被称为点到点传输业务。所谓单播是指信息只有一个发送者和唯一的一个接收者。这是在日常生活中最常见的一类业务,但是由于战场上涉及的行动大多是集体行动,这类业务在战场中未必始终占主流。特殊的指挥控制命令(如指挥到具体的单兵)以及各级向其所负责的上级报告信息,都是属于单播类业务。所有的网络一般都支持单播类业务。

2.6.2 组播业务

组播(Multicast)业务也被称为是点到多点传输业务。这类业务的信息发送者只有一个,但是信息的接收者却有多个,这些接收者都属于同一个"接收组"。同一个"接收组"的成员可能位于网络的任何地方。组播在很多网络里都很常见,因特网也专门为组播预留了组播地址,设计了相应的组播选路算法。在因特网中,诸如视频点播等往往都采用组播方式实现。在战场通信网络中,组播也是非常常见的一类业务。战场通信网络必须能够高效支持。诸如常规的指挥控制命令、态势通告信息、技术与后勤保障信息等可能都是组播业务。一般来说,战场通信网络的组播业务支持是沿用因特网的组播支持框架,并依据战场无线网络特点稍加改造而成。

2.6.3 广播业务

广播(Broadcast)业务是一个历史悠久的业务。它的发送者只有一个,但是接收者却是全体(可以是一个子网的全体,也可以是大网全体)。广播业务可以看成是组播业务的特例,只不过这个组是全体接收者参与。在因特网中,广播有其独立的地址。在战场通信网中,广播的实现要特别加以留心。因为现有的因特网广播大多采用洪泛技术,即一个消息在网里,被任何一个节点接收到时,如果它没有转发过,那么就在其所有其他端口上再广播出去,从而让广播消息充斥全部网络。这个策略在广播消息不多,网络信道容量较大时是有效的,但是在战场通信网中,广播消息一是量比较大(比如常规的态势消息都是广播),二是信道容量非常低,从而将严重影响战场通信网的整体效能。因此,战场通信网的广播业务支持一定要仔细设计。

2.6.4 任播业务

任播(Anycast)业务是一个在战场上很有用的业务。所谓任播,是指消息在发送时可能并不清楚消息的接收者是谁,在哪里。而是发送出来,由感兴趣者接收。战场某些通告、警告消息不针对特定的接收者,例如任意节点在临近某地域时都可以收到关于附近地域危险情况的通告消息。任播在因特网上并没有现成的支持手段,也没有对应的地址,因此需要战场网络设计者在设计时加以考虑。

2.6.5 多源组播业务

多源组播(Multi Source Group)业务也是在战场通信网中比较特殊的一类业务。它针对的是一个或多个消息源(发送者),多个接收者(处于同一接收组内)。多源组播(MSG)从业务模型上更适用于战场信息交互。例如态势感知业务,很多情况下,态势感知的信息接收者是具有共同作战任务的一个集群(如一个团的所有用户,或者两个营等),而信息的发送者,态势信息的提供者往往不仅仅是一个独立的信息源,还有可能敌我态势服务器提供敌我态势信息、气象水文服务器提供战场的气象水文信息、地理信息服务器提供战场的地理信息、雷场雷区等信息。因此,信息的提供者是多源。信息的消费者是一组用户。这些源和目的地可能分散在网络的各个地方。由于常规的因特网并没有提供直接支持多源组播的机制,因此有必要设计高效的协议以支持多源组播业务。

2.7 数据可靠性要求

依据数据的类型以及数据的性质,战场通信网的数据可靠性要求也各不相同。具体地讲,可以分为无须确认的数据、需要单跳确认的数据、需要端到端确认的数据和需要用户确认的数据。

2.7.1 无确认

无确认数据一般是一些周期性且时效性比较明显的数据,例如我方、敌方目标数据。这类数据时效性强,超时的数据不仅无用,而且显示会带来误判,给战场指挥带来损害。因此这类数据一旦超时,所做的只是简单丢弃,重传是没有意义的,因为下一组数据可能马上就会到来,而超时重发的数据对于接收者也是无用的。

2.7.2 逐跳确认

在一些误码率较高的信道例如无线信道上,一些重要信息就需要逐跳确认。也就是每传输给一个节点,这个节点就需要给上一个发送节点发送确认信息。如果上个节点在一段时间里没有收到确认,就重传该消息,从而确保在误码率较高的信道上维持较高的信息可靠性。逐跳确认的方法已经有很多成熟的策略,可以采用停等策略、选择重传策略等。

2.7.3 端到端确认

有些信道的误码率较低,或者仅仅完成了逐跳确认,考虑到选路、节点排队溢出等因素,并不能确保数据的可靠,因此就需要另外增加端到端确认,尤其是当信息跨越多个节点时,重要的信息如指控信息就需要端到端确认。在一些信道质量较差,误码率较高的信道上,逐跳确认和端到端确认都不可少。逐跳确认保证每一跳传输的可靠性,不至于每次重传都从头开始,从而导致传输时延不可忍受。而端到端确认则确保信息最终的可靠性。

2.7.4 用户确认

对于某些非常重要的指挥控制信息来说,端到端确认仍然不够。端到端确认仅能保证信息到达了目的地,但是并不能保证信息被正确的接收者看到,并领会其意图(例如,信息接收者在车下,并没有看到这条显示在屏幕上的信息)。因此,这些信息还需要用户级确认,也就是用户主动在终端界面上选择应答并发送(如应答"今天下午一点冲锋")。由于用户应答是用户手工主动点选发送的,因此当发送者收到用户应答时,就可以确认此人已经正确收到信息并领会了作战意图。当然,绝大多数用户确认是建立在端到端确认基础上的。

第3章 野战综合业务数字网

野战综合业务数字网是战术互联网的干线网络,是在作战区域里利用有线传输设备、微波接力传输设备等构建起来的大容量通信网络。作为一个整体,野战综合业务数字网一般是在机动驻停状态下展开组网,部分节点也可以通过机动卫星通信系统等实现运动中组网。野战综合业务数字网的核心是异步传递方式(ATM)。同时野战综合业务数字网广泛应用了多协议标签交换(Multi Protocol Label Switching,MPLS)技术。因此本章主要探讨综合业务数字网的这两个核心技术。

综合业务数字网(Integrated Services Digital Network,ISDN)这个名词已经逐渐淡出商业市场,但是它曾经是通信网络界的"网红",在20世纪80~90年代,很多通信业者都认为综合业务数字网,尤其是宽带综合业务数字网(Broadband Integrated Services Digital Network,BISDN))将是未来各种业务的终极统一传输和交换网络。这里的综合业务,就是指的话音、数据、图像等各种业务都在统一的一个网络上传输。年轻一些的读者看到这一目标时,会觉得这是非常自然而且常见的事情。在现在无处不在的因特网上,不就是话音、数据、图像都可以传吗?但是如果查阅一下30年前的通信和网络资料,就会发现当时话音有自己的电话网,数据有自己的X.25数据网,图像有自己的有线电视网,当时在一个网络上传输各种综合业务,还是一个梦想。而基于ATM技术的综合业务数字网正是第一个提出这个梦想并致力于实现它的开创者。然而随着科技的发展,其他一些技术,如基于IP的综合业务传输技术也得到了飞速发展。到了20世纪90年代中后期,就出现了两条实现一体化综合业务网络的路线:一条是采用基于ATM技术体制的综合业务数字网,一条是采用基于IP技术体制的因特网。那么究竟该选择哪条发展路线呢?

在了解这个问题之前,首先要理解这两个问题:什么是ATM?ATM与IP相比的优缺点在哪里?

3.1 ATM概念及ATM层

3.1.1 ATM基本概念

ATM是CCITT(ITU-T的前身)于1988年提出的并专门用于实现宽带综合业务数字网的核心技术。这个名词并不直观,因此很难顾名思义。它包含了两个需要进一步明确其含义的词:异步、传递。

ATM这个名词里所指的异步,指的是数据帧的异步。对于ATM来说,它不像传统的电路交换网络那样,每个已获权使用信道的用户将占用信道上的一个时隙,不管用户有没有信息要发送(有没有话音),这个时隙是属于该用户的,别人都无法占用。而ATM并不占用固定的时隙,而是有数据时,它才会像IP分组那样将数据组装成一个分组,然后再将

第 3 章 野战综合业务数字网

该分组发送到信道上。如果用户没有信息要发送,那么就不会有任何分组送上信道,因此对于数据帧来说,每个分组是"异步"的。从上可知,ATM 本质上属于分组交换。

而传递(Transfer)则是用一个新的动词表达了三个动作:传输、复用、交换。信息的传递需要有传输、复用、交换的过程,而 ATM 技术在设计时,通盘考虑了所有这些过程,所以它构成了一个大而全的技术体系。换而言之,ATM 在设计时,它既是一种全新的传输技术,也是一种全新的复用技术,同时还是一种全新的交换技术。

ATM 采用小而定长的分组(这点与 IP 不同,IP 采用的是不定长分组),这些分组有一个专有名词,称为"信元"(Cell)。选择固定长度的信元原因是可以简化和加速分组交换,对固定长度的分组进行交换便于硬件实现,效率更高。同时小分组引入传输和转发的时延变化也小,可以提高交换和复用的效率。例如,使用信元可以减少高优先级信元的队列时延,如果某个高优先级信元只比优先级较低但却已获得某资源(如信道)的信元晚到一点点,那么该信元还是必须等待正在发送的信元发送完毕,但是等待的时间却与同样情况下等待大 IP 分组发送所需要的时延短得多。而传统 IP 分组转发的重要缺点之一就是分组转发的效率过低,变长分组不宜用硬件实现分组交换①。

与 IP 不同,ATM 采用的是虚电路网络(IP 与 ATM 的详细区别请见 3.3 节)。它是一种面向连接的分组交换技术,正是因为它在分组网上试图为用户提供类似于电路交换服务质量的服务,因此它所建立的连接也被称为"虚电路"(Virtual Circuit,VC)。它的目标是为用户提供类似电路交换网络的性能,同时又提供分组交换网络的灵活性和效率。ATM 技术发展的主要动力是试图提供一个强有力的系统,该系统既支持丰富的 QoS 能力,又具备强大的流量控制和管理能力。与因特网和 IP 不同的是,ATM 技术的设计者们希望能够很好地掌控所有业务的流向、质量与流量,而这一能力在 MPLS 出现之前是 IP 无法做到的。ATM 起初是打算为电路交换和分组交换流量提供一个统一的组网标准,来支持数据、话音和视频,并提供适当的 QoS 机制。有了 ATM,用户可以选择希望的服务等级,并获得保证的服务质量。

在 ATM 的发展历史中,负责 ATM 相关标准制定的主要有两个标准化组织:CCITT 和 ATM 论坛。其中,大部分 ATM 相关的标准是 ATM 论坛(目前是宽带论坛的一部分)制定的。

由 CCITT 发布的 ATM 标准协议体系结构如图 3.1 所示。其中,物理层描述了各种传输媒介和信号编码机制的标准。物理层的数据率范围是 25.6Mbit/s 到 622.08Mbit/s。可以看到这个速率范围已经包含了战场通信网的所有干线信道的传输能力。

在该协议结构中,ATM 层完成信元的交换和转发,另外一层是与服务相关的 ATM 适配层(ATM Adaptation Layer,AAL)。按照 ATM 定义,无论是任何业务的数据都要以固定长度的信元来传输,因此就需要一个适配层来将各种各样需求的应用数据映射到 ATM 信元中,这里面就包括了传统的 IP 分组和话音。AAL 将高层的应用信息映射到信元,然后再通过 ATM 网络传输,在接收端,再由端系统的适配层把信息收集起来交付给高层。图

---

① 尽管 IP 最后还是打赢了 ATM,但是 ATM 的许多优点后来实际上是被 IP 在具体的实现里"吸收采纳"了。这其中就包括定长交换。在很多高速 IP 路由器里,分组实际上在转发之前先要被切成定长的切片,然后这些切片再通过交换单元交换,在出口处又组装起来。这样一来,尽管对于用户来说分组还是变长的,但是在交换的过程中,分组切片是定长的,这样也容易采用硬件实现,转发效率可以大大提高。传统 IP 变长难以转发的问题就这样被"化解"了。

3.2给出了AAL层与ATM层之间的关系。AAL与IP网络里的TCP/UDP功能类似,仅在端系统或者ATM网络的入口和出口处使用。AAL的数据和控制信息被包含在ATM信元中传输,网络中的各ATM交换机仅需要转发和交换信元,而不需要做适配层处理,除非业务在该交换机处离开ATM网络。此时ATM交换机被称为边缘交换机,业务在其上通过ATM适配层转换成其他网络协议(如IP网)的应用格式,然后再经过其他网络协议栈发送给其他网络(如IP网)。

这个协议参考模型包含三个独立的平面:

(1)用户平面:用于支持用户业务及相关控制信息。

(2)控制平面:执行呼叫控制及连接控制功能。

(3)管理平面:包含平面管理和层管理。其中平面管理执行的是与全系统相关的管理功能。而层管理执行的是协议内部各层的资源和参数相关的管理功能。

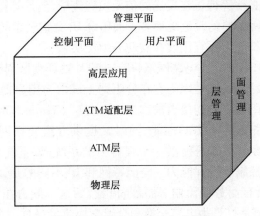

图 3.1 ATM 标准协议体系结构

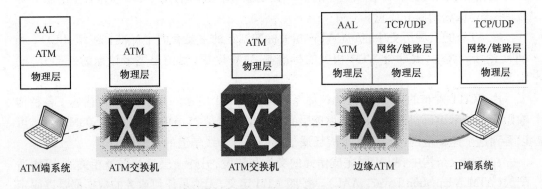

图 3.2 ATM 标准协议各层的位置

有许多因素导致ATM在民网中较少见到。首先是光纤等的大量使用,使得ATM丰富的服务质量保证能力显得既复杂又无必要。无论是用户,还是运营商,都希望采用简单的技术享受和提供服务。如果用户对带宽有特殊要求,那么给用户直接提供一个独立的信道,其成本和代价要比设计和承诺各种服务质量要简单得多。其次,IP以及它的许多相关协议提供了综合的技术,相比ATM而言其可扩展性更强,复杂性更低。再次,随着干线速率的迅猛提高,使用很小的固定长度信元来减少时延抖动的需求越来越小,因为干线速度足够快,因而传输一个大分组也不用再花多少时间,相反信元过小会导致交换和处理过于频繁,原本的优势反而成了劣势。

尽管 ATM 在商业领域的发展没有跑赢 IP,但是它的身影在很多技术里依然存在。很多电信运营商的干线传输设备里采用 ATM 来实现复用和广域网传输,而各种数字用户线(XDigital Subscriber Line,XDSL)如非对称数字用户线(ADSL)技术采用了 ATM 来实现复用和交换。

考虑到战场通信网的特点,与 IP 相比,ATM 更适合战场通信网的干线传输也就不难理解了。首先,战场通信网里的信道资源并不像民用网络那么多,很多都采用无线信道,那么临时为某些用户提供独立的信道和资源即便能够做到,其代价也是相当高昂的,不可能为所有用户都提供独享的信道和资源。而军用网络用户的服务质量等级又非常鲜明,需要有严格的优先级策略加以保证,而大家熟知的因特网和 IP 是对所有用户一视同仁的,要实现优先级策略非常困难。第二,目前受各种条件限制,战场通信网的带宽与民用相比要窄得多,所以高速率引发的交换和处理过于频繁的问题并不存在,相反传输时延却是一个大问题。因而与民用网络面临的问题也有较大差别。

但是在用户侧,基于纯 ATM 的应用几乎没有发展起来,各种常见应用例如网页、文件传输、电子邮件等都是基于 IP 开发的。因此,IP 占领终端和应用已成为谁也无法回避的既成事实。因而在战场通信网中,就出现了用户和终端采用 IP 体制,干线传输和交换采用 ATM 体制的现象。由于 ATM 本身支持综合业务的承载,因而 IP 可以被视为 ATM 的承载业务之一在干线网络上传输,因此这种 IP/ATM 混合体制正常工作是毋庸置疑的,并在设置恰当的情况下可以有效避免传统 IP 网 QoS 支持能力不足带来的隐患。下一步,当 IP 技术进一步发展到能够较好解决服务质量问题时,未来网络将不可避免地走向统一 IP 体制。

尽管 ATM 发展冷热不均,但在其上发展起来的另一个技术——多协议标记交换(Multi-Protocol Label Switching,MPLS),无论是在军用领域还是民用领域都得到了广泛采纳。MPLS 是一种二层面向连接分组交换协议,它正像名字所表达的那样,可以提供大量协议和应用的交换服务,包括 IP、话音和视频。本书将在第 3.4 节介绍 MPLS。

3.1.2 ATM 逻辑连接

ATM 所建立的逻辑连接有两级,分别称为虚通道连接(Virtual Path Connection,VPC)和虚通路连接(Virtual Circuit Connection,VCC)(图 3.3)。用以标记某个特定的虚通道连接,与其他虚通道连接区分开的标记被称为虚通道标识符(Virtual Path Identifier,VPI)。同理,用以标记某个特定的虚通路连接,与其他虚通路连接区分开的标记被称为虚通路标识符(Virtual Connection Identifier,VCI)。VCC 是 ATM 建立的虚电路,它同时也是 ATM 网络中最基本的交换单元。前面介绍过虚通路(Virtual Circuit,VC)的概念。为什么这里又出来个虚通道(Virtual Path,VP)呢? 虚通路标识符实际上的功能是与虚通路合起来形成两级信道管理架构而已。它是高一级的虚连接识别标签。虚通道 VP 是虚通路 VC 的集合体。这就像一个大的集体,例如军队,要采用军、旅、营的多级架构来管理部队,而不是只有一个级别。当虚通路数量过多,例如成千上万后,有必要再在其上加一级便于管理。属于某一特定业务的虚通路都可以归属于某一虚通道,而管理员只需要对虚通路加以管理,就可以一次调整所有虚通路内包含的所有虚通路。VPC 则是多个具有相同端点的 VCC 集合,一条 VPC 包含一捆或者一束 VCC,这样 ATM 可以一次处理一批虚电路(如交换、复用等)而不需要逐一处理每条虚电路,流经所有属于某个 VPC 中的 VCC 上的所有信元都是在一起进行交换。VCC 经由网络在两个终端用户之间建立,通过这条连接所交换的是速率可变的、全双工的信元流。

随着网络的速度越来越快,网络的控制开销所占的比例也越来越高,为了提高效率,降低控制开销,就出现了虚通道的概念。虚通道技术把网络中相同通路的连接分成一组,通过将这些连接集成为一个大单元来节约控制开销,提高管理效率。然后网络管理工作就可以针对为数不多的连接组而不是大量的虚连接了。

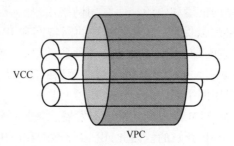

图 3.3　ATM 的逻辑连接关系示意图

使用虚通道的好处如下:

(1) 简化了网络体系结构。网络运输功能被划分为与单逻辑连接相关的功能部分(虚通路)以及与逻辑连接组相关的功能部分(虚通道)。

(2) 提高网络的性能与可靠性。网络与更少且更集中的实体打交道。

(3) 减少处理过程并缩短连接建立时间。大多数的工作在虚通道建立时就完成了。只要为将来可能的呼叫预留了容量,那么只需在虚通道连接的两端实施简单的控制功能就能够建立新的虚通路连接。因此,在现存的虚通道上增加一条新的虚通路只需要很少的处理过程。

(4) 增强的网络服务。虚通道是在网络内部使用的,但它对端用户来说也是可见的。其结果是,用户可以根据需要定义一组虚通路,这些通路可以遵循统一的控制过程。

3.1.3　信元头格式

标准的 ATM 是固定的 53 字节长,其中包括 48 字节净荷和 5 字节信元头。ATM 作为宽带综合业务数字网(Broadband Integrated Services Digital Network, BISDN)的核心技术,应用面很广。它既可以应用于网络边缘,实现用户到网络的接入(在 BISDN 中被称为用户网络接口(User-Network Interface, UNI)),也可以应用于网络核心,成为网络运营商要素内部,以及运营商之间的接口(在 BISDN 中被称为网络-网络接口(Network-Network Interface, NNI))。当然,由于网络边缘和网络核心的功能上有所差异,所以在不同的接口处,ATM 的信元头格式定义也有所差别。

在用户网络接口上,ATM 信元头部格式如图 3.4 所示。

图 3.4 中每个字节占一行。各字段含义如下:

(1) 通用流量控制(General Flow Control, GFC)。占据最高 4bit。通用流量控制是用

第3章 野战综合业务数字网

户网络接口上的一个流量控制指示,ATM 使用该字段可以限制从网络边缘进入网络核心的流量,很多时候,网络核心的流量和带宽传输能力无法与网络边缘相比,因此通过 GFC 字段可以限制有些类型流量不进入核心干线网络,从而在核心网络里"只传输"那些用户认为最重要的信息。

GFC	VPI
VPI	VCI
VCI	
VCI	PTI	CLP
HEC	
(后续……净荷)	

图 3.4　UNI 接口 ATM 信元头格式

(2) 虚通道标识符(VPI)。虚通道标识符长度为 8 位,在用户网络接口上最多可以允许 256 个 VP。

(3) 虚通路标识符(VCI)。虚通路标识符是虚连接的最低一级识别标签。虚通路标识符长度为 16 位,每个虚通路最多可以允许 65536 个虚通路。VPI/VCI 结合在一起区分所有的虚连接。

(4) 净荷类型标识符(Payload Type Identifier,PTI)。PTI 长 3bit,用于指明 ATM 信元的净荷类型。例如,PTI 的第一个比特为 1,代表该 ATM 信元里携带的是管理和维护信息;而如果第一个比特为 0,则代表是高层的应用信息。

(5) 信元丢失优先级(Cell Loss Priority,CLP)。信元丢失优先级只有 1bit,它用于在出现网络拥塞时,通过该字段告诉途中的 ATM 交换机该如何处理信元。如果 CLP=1,则代表该信元在网络拥塞时,或者其他必要情况下可以被网络丢弃;而如果 CLP=0,则代表该信元在网络拥塞时不应被丢弃。CLP 置 1 的具体例子是例如用户在将数据送入网络时,违背了用户与网络的接口约定(例如约定发送带宽 1Mbit/s,但是传输数据超过了此约定),这个时候超过约定的信元将被设置为 CLP=1。这个意思是:"这些信元是超过约定用户额外发送的,那么在网络不发生拥塞的情况下,网络可以将这些超过约定的分组送往目的地,如果网络出现拥塞,那么请首先丢弃这些信元"。这样的机制,一方面保证了网络的高效利用,一方面也确保了用户在约定内的服务质量能够得到保证。

(6) 首部差错控制(Header Error Control,HEC)。首部差错控制字段有 8bit。它可以用于纠正首部中的单比特差错,并能够检测出双比特差错(无法纠正)。首部差错控制的存在主要是防止首部字段因信道质量原因导致信息发生错误。由于在 BISDN 中,ATM 的信道一般来说质量较高,因此发生双比特以上错误的概率较低,所以大部分的单比特差错都可以通过 HEC 字段发现并纠正。

在网络-网络接口上,ATM 信元头格式如图 3.5 所示。

从该格式可以看出,在网络-网络接口上,首先没有了 GFC 字段。在网络核心的各要素之间,进行流量控制已经没有意义。GFC 只在用户进入网络时对流量加以控制。其次,由于网络之间的流量规模大,支持用户数多,所以尽管支持的虚通路数量没有发生变

VPI			
VPI		VCI	
VCI			
VCI		PTI	CLP
HEC			
(后续……净荷)			

图 3.5　网络-网络接口 ATM 信元头格式

化,但是虚通道 VP 的数量从用户网络接口的 8 位扩展到 12 位。这样可以最多支持 4096 个 VP。所容纳的虚连接的数量是用户网络接口的 16 倍。

在 ATM 里,转发和交换设备被称为 ATM 交换机。其结构与路由器基本相似。那么各 ATM 交换机里的转发表是如何得来的呢？这就要提到两种转发表建立方式:交换式虚连接和永久式虚连接。

3.1.4　交换式虚连接

交换式虚连接(Switched Virtual Circuit,SVC)是由高层协议通过 ATM 信令(Signaling)根据需要动态建立的连接。所谓 ATM 信令,就是在 ATM 网络里建立连接的交互协议。在计算机网络里经常可见的"协议"到了通信网里则习惯称"信令"。而 ATM 及宽带综合业务数字网是从通信网发展而来。ATM 信令的连接建立过程如图 3.6 所示。

SVC 比较灵活,当一个源终端需要和某个目的终端建立连接时,使用 ATM 信令,向与之直接相连的 ATM 交换机发出请求,ATM 交换机通过相应的路由协议,来建立到目的终端的连接。当不需要这条连接时,使用 ATM 信令将这条连接释放,以便给其他业务使用。

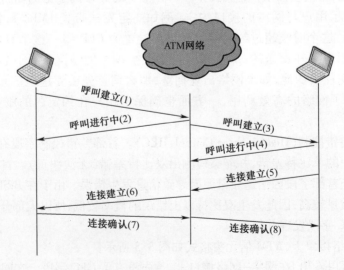

图 3.6　SVC 信令的连接建立交互过程示例

有关 ATM 信令的具体设计与实现超出了本书的讨论范围,在此不再赘述。

3.1.5 永久式虚连接

永久式虚连接 PVC(Permanent Virtual Circuit,PVC)是由网络管理等外部机制预先建立的连接,它无需使用 ATM 信令来建立连接,连接的路由和连接特性(如带宽、QoS 等)都是预先设定的;由于 PVC 是需要通过管理人员进行配置的,另外,由于 ATM 网络管理部门的配置权限不同,因此使用起来通常比较麻烦。

PVC 与 SVC 的比较如表 3.1 所列。

表 3.1 PVC 与 SVC 对比表

	PVC	SVC
连接的建立者	网络管理员	ATM 信令
连接的建立时间	比较长	很短
连接的持续时间	小时级以上	分钟级
连接标识符和带宽的分配	网络管理员	系统自动分配

ATM 吸引用户的重要原因,就是它能够预约带宽等资源,从而为用户提供确保的服务质量,而 PVC 就能够做到这一点。ATM 的 SVC 需要 ATM 信令支持,而 ATM 信令考虑了各种网络规模和应用场合,导致其设计细节很复杂,实现代码量大,在很多的 ATM 产品里并不支持。一些实现了 ATM 信令的产品价格也居高不下,这使得 SVC 面世之后一直处于曲高和寡状态。在 ATM 出现后的很长一段时间里,PVC 仍然是建立 ATM 虚连接的主要方式,但是 PVC 给管理员带来了很大的负担。后期 MPLS 等技术的出现,使得网络管理员可以依托 MPLS 来配置 PVC,在不需要 ATM 信令的前提下大大节省了管理员的工作,这使得 MPLS 成为 ATM 信令一个简便易行的替代品,在网络里得到大量应用。读者将在后面看到 MPLS 是如何做到这一点的。

3.2 ATM 适配层

3.2.1 概述

ATM 适配层(ATM Adaptation Layer,AAL)位于 ATM 层之上,用于增强 ATM 层的能力,以满足各种特定业务在 ATM 网络中传输与交换的需要。由于 ATM 网络支持多种业务的传输与交换,然而每一种业务类型的特征差异性非常大(如对定时、带宽、可靠性等需求),通常不能直接使用 ATM 层所提供的服务来进行传输。AAL 能够对高层的业务数据进行适配,将其映射到一条 ATM 虚连接的信元流净荷中,并在相反的方向上进行逆映射。

AAL 协议参考模型如图 3.7 所示。AAL 与上层之间的接口称为 AAL 服务访问点(AAL Service Access Point,AAL-SAP),与 ATM 层的接口称为 ATM 服务访问点(ATM Service Access Point,ATM-SAP)。AAL 的适配功能体现在收发两个方向上:对于发送方向,AAL 从 AAL-SAP 收到来自高层的业务数据后将其封装成 AAL 协议数据单元(PDU),通过 ATM-SAP 交给 ATM 层进行传输;对于接收方向,AAL 从 ATM-SAP 收到信元的净荷后,必须重新组合成业务数据,再通过 AAL-SAP 交给相应的业务接口。

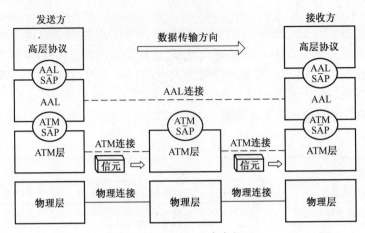

图 3.7 AAL 协议参考模型

ITU-T 根据在 AAL 上承载的各种业务对实时性、比特率、连接方式三个方面的不同需求,将它们划分为 A、B、C、D 四种类型。

(1) A 类对应恒定比特率(Constant Bit Rate,CBR)业务,其特征为实时、比特率固定和面向连接。常见的业务包括固定速率的数字话音通信、固定速率的非压缩视频传输和专用数据网的租线业务。

(2) B 类对应可变比特率(Variable Bit Rate,VBR)业务,其特征为实时、比特率可变和面向连接。常见的业务有压缩的分组话音通信、压缩的视频传输。

(3) C 类对应面向连接的数据业务,其特征为非实时、比特率可变和面向连接。常见业务为文件传输和数据网业务。

(4) D 类对应无连接的数据业务,其特征为非实时、比特率可变和无连接。常见业务为数据报业务和数据网业务。

针对上述四种业务类型,ITU 分别定义了 AAL1、AAL2、AAL3/4 和 AAL5 四种适配层协议,如表 3.2 所列。

表 3.2 AAL 业务分类

业务类型	A 类	B 类	C 类	D 类
实时性	需要	需要	不需要	不需要
比特率	固定	可变	可变	可变
连接方式	面向连接	面向连接	面向连接	无连接
AAL 类型	AAL1	AAL2	AAL3/4、AAL5	
典型业务	电路仿真	压缩音/视频	面向连接数据传输	无连接数据传输

AAL 又分为两个子层:汇聚子层(Convergence Sublayer,CS)、分段与重组子层(Segmentation and Recombination Sublayer,SAR)。其中,CS 又可以进一步分为特定业务会聚子层(Service Specific Convergence Sublayer,SSCS)和公共部分会聚子层(Common Part Convergence Sublayer,CPCS),参见图 3.8。

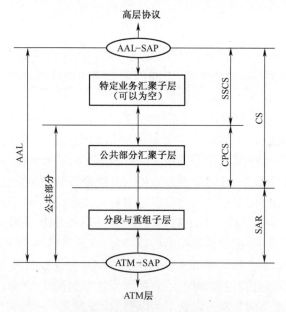

图 3.8　AAL 定义的子层与接口

在发送方向上，CS 的功能是将上层的业务数据转换成 CS 数据单元；SAR 的功能则是将 CS 数据单元分段成 48 字节的数据片段，交给 ATM 层添加 5 字节首部封装成 53 字节信元。对于接收方向，SAR 的功能是接收下层从信元中取出的 48 字节数据片段，并组装成 CS 数据单元；CS 的功能则是将 CS 数据单元转换成业务数据交给上层。

图 3.8 中的三个子层并非对所有 AAL 都是必要的。AAL3/4 和 AAL5 规范定义了完整的三个子层，不过其中的 SSCS 实现的功能与具体的业务需求有关，比如数据传输的可靠性等，对于某些业务该子层可以为空。AAL1 中只定义了 CS 和 SAR，并未对 CS 再分子层，参见图 3.9(a)。AAL2 则将 CPCS 与 SAR 合并为公共部分子层，参见图 3.9(b)。

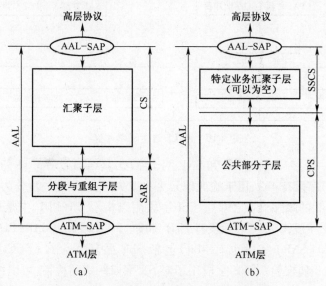

图 3.9　AAL1、AAL2 定义的子层与接口
(a) AAL1 的子层与接口；(b) AAL2 的子层与接口。

3.2.2 AAL1

AAL1 协议针对的是 A 类 CBR 业务,完成的主要功能包括用户数据的分段与重组、接收端对信源数据结构与定时的恢复,以及信元差错的处理等。制定 AAL1 协议的目的在于提供 ATM 技术对传统电信业务的兼容性。

CBR 业务要求在源端和目的端建立虚连接后,以一个恒定的比特率来传递信息。ALL1 支持的 CBR 业务又分为非结构化业务和结构化业务。常见的非结构化业务如 64Kb/s 话音或者 2Mb/s 中继线业务,典型的结构化业务是 Nx64Kb/s 业务。为了能够在目的端正确地恢复业务数据,必须对业务数据的时钟进行处理和恢复,以保证源端与目的端之间的传输同步。此外,对于结构化业务还需要完成数据定界功能。

在 ITU-T 建议 I.363.1 中,ALL1 被划分成 CS 子层和 SAR 子层,参见图 3.9(a)。CS 子层主要完成时钟同步、数据定界等相关处理功能。CS 子层和 SAR 子层分别定义了 CS 协议数据单元(CS Protocol Data Unit,CS-PDU)和 SAR 协议数据单元(SAR Protocol Data Unit,SAR-PDU)。信息处理过程如图 3.10 所示。注意到图 3.10 中,非结构化业务的 CS 子层没有定义首部,而结构化业务定义了一字节的 CS 首部——指针(Pointer,PTR),用来为结构化数据定界。另外,SAR 子层定义了一字节的 SAR 首部,由序号(Serial Number,SN)和序号校验(Serial Number Check,SNP)两个字段组成。

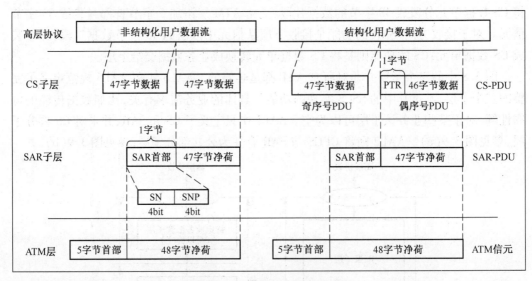

图 3.10 AAL1 信息适配过程

SAR 首部为一个字节,分为 SN 和 SNP 两个字段,其结构如图 3.11 所示。

(1)序号(SN)字段有 4bit,用于检测信元丢失或失序。SN 进一步分为两个子字段:CS 指示位(CSI)和 3bit 的顺序计数(SC)。CSI 字段用以指示 CS-PDU 中是否有 PTR 字段,CSI=1 表示有 PTR 字段,CSI=0 表示没有 PTR 字段。SC 字段标识 SAR-PDU 的顺序号。

(2)序号校验(SNP)字段也有 4bit,包括 3bit 循环冗余校验(Cyclic Redundancy Check,CRC)和 1bit 偶校验。SNP 字段用于对 SN 字段纠错和检错,可以纠正 1bit 错误和检测所有 2bit 错误。

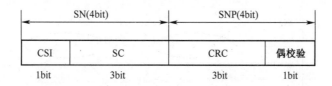

图 3.11　SAR 子层首部结构

对于非结构化业务,信息适配过程中各子层的功能如下(图 3.10 左侧):

(1) 源端 CS 子层:将用户数据拆分成 47 字节的 CS-PDU,交给 SAR 子层。

(2) 源端 SAR 子层:为 CS-PDU 增加 SAR 首部,构造成 48 字节的 SAR-PDU,然后交给 ATM 层。

(3) 目的端 SAR 子层:检验 SAR-PDU 首部,然后将差错信息以及 47 字节净荷一起交 CS 子层。

(4) 目的端 CS 子层:根据 SAR 报告的信息,对 CS-PDU 进行必要的定时和差错恢复后交给用户。

对于结构化业务,信息适配过程与非结构化业务基本一致,唯一的区别在于 CS 子层将用户数据拆分成 CS-PDU 时,偶序号 PDU 结构需要用 1 字节指针指明结构化数据的边界,此时只能封装 46 字节的用户数据,参见图 3.10 右侧部分。

AAL1 可以采用两种时钟恢复算法:自适应时钟法和同步剩余时标法(Synchronous Residual Time Scale Method,SRTS),具体参见 ITU-T 建议 I.363.1。

3.2.3　AAL2

AAL2 协议主要针对的是 B 类 VBR 业务,即面向连接的、速率可变的实时数据业务,最典型的是压缩的实时音频或视频传输业务。ITU-T 在 I.363.2 建议中为 AAL2 定义了 SSCS 和公共部分子层(Common Part Sublayer,CPS)两个子层,参见图 3.9(b)。另外,为了让 AAL2 能够提供可靠或者不可靠的数据传输服务,I.366.1 建议中将 SSCS 进一步划分成三个子层,对具体的功能实现进行了描述。

与 AAL1 相比,AAL2 新增了两个功能:净荷填充和业务复用。AAL2 的净荷填充功能主要是为了满足上层业务的传输实时性要求。比如 2.4Kb/s 的压缩音频,如果采用 AAL1 协议的话,积累 47 个字节的话音数据时延就超过了 150ms。采用 AAL2 则可以只封装几个数据字节,剩下的净荷部分用填充字节补齐后立即交给下层发送,这样就能大大减小端到端的传输时延。当然,这种做法付出的代价是牺牲传输效率。极端情况下,如果一个 53 字节的信元仅承载一个有效数据字节的话,实际的传输效率不到 2%。为了提高传输效率,AAL2 允许对多个低速 VBR 业务复用进同一个 ATM 连接。

AAL2 功能模型如图 3.12 所示。一个 AAL 服务访问点(SAP)可以有多个 AAL 连接端点(Connection End Point,CEP),每个业务连接对应一个端点,并且数据传输是双向的。对于发送方,AAL 为每个业务连接分配一个信道标识(Channel Identifier,CID),SSCS 子层将来自每个业务信道的数据封装成 SSCS-PDU,而 CPS 可以将多个业务信道的 SSCS-PDU 复用,通过同一条 ATM 连接进行传输。对于接收方,则执行相反的业务数据分解过程。另外,管理平面的协议数据和信令也可通过 SAP 在通信双方的协议实体之间交互。

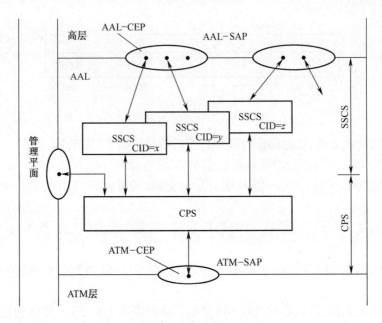

图 3.12 AAL2 功能模型

AAL2 信息适配过程如图 3.13 所示。高层业务数据经过 SSCS 子层封装成 SSCS-PDU。根据业务类型的不同,可能需要增加首部或尾部,或兼而有之。SSCS-PDU 传递给 CPS 子层后,首先会附加 3 个字节的首部字段封装成 CPS 分组。注意到 CPS 分组长度是可变的。多个 CPS 分组可以首尾相接地封装进 CPS-PDU 净荷字段。注意到 CPS-PDU 净荷的长度不能超过 47 字节,因此最后一个 CPS 分组可能不完整,剩下的部分将封装在下一个 CPS-PDU 中。在没有可用分组时,填充字节可以使 CPS-PDU 补齐为 47 个字节。

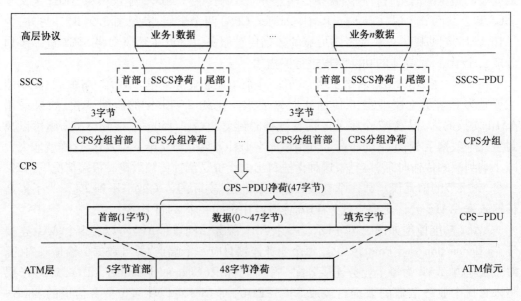

图 3.13 AAL2 信息适配过程

CPS 分组首部结构如图 3.14 所示。信道标识 CID 有 8bit,用于识别分组所属信道。CID=1 和 2 分别表示管理协议数据和信令,CID=8~255 用于识别 CPS 的用户实体。LI 为长度指示符,用以指明 CPS 分组净荷部分的字节数。UUI 是用户-用户指示,透明传递给 SSCS 或管理/信令协议实体,用以进一步说明用户数据的处理方法。HEC 用于 CPS 分组首部检错。CPS 分组净荷部分长度的最大值,对于用户数据取 45,对于管理数据或信令取 64。

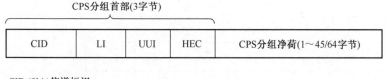

CID (8bit)信道标识
LI (6bit)长度指示符
UUI (5bit)用户-用户指示
HEC (5bit)首部差错控制

图 3.14 CPS 分组首部结构

CPS-PDU 的首部只有 1 个字节,也叫起始字段(Start Field,STF),其结构如图 3.15 所示。偏移量字段 OSF 用以指明 CPS-PDU 净荷中,第一个 CPS 分组的起始位置,如果没有 CPS 分组,则指明第一个填充字节的位置。序号字段 SN 用来为 CPS-PDU 流进行编号(模 2 运算)。字段 P 用来对整个 STF 字节进行奇偶校验。

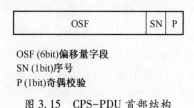

OSF (6bit)偏移量字段
SN (1bit)序号
P (1bit)奇偶校验

图 3.15 CPS-PDU 首部结构

3.2.4 AAL3/4

在 ATM 网络中,非实时数据业务又分为面向连接业务(C 类)和无连接业务(D 类)。ITU-T 最初分别针对这两类业务定义了 AAL3 和 AAL4 协议。后经研究发现支持 D 类业务的 AAL4 也可以支持 C 类业务,遂将二者合并制定了 AAL3/4 协议,同时支持 C 类和 D 类业务。

AAL3/4 可以按流和报文两种模式进行业务传输。在流模式中不需要保留报文分界信息。两种模式都可能出现可靠的传输和不可靠的传输。另外,与 AAL2 类似,AAL3/4 也提供了复用功能,可以在一个 ATM 连接复用多个 CS 连接。

AAL3/4 信息适配过程如图 3.16 所示。从应用程序到达汇聚子层的用户数据最长可达 65535 字节。CS 子层首先将报文填充为 4 的整数倍,然后加上首部和尾部构成 CS-PDU,交给 SAR 子层。SAR 子层会将 CS-PDU 分为 44 字节的报文段(如果长度不是 44 的整数倍,则对最后一个报文段进行填充),再附加 2 个字节的首部和 2 个字节的尾部,构成 48 字节的 SAR-PDU。从图 3.16 中可以看出,AAL3/4 具有两层协议开销,尤其是当用户数据主要是短报文时,传输效率比较低。

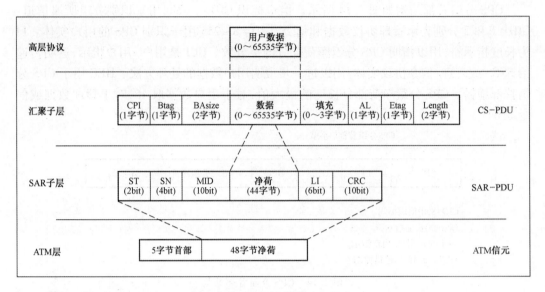

图 3.16　AAL3/4 信息适配过程

AAL3/4 的 CS-PDU 首部和尾部字段说明如下：

（1）CPI（公共部分识别）：指明 BA 和 Length 字段的计数单位，目前只定义了 CPI=0（单位为字节）。

（2）Btag（起始标签）和 Etag（结束标签）：Btag 和 Etag 取值必须相同，用以指明 CS-PDU 的起始和结束。发送方为每个 CS-PDU 选取不同的标签值。接收方如果检测到 CS-PDU 的 Btag 和 Etag 值不同，则说明 SAR 子层重组的数据出现错误。

（3）BAsize（缓存分配大小）：指明接收 PDU 所需的最大缓存空间。

（4）填充：使整个 PDU 的字节长度为 4 的整数倍。

（5）AL（对齐）：取值 0 的字节，用以将 CS-PDU 的尾部凑齐 4 个字节。

（6）Length（长度）：指明 CS-PDU 净荷部分的长度，其计数单位由 CPI 字段确定。

SAR-PDU 首部和尾部字段说明如下：

（1）ST（段类型）：指明当前 SAR-PDU 是一个 CS-PDU 的起始分段、延续分段或结束分段。

（2）SN（序号）：指明当前 SAR-PDU 是一个 CS-PDU 的第几个分段（模 16 计数）。

（3）MID（复用标识）：当多个 CS 连接在一个 ATM 连接上的复用时，用以区分每个 CS 连接。

（4）LI（长度标识）：指明 SAR-PDU 净荷中包含的有效用户信息的字节数（最后一个报文段可能有填充字节）。

（5）CRC（循环冗余校验）：用于对整个 SAR-PDU 进行检错。

3.2.5　AAL5

制定 AAL1 到 AAL3/4 协议时并没有太多考虑计算机工业的应用需求。随着互联网技术的发展，IP 业务越来越成为主流，采用这些 AAL 协议承载无连接的数据报业务不仅复杂而且低效。研究人员制定了一种新的适配层协议,最初命名为简单高效的适配层(Simple Efficient Adaptation Layer,SEAL)。经过论证,业界接受了 SEAL 并将其命名为 AAL5,ITU-T 在 I.363.5 建议中对其进行了详细定义。

与 AAL3/4 一样,AAL5 支持报文模式和流模式,提供可靠或不可靠传输服务,并且可以提供复用功能。AAL5 的高效性体现在所有控制信息都集中在一个 8 字节的尾部,每个 SAR 报文段(也即每个信元)中无额外开销。虽然每个 SAR 报文段中没有顺序号,但可以通过更长的校验字段来弥补。

AAL5 信息适配过程如图 3.17 所示。对于发送方,从应用程序到达汇聚子层的用户数据最长可达 65535 字节。CS 子层首先附加 8 字节尾部,必要时进行字节填充,确保整个 CS-PDU 长度为 48 的整数倍,然后交给 SAR 子层。SAR 子层只要简单地将 CS-PDU 分为若干个 48 字节的报文段,交给 ATM 层,也就是说 SAR-PDU 没有额外增加协议首部或尾部。

对于接收方,SAR 子层会收到 SAR-PDU 序列,重组成 CS-PDU,传递给 CS 子层恢复出数据交付给正确的用户。不过,细心的读者可能会发现这里有一个问题,由于发送方的 SAR 子层没有增加首部或尾部信息,接收方 SAR 子层就无法确定 SAR-PDU 序列的边界,也不知哪个报文段是一个 CS-PDU 的起始或结束,因此就无法重组 CS-PDU。为了解决这个问题,AAL5 借用了 ATM 信元首部 PTI 字段中的 AUU 位来进行定界指示,当 AUU=1 时,表示当前信元中的 SAR-PDU 是最后一个报文段。

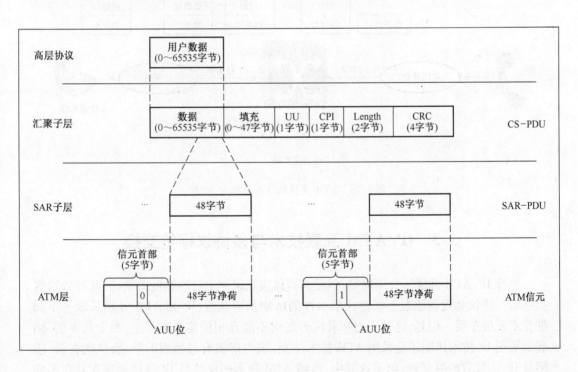

图 3.17 AAL5 信息适配过程

AAL5 的 CS-PDU 尾部字段说明如下：
(1) UU（用户-用户指示）：可以在 CS 子层用户之间透明传输一个字节的信息。
(2) CPI（公共部分识别）：暂未定义功能，置为全 0。
(3) Length（长度）：指明 CS-PDU 净荷中用户数据的字节数。
(4) CRC（循环冗余校验）：用于对整个 CS-PDU 进行检错。

3.2.6 不同应用的适配

ATM 通过多种不同的适配层协议，可以适配各种应用。将它们统一封装在 ATM 信元里传输。在网络的边缘，再通过同样的适配层将应用提取出来，送给用户或者外接的专用应用网络。在战场通信网络中，典型的应用就是话音和 IP 数据。其中，话音可以通过电话网接口（如 E1 时分复用网络 TDM 接口）接入 ATM 交换机，这些话音通过 AAL2 层适配封装成信元，而 IP 数据则通过 IP 网接口（如 E1 路由器接口或以太网接口等）接入 ATM 交换机，再通过 AAL5 层适配封装成信元。其适配和流程如图 3.18 所示。

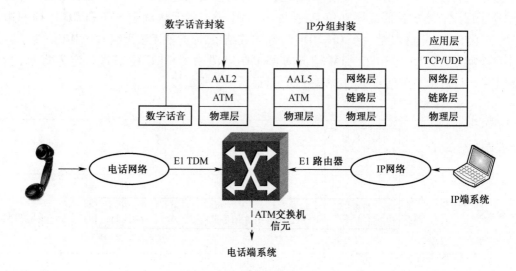

图 3.18　ATM 交换机业务适配示意图

3.3　IP/ATM 互联技术与多协议标签交换

尽管 IP、ATM 都属于分组网络，但是其具体实现机制上有本质的差别，因此导致这两类网络在协议和设备形态上都存在根本性的区别。应该说，IP 和 ATM 分别采取了不同的技术发展路线。但是，这并不意味着两者之间不能互相借鉴。实际上，在十几年前，到底是采用 IP 技术体制还是采用 ATM 技术体制，国内确实有过激烈的争论，从现在看，很明显 IP 是最后的胜利者，但是这其中，吸纳 ATM 技术的优势是 IP 坚持到现在并在不断发展的重要因素之一。因此有必要分别考察一下 IP 和 ATM 的优缺点，并探讨一下后来的 IP 是如何弥补自己的缺点的。这对于未来技术的不断发展具有非常重要的借鉴意义。

3.3.1 IP 网络的特点

IP 网络的特点很多。需要注意的是,这里提到的 IP 协议的特点主要是相对于 ATM 来说的。与 ATM 网络相比,IP 网络的主要特点包括:

(1) 采用最长匹配查表,查表速度慢。IP 这种数据报网络查表采用的是目的地址最长匹配查表。这样的查表方式可以大大简化路由表的表项数,但是带来的问题是查表速度慢,效率很低。所谓最长匹配,那么不查完整个转发表,用户无法确定自己找到的某项匹配项是否是"最长匹配"。当然也有一些处理机制,是对路由表项进行归纳整理,把所有表项前缀匹配的都用链表串起来,这样找到一个匹配表项,只要查是否有链表就可以知道是否是"最长匹配"。这样的处理方式,虽然简化了查表工作,但是却大大提升了路由表更新的复杂度。无论是哪一种方法,路由表查表或更新的速度都无法提高。如果路由表表项数为 N,则无论采用何种查表方法,查表的复杂度为 $O(\log N)$。这代表着 IP 地址查表的速度与表项数 N 的对数相关。随着光纤等传输能力不断提高,干线网络中分组的到达速率也在量级上不断增长,此时分组查表自然就成为了网络的瓶颈。这也是传统 IP 网络一直被诟病的重要缺陷之一。

(2) 变长的分组长度,处理起来相对复杂。IP 分组是变长的,最小可以数十字节,最大可以到 65536 字节。这样的变长分组长度,导致在高速转发和交换时处理相对复杂。对 IP 分组进行硬件化处理和硬件化转发的成本高、效率低。

(3) 无连接的选路模式。IP 是数据报网络,其本质是不需要连接的。因此它的选路和转发过程不需要连接介入,也不需要网络核心的路由器记录每个连接的状态。好处是简化了对路由器的要求,路由器可以不关心每次通信转发的资源要求。坏处就是在这种架构里实施服务质量保证比较困难。

(4) 不支持 QoS。基础的 IP 网络只支持尽力而为的服务,对服务指标没有任何承诺,基于 IP 网络的服务质量保证机制也是一个重要的研究方向,涌现了大量的研究成果,但是实际应用在网络中的仍然较少,由于缺乏机制上的支撑,在数据报网络里实现 QoS 的难度很大,效果不佳。

(5) 技术实现简单。这是 IP 的最大优势,也是 IP 的最大特点之一。与 ATM 相比,IP 的总体实现技术相对简单,这也是 IP 最终战胜 ATM 的重要原因。

3.3.2 ATM 网络的特点

与 IP 相比,ATM 技术采用面向连接的虚电路技术,它有如下特点:

(1) 采用 VPI/VCI 查表,一次匹配查表速度快。在 ATM 网络里,信元的转发依靠信元首部的 VPI/VCI 查表。VPI/VCI 与转发表项是一一对应的,要么能查到,则信元按照表项指明的端口替换 VPI/VCI 并转发;要么查不到,则信元丢弃。这只需要一次查表就可以完成,而且基于 VPI/VCI 的查表机制很容易采用硬件化实现,从而大大提高了查表效率。

(2) 定长信元长度,处理起来相对简单。ATM 采用定长 53 字节信元,分组首部为 5 字节,净荷为 48 字节,都是固定长度的,这样的结构使得 ATM 交换机的各存储、转发、交换单元可以完全依照固定长度来设计,从而效率大大提高。对于 ATM 进行交换转发的成本可以较分组更低。

(3) 面向连接的选路与资源预约模式。首先,ATM 采用面向连接的虚电路方式建立连接,连接信息以 VPI/VCI 的形势存储在通路上的所有 ATM 交换机中,这样的连接建立过程一是确保了所有后续 ATM 信元都走同样的通路,得到同样的服务;其次,ATM 交换机也可以为特定的 VPI/VCI 预约相应的资源,如带宽、时隙等,同时还可以根据需要增加一些特殊处理需求,比如标签替换、增加/去除一级标签等。资源预约信息和特殊处理需求都作为以 VPI/VCI 作为索引的转发表的表项实现,从而大大提高了转发处理的效率和灵活性。

(4) 支持 QoS。如前所述,ATM 由于采用基于虚电路的连接方式,同时可以沿线预约资源,因此可以较为方便地支持 QoS。并且这个 QoS 可以很容易地被全网所遵循。相比之下,由于缺乏底层机制,IP 的 QoS 实现策略机制复杂,效率低下,无法与 ATM 相比拟。对 QoS 更强的支持能力一直是 ATM 技术的重要亮点之一。

(5) 技术实现复杂。相比 IP,ATM 的技术体系更为复杂。ATM 尽管在转发和查表上简单,但是其信令体系非常复杂。也就是有一个简单的"身体",复杂的"大脑"。ATM 的复杂体系和高技术门槛让技术人员望而却步,让设备成本和价格居高不下,这也是 ATM 最终失败的重要原因。

3.3.3 IP Switching:融合 IP/ATM 两者的优点

ATM 技术相对成熟的时候,正是因特网在世界范围内逐渐普及的重要时刻。两种技术体制差异大,各有特点,那么最终谁会占领市场,一统天下?这曾是困扰业界近十年的一个重要问题。不出意外的是,有些专家坚持 IP,有些专家坚持 ATM,并且在很长一段时间里相持不下。但是也有一些专家,当时则在考虑另外一个问题:能否综合 IP 和 ATM 的优点,提出或改进传统的网络,使得未来的网络"兼顾"两者的优点?1996 年,Ipsilon 公司的 Peter Newman 提出的 IP 交换(IP Switching)技术率先实现了"兼顾"两者优点的目标。

IP 交换技术充分利用了 ATM 硬件相比 IP 路由器实现简单、转发高效的优点,率先丢弃了复杂的 ATM 信令,而采用的是 IP 网络里简单、被广泛接受的路由协议。它使用的是 ATM 简单的"身体"和 IP 相对简单的"大脑",使得整个体系比传统的 ATM 网络更加简单,同时也回避了传统 IP 网络的一些问题。

在 IP 交换里,实现转发设备的被称为"IP 交换机"(IP Switch)。IP 交换机由两部分构成,如图 3.19 所示,位于下部的是 IP 交换机的交换单元,它的本质上是 ATM 交换机,底层交换、转发的是信元。位于上部的是 IP 交换机的路由控制单元。

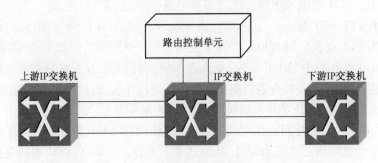

图 3.19 IP 交换机构成及连接示意图

路由控制单元运行的是 IP 协议栈。每个 IP 交换机的交换单元都有一条 VPI/VCI 指向路由控制单元连接。该条 VPI/VCI 被称为"缺省虚信道（Default VC）"。缺省值为 VPI=0, VCI=15。

IP 交换机实际上转发和传送的是 IP 分组，但是这些分组被上游 IP 交换机以 AAL5 封装并切片成 ATM 信元传输给本地 IP 交换机，这些 ATM 信元都走的是缺省 VC，因此 VPI=0, VCI=15。这样，这些信元到达本地 IP 交换机后，IP 交换机的交换单元会把缺省 VC 上的所有 ATM 信元直接转发给路由控制单元。

路由控制单元的构成如图 3.20 所示。在控制单元入口有一个信元拆装单元，所有沿缺省 VC 到达的信元将被提取出来，并按照对应的 AAL 协议进行组装。由于上游将 IP 分组以 AAL5 封装成多个信元，因此当这些信元的内容组装在一起时，就可以构成完整的 IP 分组，IP 分组自然包含 IP 分组首部，自然也携带目的地等信息。该目的地信息经过路由控制单元的 IP 查表，判定下一跳应从哪个端口送出（如从 5 号端口送出），此时的 IP 分组将被原样封装在 AAL5 中，以 VPI=0、VCI=15 送给 IP 交换机的交换单元，并告知交换单元此信元应该从第 5 号端口发出。交换单元随即按照路由控制单元的要求，将所组装的信元通过 5 号端口送给下一跳的 IP 交换机。

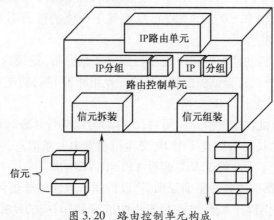

图 3.20　路由控制单元构成

通过这个过程描述可以发现 IP 交换机的工作有如下特点：

（1）底层的传输是以信元方式，但是高层的选路实际上依赖的是 IP 分组的目的 IP 地址。

（2）尽管底层是 ATM 网络，但是实际上信元是在每跳都完成拆装-查表-再组装的过程，所以这时的整体信息传输是无连接的。

（3）没有使用 ATM 信令，也没有使用 SVC 或者 PVC。

（4）实际上每个信元或拆装出来的分组都经历了两次查表，第一次查表把信元从交换单元送往路由控制单元；第二次查表把拆装出来的分组查路由表找到下一跳路由。

这个过程看起来不仅没有弥补 IP 网络的不足，反而是既做了 ATM 交换，又做了 IP 路由选路，中间还每一跳都要拆装组装，效率无疑会低很多。

这种工作模式被称为 IP 交换机的"缺省模式"。缺省模式只是完成了 IP 分组在 ATM 交换机上的传输，无疑是低效的。但是 IP 交换机的设计亮点，就是在这种低效架构中产出高效的组网模式。

IP 交换机的路由控制单元在不断完成分组的拆装-查表-再组装信元、转发的过程中,同时还对每个转发的分组计数。在 IPv6 的介绍里已经出现了"流"的概念,而 IP 交换机很好地利用了流的概念。它把特定字段相同的分组序列认为是同一个流,在转发分组的过程中,它同时对每个流进行计数,如果某个流在单位时间里到达分组数较多,它会认为该流是个"长流"(Long Flow),而对应的到达分组较少的流称为"短流"(Short Flow)。IP 交换机的设计者认为,如果一个流是长流,那么它持续不断产生分组的概率较大;而如果一个流是短流,则很可能属于该流的分组很快会结束。IP 交换机通过一系列的动作,优化"长流"的交换过程,从而让那些持续时间较长的分组和数据流能够实现高效的信息转发;而它不为短流做优化的原因是担心在优化的过程中,短流就早早结束了,从而浪费了整个优化过程。

具体的优化机制如下:

(1) 当 IP 交换机发现本地路由控制单元对于某个流的分组数技术超过特定门限后,它认为该流是"长流",此时路由控制单元将通知 IP 交换机的交换单元,寻找一个尚未被使用的 VPI/VCI 值(例如 VPI=0、VCI=33)。

(2) IP 交换机将向上游交换器发送一条消息,告知上游 IP 交换机,本 IP 交换机为该流分配了一个特殊 VC(VPI=0、VCI=33),以后属于该流的信元不要通过缺省 VC 发给我,而改为从这个 VC 发给我。

(3) 上游 IP 交换机的路由控制单元在收到这条信息后,记录这条信息,以后当上游路由控制单元发现有分组符合该流的特征(如五元组相符)后,将把分组组装在 VPI=0、VCI=33 的信元里发送给本地 IP 交换机。

(4) 下游 IP 交换机在转发信元的同时,也在对分组进行计数。它同样也会发现该信元所对应的分组属于"长流",因此下游 IP 交换机也发出一条消息,告知本地 IP 交换机,下游 IP 交换机也分配了一个特殊 VC(假设 VPI=0、VCI=88)。

(5) 当两条消息都被收到并正确处理后,以后属于该流的分组将沿 VPI=0、VCI=33 的 VC 到达本地 IP 交换机。本地 IP 交换机也知道该 VC 对应的是哪个流的分组,同时也知道该 VC 对应的出 VC 是 VPI=0、VCI=88,此时后续的信元就不用再送往路由控制单元,而直接在交换单元进行标签替换和转发就可以送往下一跳 IP 交换机了。示例如图 3.21 所示。

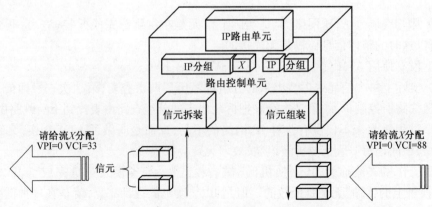

图 3.21 路由控制单元发送 VC 分配消息

读者从 IP 交换的整个转发过程里可以发现几个有趣的现象。那就是当信元沿缺省 VC 逐跳转发时，信息应该说是无连接的，但是一旦长流的标签分配完毕，前后衔接，后面的信元交换就跟面向连接的虚电路交换方式完全相同了！也就是说，IP 交换机在信元开始转发时是无连接的，但是在信元转发的过程中"变成"有连接的了！这个连接的过程不是在信息开始交换之前完成的，而是在一边通信的过程中一边建立的。可以把连接的建立过程看成是控制过程，而把信息的转发看成是转发过程，连接与无连接是通信网络永恒的主题，但是一般的思路都是先建立连接，再转发信息，先控制，再转发，从 IP 交换开始，人们发现实际上连接的建立可以与信息什么时候开始转发或者交换无关！这个想法就是后来软件定义网络(Software Defined Network, SDN)"控制与转发分离"思想的雏形。

由于虚电路与数据报网络在实现机制上有较大不同，因此虚电路与数据报网络一般是两个独立的网络，网络可以根据是否采用虚电路分为面向连接的网络和无连接的网络。但是随着 IP 交换机的出现，出现了第三种网络，那就是"可以变形的网络"，IP 交换机在开始是无连接的，但是在通信的过程中建立连接，当连接建立完成后，IP 交换机就是面向连接的了。这相对于传统的网络来说，无疑是一个创举。

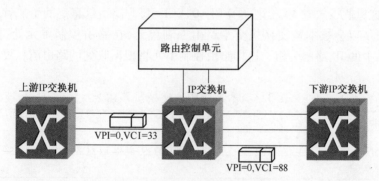

图 3.22 信元转发不再经过路由控制单元

同时可以注意到，采用 IP 交换机的网络，可以说同时具备了 IP 和 ATM 的优点：它的转发过程是 ATM 的，是一次查表，且信元定长；它的转发硬件简单，但路由控制单元仍然使用 IP 协议栈而没有使用 ATM 信令，所以软件也比较简单；它底层是 ATM 的，因此从逻辑上支持更好的 QoS。这些优点给后续 MPLS 的研究人员提供了有益的借鉴。

3.4 MPLS：集大成者

IP 交换技术通过对长流的识别与动态标签分配率先实现了流的建立过程与流转发的分离，受到了广泛关注。但是 IP 交换的长短流识别机制未必总能奏效，依据对现有转发分组数的统计来预测长流也未必准确。因此后来出现的一些设计没有采用 IP 交换基于长流的连接建立思路，而是采用其他思路来动态建立连接。其中的集大成者就是多协议标签交换(MPLS)。

多协议标签交换的名称由来是该协议可以支持多种类型的网络，它既可以支持在 ATM 网络里使用，也可以在 IP 网里使用，因此其使用范围很广。当然在每个特定的网络中，MPLS 的"标签"含义也不一样。当 MPLS 在 ATM 网络里使用时，它使用的是 ATM 的

VPI/VCI,而当它在 IP 网络里使用时,则使用的是在 IP 首部前面增加的一个"瘦标签头"。

无论 MPLS 使用的何种标签,其连接建立的基本思路是一致的,那就是不运行 ATM 的复杂信令,而采用 IP 路由协议对数据选路。也就是说,MPLS 里的路由控制单元还是运行的 IP 路由协议,它与 IP 交换不同的是,它不是在网络识别"长流"并为长流建立连接,而是根据 IP 路由表项来建立连接。IP 交换的连接是"长流"激发的,因而被称为"流驱动",而 MPLS 的连接则是由路由表激发的,路由表一般属于控制信息,因此这种方式被称为"控制驱动"。

在本例中仍然考虑底层采用 ATM 交换机,此时的 MPLS 交换机由两部分构成,一部分是位于底部的 MPLS 交换单元,实际上就是一个没有 ATM 信令的 ATM 交换机;另一部分是位于其上的路由控制单元。其上运行的是 IP 路由协议。例如距离向量路由协议 RIP 或者 EIGRP。当路由协议运行时,邻居路由器之间会通告各 IP 子网的可达信息。如图 3.23 所示,假设下游 MPLS 交换机各有一条路由,分别通过交换机接口 2 和接口 3 到达本地 MPLS 交换机。本地交换机和所有邻居交换机之间会约定一个缺省 VC,用于控制信息交流。这里假设缺省 VC 仍然是 VPI=0、VCI=15。路由信息走的是缺省通道(VPI=0、VCI=15),所以会被本地交换机交给路由控制单元,在路由控制单元处,信元将被拆装,恢复出其中的 IP 路由分组。这样路由控制单元将根据收到的路由消息更新自己的路由表,如表 3.3 所列。

表 3.3　本地 MPLS 交换机路由表

路由	出端口	下一节点
172.28.33.0	3	M_3
130.44.0.0	2	M_2
22.60.30.0	1	M_1

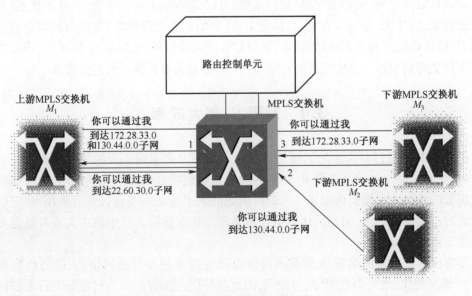

图 3.23　MPLS 交换机工作原理示意图

本地 MPLS 交换机也会将路由消息通告给其上游节点 M_1 有关"172.28.33.0"和"130.44.0.0"的路由,以及向下游 M_2 和 M_3 通告它们所不知道的路由。直到路由全部收敛,各交换机都拥有了全网路由为止。

接下来,MPLS 比其他交换机多了个工作,就是在本地 MPLS 交换机路由表前后增加了两列,即入标签号、出标签号,如表 3.4 所列。然后运行一个新的协议,称为标签分配协议(Label Distribution Protocol,LDP)。

表 3.4 含出入标签号的本地 MPLS 交换机路由表

入标签号 VPI/VCI	路由	出端口	下一节点	出标签号 VPI/VCI
	172.28.33.0	3	M_3	
	130.44.0.0	2	M_2	
	22.60.30.0	1	M_1	

针对每个路由表项,本地 MPLS 将寻找本地空闲的 VCI,此处本地 MPLS 交换机分别为三条路由找到了三个空闲 VCI,假设依次为 78、66 和 53。则本地 MPLS 交换机将向其上游 MPLS 交换机发起一个标签分配消息,告知上游交换机 M_1:"172.28.33.0"路由使用标签 78,"130.44.0.0"路由使用标签 66,"22.60.30.0"路由使用标签 53。并相应地在入标签处,把路由对应的标签填入标签项。

同样的,下游 M_2 和 M_3 交换机也在运行标签分配协议,它们将为它们的路由表分配标签,这样本地交换机从 M_2 处获得"172.28.33.0"的出 VCI 标签号为 45,从 M_3 处获得"130.44.0.0"的出 VCI 标签号为 21,从 M_1 处获得"22.60.30.0"的出 VCI 标签号为 3(假设 VPI 均为 0)。本地交换机将这些标签号写入出标签项。最后形成的路由表如表 3.5 所列。

表 3.5 写入出入标签号的本地 MPLS 交换机路由表

入标签号 VPI/VCI	路由	出端口	下一节点	出标签号 VPI/VCI
0/78	172.28.33.0	3	M_3	0/45
0/66	130.44.0.0	2	M_2	0/21
0/53	22.60.30.0	1	M_1	0/3

从表 3.5 中可以发现,对于每个路由,都给定了入标签 VPI/VCI 和出标签 VPI/VCI,那么标签转发关系就确定了,如果把路由项删除,这就是一张正常的 ATM 转发表。也就是说,采用这种方式,既不需要 SVC,也不需要 PVC 就可以建立 ATM 的虚连接。这个虚连接表可以直接写入底下的交换机,成为底层交换机的交换依据。

现在考虑一个目的地为"172.28.33.5"的分组,这个分组在上游假设碰到第一台 MPLS 交换机,那么该分组对应的信元将首先沿缺省通道将信元送至路由控制单元,路由控制单元通过拆装发现这是一个 IP 分组,对该 IP 分组查表可以发现 M_1 有其路由,出标签 VCI 是 78,则该分组将被组装成 VCI=78 的分组送给本地交换机,本地交换机字节通过 VCI 查表,就可以替换成 VCI=45,并通过 3 号端口送给下游交换机 M_3。这样由 VPI/VCI 标签前后衔接形成的虚连接 VCC 被称为标签交换通路(Lable Switched Path,LSP)。

通过对 MPLS 的介绍可以发现,MPLS 开始是 IP 的最长匹配查表,一旦找到匹配表项,后续在 LSP 上的转发都是一次性的标签查表,速度大大提高;其次 MPLS 的虚连接建立既不像 SVC 那样依赖复杂的信令,也不需要 PVC 那样需要繁琐的人工设置,大大简化了管理员的工作;第三 MPLS 的连接建立过程是在路由扩散之后开始的,而这个时候可能并没有数据到来,也就是说,连接建立过程和数据转发过程是分开的。可以把连接建立过程看成是网络控制的一部分,这就是控制与转发分离这一思想的最初来源。

MPLS 使用方便,兼顾了 ATM 和 IP 的优点,摒弃了它们的缺点,同时它还能在各种网络里使用,因而成了一种广受欢迎的技术。

3.5 如何建立虚通路连接(VCC)

如前所述,ATM 网络的本质是为端到端用户建立符合其 QoS 要求的虚通路连接(VCC),并通过该 VCC 保证端到端的信息传输。这些信息可能是话音,也可能是数据,还有可能是某路视频图像。那么这条端到端的 VCC 该如何建立呢?请注意,在给一个业务流建立端到端的 VC 时,不仅要考虑服务质量约定、资源分配等问题,还要考虑这条业务到底走哪条路径穿越网络。也就是说在建立端到端的 VCC 时,还要为该业务流选择路由,那么选择路由的工作该由谁来完成,如何完成呢?

事实上,ATM 支持多种 VCC 的建立方式。这些建立方式各有特点。所采用的选择路由、预约资源的机制也各不相同。具体途径有如下几条:

(1) 建立 PVC。如前所述,永久式虚连接 PVC 是由网络管理员、设备操作员等人工预先建立的连接,由于人可以事先掌握网络的拓扑情况,再根据网络拓扑逐一设置各 ATM 交换机以构成端到端的 VCC,因而采用 PVC 可以无需使用任何其他协议辅助就可以建立连接,连接的路由和连接特性(如带宽、QoS 等)都是人工预先设定的。这种建立 VCC 的方法从协议和软硬件需求上看最简单,但是却给管理员带来了巨大的工作量,同时这种连接的建立也非常容易出错。如果一条 VCC 跨经 10 台交换机,那么就需要手工配置 10 台 ATM 交换机,而且一旦任何一台交换机配置稍有差错,就会导致整条连接失效。必须反复检查所有 ATM 交换机的配置才有可能定位和发现问题。同时,PVC 也不能适应网络动态变化的需要,一旦网络连接关系发生变化,那么可能就会影响到所建立的 VCC,从而导致该 VCC 无法工作。因此利用 PVC 方式建立 VCC 耗时长、容易出错,一般而言很少采用。

(2) 利用 ATM 信令建立 SVC。如前所述,SVC 是指由高层协议通过 ATM 信令(Signaling)根据需要动态建立的连接。所谓 ATM 信令,就是在 ATM 网络里建立连接的交互协议。ATM 及宽带综合业务数字网是从通信网发展而来。它不是一个信令,而是一个非常复杂的信令协议体系。其中既包含用户到网络的信令,也包括公网到公网的信令,还包括专网内部的信令等。要完成一次 VCC 的端到端连接,需要用户侧、专网侧、公网侧等各个接口上的 ATM 信令相互配合才能完成。即便是假如某条 VCC 并不跨多个网络,而在一个专网内,那也不意味着这个信令过程就能简单实现。ATM 在设计时考虑的是服务于全球,因此其所有设计都很宏大而庞杂。以其著名的专网信令协议专用的网络-网络接口协议(Private Network-network Interface Protocol, PNNI)为例,该协议在设计时就内嵌了路由协议。而且该路由协议的复杂度很高,可以支持的网络规模很大。常见的开放最短路径优先协议(Open Shortest Path First,OSPF)已经是业界比较公认的较复杂路由协议了,但是OSPF仅仅支持两层路由,但是PNNI在设计时竟然支持高达一百零一层路由!

正是因为ATM信令体系非常复杂,所以直到现在为止,ATM面世已经30年,但是真正实现了全部ATM信令体系的厂家屈指可数。过高的门槛让很多企业望而却步,而那些花了大力气实现了全部信令的厂家也由于摊在每个用户身上的成本过高导致竞争力下降。所以利用ATM信令实现SVC的目标在很多国家并没有实现。

(3) 利用MPLS辅助建立SVC。SVC虽然灵活方便,可以无需人工参与动态为有需要的用户快速建立VCC,但是建立SVC的ATM信令过于复杂导致人们望而却步。假如没有MPLS的出现,很可能市场需求会逼着很多厂家不得不逐步实现,或者去购买复杂的ATM信令。然而,MPLS的出现却让人找到了建立SVC的更简单方便的道路。当ATM交换机采用MPLS作为建立VCC的信令时,ATM交换机不再使用ATM信令为VCC选择路由,而是采用传统的IP路由协议如RIP、OSPF或者EIGRP为VCC选择路由。其路由表的建立过程与路由的分发过程正如图3.24(a)所示的那样,ATM交换机的工作方式与传统的路由器并没有区别,只不过底层交互的分组都要拆成信元传输而已。包括常规路由协议的那些路由通告分组也是封装在ATM信元里交互的。而当路由表建立起来后,随后的标签分配协议LDP则为每个路由表项确定了输入VPI/VCI和输出VPI/VCI。这些输入VPI/VCI和输出VPI/VCI首尾相接,就形成了如图3.24(b)所示的虚连接VCC。

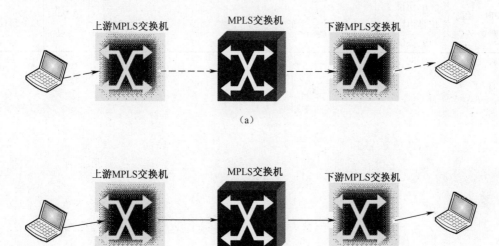

图3.24 利用MPLS确定的ATM VCC
(a)分组选路确定的端到端通路(LDP前);(b)确定的VCC路径(LDP后)。

由于图3.24(b)所建立的VCC也是通过协议自动建立的,并没有人工参与,所以这条VCC也可以被称为是SVC。同时,尽管在建立一条VCC的过程中,需要用到IP协议(交换机之间开始交互的是IP分组)、IP路由协议以及MPLS的标签分配协议,但是这些协议一是都已经非常成熟,二是加起来都远远比ATM信令简单,因此从实现的复杂性上来说,还是低于利用ATM信令建立的SVC。

如果用户需要在申请路径时预约资源,则用户可以使用资源预约协议(Resource Reservation Protocol，RSVP)或基于资源约束的路由协议如 OSPF-TE(Open Shortest Path First-Traffic Engineering)等。而在分配标签时,则可以使用基于资源约束的标签分配协议(Constraint Based Routing Label Distribution Protocol，CR-LDP)或者 RSVP-TE(Resource Reservation Protocol Traffic Engineering)协议。CR-LDP 和 RSVP-TE 均可以完成类似的功能,为需要预约资源的用户分配 VPI/VCI 及预留端到端资源。2003 年,IETF 决定放弃CR-LDP,只发展 RSVP-TE 的标准。

三种建立 VCC 的方式对比如表 3.6 所列。从中可以看出,MPLS 利用传统的协议在ATM 交换网络里建立 VCC,以较少的代价完成了与用 ATM 信令建立 SVC 差不多的性能,尽管看起来采用 MPLS 建立 SVC 需要好多个额外的协议参加,协议的交互关系复杂了,但是事实上这些协议加在一起也要比一个 ATM 信令简单得多。再加上很多这些协议都是现成且成熟的,用户可选择的余地还多,这就难怪用户宁愿选择 MPLS 来建立 SVC 而放弃开发新的 ATM 信令了。

表 3.6 几种 VCC 建立方式对照表

VCC建立方式	需要配合的协议	协议总体复杂度	需要的配置管理复杂度	网络动态适应能力	网络容错能力	连接建立时间	路由选择	VPI/VCI分配
PVC	无	极低	极高	差	差	小时/天级	人工	管理员
SVC	ATM 信令	高	低	强	强	毫秒级	ATM 信令	ATM 信令
MPLS 辅助建立 SVC	IP 协议 IP 路由协议 LDP 协议等	中等	低	强	强	秒级	IP 路由协议	LDP 协议

第 4 章 Ad hoc 网络的基本概念

在 1.3 节中给出了战术互联网的定义,并指出战术互联网与因特网(Internet)技术同源,它的协议基本体制来源于商用互联网,并且基本沿用了商用互联网的网际协议(Internet Protocol,IP)的整体架构。但是,与商用互联网相比,战术互联网还是有其独特的技术特征的。战术互联网与因特网的重要区别就是在它的末端网(第 7 章介绍)里广泛采用了 Ad hoc 网络技术。而 Ad hoc 网络技术在民用网络里则相对应用较少。因此,Ad hoc 网络技术也被视为战术互联网有别于因特网的重要技术。本章重点介绍 Ad hoc 网络技术以及相关的一些基本概念,并将在后续章节中看到它在战术互联网里的具体应用。

4.1 Ad hoc 网络概述

Ad hoc 一词来自拉丁语,为"特殊的,特别的"之意。Ad hoc 网络针对的是没有基础设施的一类应用场景(如自然灾害导致的基础设施损毁,基础设施未覆盖到的区域的救生抢险,以及临时突发的集会导致的通信需求急剧增加等情况),在这些场景里,由于缺乏固定的接入点,因此用户无法一跳就接入公共网络,而只能在这些用户之间相互转接,或者经过用户之间的多跳转接接入公共网络。其重要特征是"无中心,自组织"。

Ad hoc 网络是由一组带有无线收发装置,具有路由和转发功能的移动节点组成的动态多跳的临时性自治系统,是一种无中心的无线网络。

在 Ad hoc 网络中,所有节点作为同等实体相互连接。当受无线通信范围限制等原因使得两个节点无法直接通信时,可以借助其他节点的转发来完成通信。如图 4.1 所示(圆圈代表节点的通信范围,图 4.1(a)中 A、B、C 三节点之间可以直接通信,当 B 节点移动使得网络拓扑结构变成图 4.1(b)时,A、B 之间无法直接互通,但可以通过 C 节点的转发完成信息的交互)。因此在 Ad hoc 网络中,每个用户终端兼备路由器和主机两种功能,而在常规网络中,路由器和主机通常是由两个独立的设备完成的。一方面,作为主机,用户终端需要运行面向用户的应用程序;另一方面,作为路由器,用户终端需要运行相应的路由协议,根据路由策略和路由表参与分组转发工作和路由维护工作。在 Ad hoc 网络中,节点间的路由通常由多个网段组成,分组要通过多个节点的转发才能到达目的节点,因此有时也称 Ad hoc 网络为多跳无线网络(Multihop Wireless Network)。

Ad hoc 网络起源于 20 世纪 70 年代美国国防部 DAPAR 资助研究的在战场环境中采用分组无线网进行数据通信的项目。其后,在 DAPAR 的资助下,于 1983 年和 1994 年进行了高抗毁自适应网络(Survivable Adaptive Network,SURAN)和全球信息系统(Global Information System,GloMo)项目的研究。卡内基·梅隆大学的 MONARCH 工程组已经建立

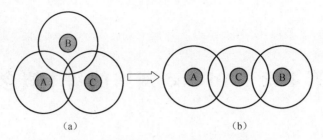

图 4.1 具有三个节点的 Ad hoc 网络

了 Ad hoc 网络的测试床,欧洲目前已建立了一种称为 A-GSM 的实验系统,其目的是希望将 Ad hoc 网络作为中继,以扩大第 2 代及第 3 代移动通信系统的覆盖范围和提高在网络或链路发生故障时系统的健壮性。另外,因特网工程部(IETF)也成立了专门的研究小组 MANET(Mobile Ad hoc Networks)工作组,负责 Ad hoc 网络的相关协议的标准化工作。

从 Ad hoc 网络的工作方式和组网方式来看,它具有以下几个特点:

(1) 网络的自组织性。相对常规通信网络而言,Ad hoc 网络最大的特点就是可以在任何时刻和任何地点,在不需要固定基础网络设施(如基站等)支持的条件下,快速构建起一个移动通信网络。因此,Ad hoc 网络有时也称为移动自组织网络(Self-Organized Networks)。它也是个人通信的一种体现形式。

(2) 动态变化的网络拓扑结构。在 Ad hoc 网络中,节点可以以任意速度和任意方式在网络中移动,再加上节点发送功率变化、无线信道干扰、衰落等综合因素的影响,节点间通过无线信道形成的网络拓扑结构随时可能发生变化,而且变化的方式和速度都是不可预测的。在网络拓扑图中,这些变化主要体现在节点加入、离开网络以及链路权值系数的变化。而对于常规有线网络,网络拓扑结构则表现较为稳定,拓扑结构的变化通常是由于链路状态的变化(如链路拥塞,或是设备故障等)。

(3) 分布式控制网络。Ad hoc 网络中的每个节点都兼备路由和主机的功能,不存在一个网络中心控制点,节点之间的地位是平等的,网络路由协议通常采用分布式控制方式,因而具有较强的鲁棒性和抗毁性。在常规通信网络中,存在基站、网控中心或路由器这样一类的集中控制设备,节点与它们的地位是不对等的。

(4) 传输信道基于无线信道,且带宽有限。Ad hoc 网络采用无线传输技术作为底层通信手段,由于无线信道本身的物理特性,它所能提供的网络带宽相对有线信道要低得多。同时考虑到竞争共享无线信道产生的碰撞、信号衰减、噪音干扰、信道间干扰等多种因素,节点可用的实际带宽远远小于理论上的最大带宽值。

(5) 网络安全性较差。Ad hoc 网络是一种特殊的无线移动网络,由于采用无线信道,网络的控制方式多为分布式控制,因此更加容易受到被动窃听、主动入侵、拒绝服务、剥夺"睡眠"(终端无法进入睡眠模式)、伪造等各种网络攻击。

目前常见的移动通信系统主要包括蜂窝移动通信系统和无线局域网等。Ad hoc 网络在系统的组织、管理和维护方面与它们有很大的差异:

(1) 与蜂窝移动通信系统的区别。目前常见的蜂窝移动通信系统有 GSM 系统和 CDMA 系统,它们的网络基础设施包括基站、基站控制器、接收/发送天线、移动交换机以及相关的中继链路等。这类网络的架设周期较长,网络的维护和管理需要耗费相当多的人力、物力。Ad hoc 网络的一个主要特点就是不需要固定的网络基础设施的支持,就可以独立形成通信环境。与蜂窝移动通信系统相比,Ad hoc 网络的部署速度要快得多。

在蜂窝移动通信系统中,尽管也会由于设备或链路出现故障等原因导致网络结构出现变化,但总体来讲,网络结构比较稳定。而在 Ad hoc 网络环境下,动态变化的网络拓扑结构是它的一个重要特征。

(2) 与无线局域网的区别。在无线局域网中,配备有无线局域网网卡的移动节点通过无线接入访问点连接到固定网络,因此从网络层的角度来看,无线局域网是一个单跳的网络。而 Ad hoc 网络则是一个多跳的网络。

由于无线局域网是单跳网络,分组的处理不用通过网络层,因此,其主要研究的内容集中在网络的物理层和数据链路层上,即信道接入控制。而 Ad hoc 网络研究不仅以接入控制协议为主,还包括以路由协议为核心的网络层设计。

图 4.2 给出了 Ad hoc 网络协议栈的分层结构示意图。上层的应用服务和传输服务为 Ad hoc 网络终端的应用程序提供服务。转发和路由完成网络层的功能。在 Ad hoc 网络中,路由协议可以处于网络层以下,也可以处于网络层以上。如果处于网络层以下,路由协议使用网络的内部地址(如物理地址)来标识节点,如果路由协议处于网络层以上,就可以使用 IP 地址来标识节点,实现网络层的转发。IETF 的 MANET 工作组制订的路由协议采用的都是这种网络层以上的结构。Ad hoc 网络的链路层协议可以被划分为两个子层:链路控制子层和信道接入子层。链路控制子层完成连接控制、分簇等与信道无关的链路层控制功能。信道接入子层控制节点接入无线信道,为上层提供快速、可靠的报文传送支持。电台完成物理层的功能,一般以独立电台模块的形式来配置。

应用服务	应用层
传输服务	传输层
转发和路由	网络层
链路层控制	链路层
信道接入	
无线信道	物理层

图 4.2 Ad hoc 网络协议栈示意图

4.2 Ad hoc 网络的信道特点

在普通的通信网络中,信道的共享方式一般有三种:点对点、点对多点和多点共享(图 4.3)。

点对点是最简单的共享方式,两个节点可以通过半双工方式共享一个信道(有线或无线)。点对多点共享一般用于有中心站控制的无线信道,例如蜂窝移动通信系统的无线信道或无线局域网的信道,目前应用范围最广。在这种方式中,终端(如移动电话)在

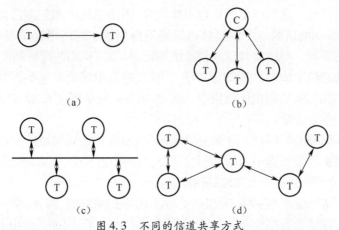

图 4.3 不同的信道共享方式
(a)点对点共享；(b)点对多点共享；(c)多点共享；(d)多跳共享。

中心站(如基站)的控制下共享一个或多个无线信道，终端均处于中心站的覆盖范围内。多点共享指多个终端共享一个广播信道。以太网就是最典型的多点共享方式。在多点共享方式中，一个终端发送报文，所有的终端都可以听到，即相当于一个全互联的广播式网络。这种共享方式下的信道被称为一跳共享广播信道。

而 Ad hoc 网络的信道共享方式与它们不同。虽然 Ad hoc 网络的无线信道也是一个共享的广播信道，但它不是一跳共享的(图 4.3(d))。因为当一个节点发送报文时，只有在它覆盖范围内的节点(称为邻居节点)才能够收到，而覆盖范围外的节点感知不到任何通信的存在。这恰恰也是 Ad hoc 网络的优势所在，发送节点覆盖范围外的节点不受发送节点的影响，它们也可以同时发送报文，这就提高了频率的空间复用度，即在使用一个通信频率的情况下，Ad hoc 网络中可以有多对节点同时进行通信。Ad hoc 网络的这种共享信道被称为多跳共享广播信道。

多跳共享广播信道带来的直接影响就是报文冲突与节点所处的地理位置相关。在一跳共享的广播信道中，报文冲突是全局事件。所有节点要么都收到正确的报文，要么都会感知到报文冲突。而在 Ad hoc 网络中，报文冲突只是局部事件，并非所有节点都可以感知到。一个节点正确收到了一个报文，而该报文可能会在另一个节点处发生冲突。也可能报文在接收节点处发生了冲突，但发送节点丝毫觉察不到。也就是说发送节点和接收节点感知到的信道状况不一定相同，这会带来隐终端、暴露终端等一系列的问题。

在 Ad hoc 网络这种特殊的信道共享方式下，基于点对多点共享信道和一跳共享广播信道的信道接入协议无法被 Ad hoc 网络直接使用。也就是说目前被广泛使用的那些信道接入协议并不适用于 Ad hoc 网络，因此需要为它设计专用的信道接入协议。

4.3 战术移动 Ad hoc 网络

战术移动 Ad hoc 网络是以 Ad hoc 网络技术为基础，是互联的战术无线电台的集合，它由无线电台、路由器、计算机硬件和软件组成，它同时融合战场态势感知、指挥及控制系统，使作战部队从依赖于地理连接向依赖于电子信息连接转移，作战指挥从相对机动的战术指挥所向高度移动的指挥所转移。

战术移动 Ad hoc 网络的主要任务是为师或师以下作战部队提供通信保障,主要由便携式或车载式的野战通信装备(战术电台)组成,通信手段以移动通信为主。其主要功能如下:

(1) 实现指挥控制数据的无缝交换。
(2) 提供战场态势感知数据的传播。
(3) 满足部队移动中通信的需求。
(4) 可与其他通信系统互联,从而达到战术级至战略级的完全互通。
(5) 具有网络初始化及管理功能。

由于野战环境和战术应用的特殊性,使得战术移动 Ad hoc 网络除了具有一般移动 Ad hoc 网络的特点外,还有其自身的特性:

(1) 要求适应恶劣战场环境,在复杂电子干扰条件下具有抗干扰能力和高鲁棒性。
(2) 具有战场环境下的高生存能力。
(3) 信源加密,保密性强。

第 5 章　Ad hoc 网络信道接入协议

由于 Ad hoc 网络的特殊性,基于固定的或有中心的网络协议不能满足 Ad hoc 网络的需要。蜂窝移动通信系统中使用的有中心的信道接入技术和传统的基于共享广播信道的信道接入技术无法直接应用到 Ad hoc 网络中,因而需要专门设计适用于 Ad hoc 网络的信道接入协议。在 Ad hoc 网络协议栈中,信道接入协议运行在物理层之上,是所有报文在无线信道上发送和接收的直接控制者,它的性能好坏直接关系着信道的利用效率和整个网络的性能。

由于 Ad hoc 网络特殊的网络组织形式和特性,它的信道接入协议面临着很多其他网络没有的问题。这些问题包括不同的信道共享方式、隐终端问题和暴露终端问题等。Ad hoc 网络的信道接入协议必须设法解决这些问题,以减少或消除这些问题带来的负面影响。

5.1　接入协议所面临的问题

Ad hoc 网络的信道共享方式为多跳共享广播信道。Ad hoc 网络的信道接入协议应充分考虑到多跳共享广播信道的特点,对特有的隐终端和暴露终端问题提出解决的方法。

1. 隐终端问题

隐终端是指在接收节点的覆盖范围内而在发送节点覆盖范围外的节点。隐终端因听不到发送节点的发送而可能向同样的接收节点发送报文,造成报文在接收节点处冲突。冲突后发送节点要重传冲突的报文,从而降低了信道的利用率。

在图 5.1 中,当节点 A 向节点 B 发送报文时,节点 C 处在节点 A 的覆盖范围以外而处在 B 的覆盖范围内,因此 C 是隐终端。隐终端又可以分为隐发送终端和隐接收终端两种。

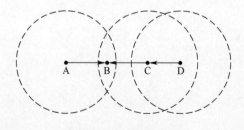

图 5.1　隐终端问题

因节点 C 感知不到节点 A 的发送,它认为自己可以发送报文。如果 C 此时向 B 或 D 发送报文就会在节点 B 处产生冲突,C 成了隐发送终端(隐终端 C 作为发送者)。当 A 向

B 发送报文时,C 显然不能发送信息。由于 C 处在 A 的通信范围以外,A 显然无法通知 C 它要发送报文。所以要想让 C 获知 A 要向 B 发送报文,必须由 B 在接收数据之前通知 C:A 要向 B 发送报文,C 此时不能发送任何信息。

一种可能的解决方案是在每次发送报文前,通信双方先使用控制报文进行握手,听到回应握手信号(由接收者发送的)的节点必须延迟发送。例如当 A 要向 B 发送数据时,A 先向 B 发送一个请求发送(Request to Send,RTS)控制报文;B 收到 RTS 后,以同意发送 (Clear to Send,CTS)控制报文回应;A 收到 CTS 后才开始向 B 发送报文(如果 A 收不到 CTS,A 认为发生了冲突,就重发 RTS 控制报文)。这样,隐终端 C 就能够听到 B 发送的 CTS,知道 A 要向 B 发送报文,C 不能发送任何信息,它就延迟发送。这样就可以解决隐发送终端问题。

若采取这种通信前握手的方案,当 C 听到 B 发送的 CTS 控制报文而延迟发送时,如果此时 D 向 C 发送 RTS 控制报文请求发送数据,因为 C 此时不能发送任何信息,所以 D 就无法收到 C 回应的 CTS。这被称为隐接收终端问题(隐终端 C 作为接收者)。D 无法判断是 RTS 控制报文发生了冲突,还是 C 没有开机,还是 C 是隐终端。D 只能认为 RTS 控制报文发生了冲突,就重新向 C 发送 RTS。显然 D 在 A 和 B 通信期间不可能收到来自 C 的 CTS,这就造成了不必要的重发。当系统只有一个信道时,因 C 不能发送任何信息,它无法通知 D 它是隐终端。所以隐接收终端问题在单信道条件下是无法解决的。

总之,隐终端问题可能会引起报文冲突从而影响信道的利用率,所以必须设法解决。在单信道条件下,隐发送终端问题可以通过在发送数据报文前的控制报文握手来解决。但隐接收终端问题无法在单信道条件下解决。

2. 暴露终端问题

暴露终端是指在发送节点覆盖范围之内而在接收节点覆盖范围之外的节点。暴露终端因听到发送节点的发送而延迟发送。但因为它在接收节点的通信范围之外,它的发送实际上并不会造成冲突。这就引入了不必要的延迟,所以也要想办法解决。

在图 5.2 中,当节点 B 向节点 A 发送报文时,节点 C 处在 B 的覆盖范围内而处在 A 的覆盖范围外,C 是暴露终端。C 因听到了 B 的发送而可能会延迟向 D 的发送报文,但实际上 C 向 D 发送并不会影响 B 向 A 的发送。

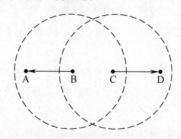

图 5.2　暴露终端问题

如果仍采用解决隐终端问题提出的握手机制。当 B 向 A 发送数据时,C 听到了 B 发送的 RTS 控制报文,但没有听到 A 回送的 CTS 控制报文。此时,C 便知道自己是暴露终端,它向 D 发送数据并不会影响 B 与 A 的通信。暴露终端也可以分为暴露发送终端和暴露接收终端两种。

在 B 向 A 发送数据时，C 只听到了 RTS 控制报文，知道自己是暴露终端，认为自己可以向 D 发送数据。C 向 D 发送 RTS 控制报文。如果采用单信道，来自 D 的 CTS 会与 B 发送的数据报文在 C 处发生冲突。也就是说 C 将收不到 D 的 CTS。同样，由于 C 不知道 D 的当前状态，就重发 RTS。显然，如果使用单信道，在 B 与 A 通信期间，C 无论发送多少次 RTS，它都不可能听到来自 D 的 CTS。C 不但没有向 D 成功发送数据报文，反而重发了很多无用的 RTS。这就是暴露发送终端问题（暴露终端作为发送者）。从上文可知，如果采用发送数据前握手机制，因暴露终端 C 无法和 D 成功握手，它还是不能向 D 发送报文。因此，暴露发送终端问题在单信道条件下使用握手机制无法解决。

在单信道条件下，如果 D 要向暴露终端 C 发送数据。来自 D 的 RTS 控制报文会与 B 发送的数据报文在 C 处冲突，C 收不到来自 D 的 RTS。D 收不到 C 回应的 CTS 控制报文，就超时重发 RTS。这是暴露接收终端问题。分析可知，在单信道条件下，暴露接收终端也不可能成功地接收发给它的报文。因为来自 D 的任何报文都会与 B 发送的数据报文在 C 处冲突。即暴露接收终端问题使用单信道是无法解决的。

总之，在单信道条件下暴露接收终端问题是不可能解决的，因为所有发送给暴露接收终端的报文都会产生冲突。而用于解决隐终端问题的握手机制也无法解决暴露发送终端问题，因暴露发送终端根本就无法与目的节点成功握手。因此，在单信道条件下暴露终端问题根本无法得到解决。

5.2 接入协议应具备的特性

一个普遍适用、高效的 Ad hoc 信道接入协议应具有以下的基本特性：

（1）空间复用度高。Ad hoc 网络的优点之一是可以支持多对节点同时进行通信，实现频率的空间复用。信道接入协议应该尽量增加这种复用度，使网络中更多的节点可以同时进行通信，从而提高网络的总吞吐量。隐接收终端问题和暴露发送终端问题的解决将会提高频率的空间复用度。

（2）避免报文间的冲突。由于采用了特殊的信道共享方式，Ad hoc 网络信道接入协议要面临报文冲突的威胁。报文冲突，尤其是数据报文（长度一般较长）的冲突，会严重影响无线信道的利用率。因此，信道接入协议要尽量避免报文间的冲突，尤其是要尽量实现数据报文的无冲突发送。

（3）提供冲突解决的方法。当报文不可避免地发生冲突时，信道接入协议要提供有效的冲突解决方法，尽量减小报文冲突带来的影响。常用的冲突解决方法是退避一段时间后重新发送。

（4）硬件无关性。一个普遍适用的 Ad hoc 网络信道接入协议应该具有硬件无关性，即不能对无线模块的功能做过多的假设。这样做的目的有两个：一是横向普遍适用性，只要满足基本功能假设的无线模块都可以使用该信道接入协议。二是纵向普遍适用性，无线模块可以随时采用无线通信技术领域的最新研究成果，只要满足协议的基本功能假设，仍然可以采用该信道接入协议。

5.3 接入协议的分类

根据 Ad hoc 网络信道接入协议使用的信道数目，可以把已有的信道接入协议分为基于单信道、基于双信道和基于多信道三大类：

（1）基于单信道的接入协议。用于只有一个共享信道的 Ad hoc 网络。所有的控制报文和数据报文都在同一个信道上发送和接收。典型的基于单信道的 Ad hoc 网络信道接入协议有经典的 ALOHA 和 CSMA(Carrier Sense Multiple Access)协议，还有专用于 Ad hoc 网络的 MACA(Multiple Access Collision Avoidance)、MACAW(MACA for Wireless LAN)、IEEE 804.11 DCF、FAMA(Floor Acquisition Multiple Access)系列和 MACA-BI(By Invitation)等。

（2）基于双信道的接入协议。用于有两个共享信道的 Ad hoc 网络。两个信道分别为控制信道和数据信道。控制信道只传送信道接入协议的控制报文，而数据信道只传送数据报文。因为使用了两个不同的信道，控制报文不会与数据报文发生冲突。双信道在解决隐终端和暴露终端方面具有独特的优势，通过适当的控制机制，可以完全消除隐终端和暴露终端的影响，避免数据报文的冲突。典型的基于双信道的 Ad hoc 网络信道接入协议有 BAPU(Basic Access Protocol solUtions for wireless)、DBTMA(Dual Busy Tone Multiple Access)和 DCMA(Dual Channel Multiple Access)系列协议等。

（3）基于多信道的接入协议。具有多个信道的 Ad hoc 网络。由于网络中有多个信道，相邻节点可以使用不同的信道同时进行通信。在使用多信道的情况下，接入控制更加灵活。可以使用其中一个信道作为公共控制信道，也可以让控制报文和数据报文在同一个信道上混合传送。这种信道接入协议主要关注两个问题：信道分配和接入控制。信道分配负责为不同的通信节点分配相应的信道，消除数据报文的冲突，使尽量多的节点可以同时进行通信。接入控制负责确定节点接入信道的时机、冲突的避免和解决等问题。

5.4 单信道接入协议

受硬件技术发展的限制，很多 Ad hoc 网络的节点都只能支持单信道，因此目前大部分的信道接入协议都是为单信道设计的。单信道接入协议也是目前应用最广泛的。

5.4.1 ALOHA 及 CSMA 协议

ALOHA 是最早的分组无线网信道接入协议，它诞生于 20 世纪 70 年代初期。从严格意义上来说它不能被称为真正的 Ad hoc 网络信道接入协议，因为它是被设计用于全互联的无线网络的(一跳共享的广播信道：一个节点发送所有节点都可以听到)。但由于它在无线网络信道接入协议中具有开创性的地位，特在此列出。

在 ALOHA 中，当节点想要发送数据时，它就直接发送。因为没有采取任何的载波监听和冲突避免措施，ALOHA 的性能较差，其最大信道利用率只能达到 18.4%。时隙 ALOHA 是对 ALOHA 的改进。信道被划分成一个个等长的时隙(类似 TDMA)，数据也被划分成等长的数据帧,时隙的长度等于发送一个数据帧需要的时间。每个节点只能在某个时隙的开始时刻发送数据。由于节点只在时隙的开始发送数据帧,它降低了报文碰撞的概率,性能比 ALOHA 提高了近一倍,信道利用率可达 36.8%。

CSMA 系列是首个使用载波监听的分组无线网信道接入协议,可以被应用于 Ad hoc 网络。节点在发送数据之前,首先对信道进行载波监听,信道空闲时才发送报文,如果信道忙则根据不同的策略退避重发。

根据不同的监听策略,CSMA 分为非坚持、1 坚持和 p 坚持三种。非坚持指如果信道忙就退避然后重新监听;1 坚持指如果信道忙就一直监听直到信道变空闲为止;p 坚持指如果信道忙就以 p 的概率继续监听,以 $(1-p)$ 的概率退避后重新监听。概率 p 可以根据网络的需要进行调整。从吞吐量、时延、实现难度几方面综合考虑,非坚持 CSMA 是最佳的选择,它的应用也最广泛(除非特别声明,下文中的 CSMA 指的就是非坚持 CSMA)。通过载波监听,CSMA 进一步减少了报文冲突的概率,在全互联网络中,性能与 ALOHA 相比有很大的提高,非坚持 CSMA 的信道利用率最高可达 80%以上。如果应用于 Ad hoc 网络,由于隐终端和暴露终端的存在,其性能提高不明显。因此,Ad hoc 网络信道接入协议必须引入更复杂的控制机制来解决隐终端和暴露终端问题。

CSMA 技术后来被广泛地应用到局域网中。目前,以太网使用的就是 CSMA/CD,通过载波监听和冲突检测来实现多个节点的接入。

5.4.2 MACA

在 Ad hoc 网络中,由于隐终端的存在,节点检测不到载波并不意味着信道空闲可以发送数据;由于暴露终端的存在,节点检测到载波也并不意味着信道忙不能发送数据,也即载波监听的结果不一定是有用的。为了简化硬件的设计,降低硬件实现的复杂度,MACA 建议不使用载波监听。

它的基本思想如下:发送者发送数据前先向接收者发送 RTS 控制报文;接收者收到 RTS 后回送 CTS 报文;收到 CTS 后,发送者开始发送数据;听到 RTS 的节点在一段时间内不能发送任何消息,以允许接收者成功回送 CTS。听到 CTS 的节点在一段时间内不能发送任何消息,以允许接收者成功接收数据报文。听到 CTS 没有听到 RTS 的节点是隐终端,听到 RTS 没有听到 CTS 的节点是暴露终端。听到 CTS 报文的隐终端不能发送信息,这样就"部分解决"了隐发送终端问题(在使用 RTS-CTS 握手机制来解决隐发送终端问题时,只有正确收到 CTS 报文的隐终端才延迟发送。没有收到 CTS 报文的隐终端仍会发送报文,引起报文冲突。即隐发送终端问题并没有完全解决,因此称它只是"部分解决了")。暴露终端可以发送 RTS 报文,但无法接收 CTS 报文,所以也不能发送数据。也就是说,隐接收终端和暴露终端问题都没有解决。MACA 的冲突解决采用的是二进制指数退避(Binary Exponential Backoff,BEB)算法。

5.4.3 MACAW

MACAW 在 MACA 的 RTS-CTS 控制报文交互的基础上进行了改进,加入了 DS(Data Sending)和 ACK(Acknowledgement)等控制报文。

DS 报文用于暴露终端确认自己的身份。在单信道条件下,暴露终端是不能发送报文的。发送节点和接收节点使用 RTS-CTS 握手成功后,发送节点先发送一个 DS 控制报文,然后向接收节点发送数据报文。听到 DS 报文的节点知道自己是暴露终端,要延迟发送数据。如果节点听到 RTS 报文而没有听到 DS 报文,说明 RTS 或 CTS 报文发生了冲突,它就没有必要延迟发送。ACK 报文用于实现数据报文的链路层确认,没有得到 ACK 报文确认的数据报文将会被重新发送。仿真分析表明:在信道误码率高于 1/1000 的情况下,加入 ACK 报文可以显著增加网络的吞吐量。另外,MACAW 首次对信道接入协议的公平性进行了研究,并提出了取代 BEB 的 MILD(Multiplicative Increase Linear Decrease)退避算法和退避计数器拷贝等技术来实现公平接入。虽然与 MACA 相比性能得到了一定的提高,但 MACAW 也没能很好地解决隐终端和暴露终端问题。

5.4.4　IEEE 802.11 DCF

　　DCF 是 IEEE802.11 标准委员会制订的无线局域网信道接入协议,用于 Ad hoc 结构的网络。802.11 DCF 也源于 CSMA/CA,它对 CSMA/CA 进行了扩展,加入了 ACK 控制报文来实现链路层的确认。802.11 DCF 保留了 CSMA/CA 的载波监听机制。采用的报文交互顺序是 RTS-CTS-DATA-ACK,当数据报文较短时,可以直接采用 DATA-ACK 的简单报文交互顺序以提高效率;当报文较长时为减少冲突使用 RTS-CTS 来预约信道。
　　节点在发送报文前先监听信道的忙闲状况。如果信道空闲,节点等待一个 DIFS (DCF Inter Frame Space)的时间,如果在此期间信道持续空闲,它就开始发送报文;如果在此期间信道变忙,就执行退避算法。如果信道忙,它就计算一个随机的退避时间(是时隙的整数倍),一直等到信道变闲并持续空闲一个 DIFS 的时间后,节点开始以时隙为单位递减退避时间。如果递减到 0,节点就开始发送报文;如果在递减过程中信道又变忙,节点就冻结退避时间,等待信道变闲并持续空闲一个 DIFS 的时间后继续递减,直至递减到 0,开始发送报文。通过使用载波监听、选择性信道预约和报文确认等机制,IEEE 802.11 DCF 在 Ad hoc 网络中的性能要比前几种单信道接入协议的性能好。对 IEEE 802.11 DCF 的详细描述和分析可参见相关的标准和文献。

5.5　双信道接入协议

　　单信道接入协议无论如何设计,都不可能完全解决隐终端和暴露终端问题。可以设想,如果电台能够提供两个信道,那么控制报文和数据报文就可以在不同的信道上传送,数据报文就不会与控制报文发生冲突,这对解决隐终端和暴露终端问题并提高信道的利用率和频率空间复用度是非常有利的。

5.5.1　BAPU

　　BAPU 是在 MACAW 基础上提出的基于双信道的无线信道接入协议,可用于 Ad hoc 网络。它采用了 RTS-CTS-DS-DATA-ACK 的报文序列(详见前文对 MACAW 的描述)。控制报文 RTS、CTS 和 DS 在控制信道上发送,而数据报文 DATA 和 ACK 在数据信道上发送。BAPU 使用数据信道发送 ACK 报文,这样一来暴露终端就不能发送数据报文,隐终端也不能接收数据报文。即隐接收终端和暴露发送终端问题都无法解决。而在双信道条件下,它们是应该得到解决的。此外,BAPU 也没有使用载波监听机制,采用 RTS-CTS-DS 的控制报文序列只能部分解决隐终端和暴露终端问题。总之,BAPU 只是对基于双信道的 Ad hoc 网络信道接入协议做了初步的尝试。它并没有充分利用双信道的优势,只是简单地将 MACAW 移植到了双信道上。

5.5.2 DBTMA

DBTMA 是一种基于双信道加上忙音信道的信道接入协议。在 DBTMA 中,除了控制信道和数据信道外,还有两个带外忙音:发送忙音和接收忙音。它使用 RTS-CTS-DATA 方式的报文交互次序。RTS 和 CTS 控制报文在控制信道上传送,而数据报文在数据信道上传送。

当节点处于发送数据状态时,它同时发送持续的发送忙音 BT_s;当处于接收数据状态时,它同时发送持续的接收忙音 BT_r。当节点要发送数据时,它首先检测有无接收忙音。如果检测到接收忙音,说明自己是隐终端,它就延迟发送。若没有检测到接收忙音,节点就在控制信道上向接收节点发送 RTS 报文。在发送 RTS 报文期间,节点要持续检测接收忙音,如果在此期间检测到忙音,它也要延迟发送。接收者收到发送给自己的 RTS 后,它要先检测有无发送忙音。如果检测到发送忙音,说明它是暴露终端,不能接收数据报文,它就回到空闲态;如果没有检测到发送忙音,它就开始发送接收忙音,并在控制信道上向发送者回送 CTS。发送节点收到 CTS 后,开始发送发送忙音,并通过数据信道向接收者发送数据报文。

仔细分析可以发现,DBTMA 中的 RTS-CTS 报文交互只是用来探测接收节点能否接收数据报文,而不再担负预约信道的作用。信道接入预约和判断完全依赖于对两个忙音信号的检测。DBTMA 的确实现了数据报文的无冲突,付出的代价是增加了两个带外忙音,忙音的发送和检测都需要额外硬件的支持。此外,DBTMA 对暴露接收终端问题也没有提供任何解决方法。

5.5.3 DCMA

DCMA 是一系列基于双信道的 Ad hoc 网络信道接入协议。其中包括使用报文监听(Packet Sensing)和使用载波监听(Carrier Sensing)两大类。报文监听不对信道的忙闲状况进行检测,只根据收到的控制报文类型来确定发送报文的时机;载波监听在发送报文前先对信道进行监听,只有信道空闲时才发送报文。

DCMA 采用 RTS-CTS-DATA 的基本报文交互序列。控制报文在控制信道上传送而数据报文在数据信道上传送。不同的 DCMA 协议使用不同的方法来解决隐终端和暴露终端问题。其中,报文监听协议(Packet Sensing Busy Indication,PSBI)解决了隐接收终端问题和暴露发送终端问题,减少了暴露接收终端和隐发送终端引起的数据报文冲突。载波监听协议(Carrier Sensing Busy Indication,CSBI)通过 RTS、CTS、NCTS 和 BI 控制报文的使用和对控制信道及数据信道的载波监听完全解决了隐终端和暴露终端问题。不仅实现了数据报文的无冲突发送,而且提高了频率的空间复用度。

5.6 多信道接入协议

基于多信道的信道接入协议可以在不同的数据信道上同时通信,避免了数据报文之间的冲突。在多信道条件下还可以通过控制信道与数据信道的分离,解决隐终端和暴露终端问题。

5.6.1 多信道 CSMA

多信道 CSMA 是一种基于载波监听的多信道接入协议。其设计目标是通过使用多信道来减少隐终端问题的影响,减少数据报文的冲突。它采用了准信道预留技术,通过分布式的载波监听来对多个信道进行分配。

多信道 CSMA 将将可用信道分为 N 个不重叠的信道,一般而言 N 要小于 Ad hoc 网络中节点的数目。由于在 Ad hoc 网络中,全网范围的同步问题比较难解决,信道的划分一般无法采用 TDMA 方式。因此,N 个信道可以通过频分多址(Frequency Division Multiple Access,FDMA)或 CDMA 技术来实现。每个子信道的带宽是整个信道带宽的 $1/N$。其工作原理为当节点发送报文时,它优先选择上次使用过的信道;如果该信道忙,就通过载波监听随机选择一个空闲信道发送数据。

多信道 CSMA 的详细工作过程为:

(1) Ad hoc 网络中的节点在空闲时循环检测 N 个信道的忙闲状况,对比信道上检测到信号的强度和自己的载波监听门限,将信道的状态设为忙或闲。节点维护一个忙信道列表和空闲信道列表。

(2) 当节点要发送数据报文时,它先检测空闲信道列表是否为空。如果空闲信道列表空,表示所有信道都忙,节点就等待一个空闲信道。当等到某个信道变空闲时,就等待一个保护时间,然后执行退避算法再发送报文。要求在保护时间和退避时间内信道保持空闲才能发送报文。

(3) 如果要发送数据报文时空闲信道列表非空,表示目前有空闲信道。就先检测上次使用的信道是否在空闲信道列表中。如果在,就选择上次使用的信道,如果不在就在空闲信道列表中随机选择一个空闲信道使用。选好信道后节点等待一个保护时间再发送报文。要求在保护时间内信道保持空闲才能发送报文。

(4) 如果在等待时间(保护时间或退避时间)内信道从空闲变成忙碌,节点就执行退避算法。

(5) 成功发送报文后,记录本次发送使用的信道,下次发送报文时将优先选择此信道发送数据。这就是所谓的准预留机制。

多信道 CSMA 的设计目标是尽量减少相邻节点同时选择同一个信道发送数据的可能性。随机信道选择和准预留机制都使得信道分配冲突的概率大大降低,从而提高了系统的工作效率。

研究结果表明,多信道 CSMA 的性能要比单信道 CSMA 的性能好得多。当一个节点在一个时刻只能接收一个信道的数据时,信道数目增加到一个临界值后,信道数目的增加对吞吐量增加的效果已不明显。当一个节点在一个时刻可以同时接收多个信道的数据时,信道数目的增加将使系统的吞吐量获得提高。

5.6.2 DCA-PC

信道接入协议 DCA-PC 结合了多信道和功率控制两种机制,将可用信道分为一个控制信道和多个数据信道。控制信道用于发送 RTS、CTS、RES(Reserve)等握手控制报文,数据信道用于发送数据报文和确认(ACK)报文。DCA-PC 使用了动态信道分配技术和功率控制技术,其目的是通过多信道来尽量解决数据报文冲突问题,通过功率控制来减少报文冲突的概率,并可以节省能量。

工作原理为节点使用 RTS-CTS-RES 的控制报文交互顺序在控制信道上进行握手,其目的是选择双方都可以接受的数据信道,用于本次报文发送。为了提高信道预约的成功率,减少报文冲突的概率,在控制信道上发送控制报文时采用最大功率发送。而在数据信道上发送数据报文时,只要使用合适的功率等级即可。DCA-PC 将数据信道的发送功率分为多个等级,通过 RTS-CTS 握手,可以计算出双方进行通信必需的最小功率,在发送数据时采用最接近最小发送功率的那个功率等级发送数据。

为了实现动态信道分配和功率控制,每个采用 DCA-PC 的节点都要保存三个数组:功率列表 POWER[I]、信道使用状况列表 CUL[I] 和空闲信道列表 FCL。POWER[I] 的值表示本节点要向节点 I 发送数据报文时应该采用的功率等级。CUL[I] 保存了本节点获知的已用信道列表,数组的每个数据项包括占用信道的主机 ID、被用信道 ID、该信道的预期释放时间等信息。通过 CUL 列表,节点在发送数据报文时就可以根据信道的占用状况来选择合适的信道。FCL 指该节点发送数据时可用的信道列表,通过对 CUL 的计算得出。详细的工作过程如下:

(1) 当节点 A 想要向节点 B 发送数据时,节点 A 首先检查 CUL 列表以确保节点 B 在 RTS-CTS 交互完后可以接收节点 A 发送的数据报文。然后使用 CUL 列表和 POWER 列表来构建可用的空闲信道列表 FCL。如果节点 B 无法接收数据报文或无可用信道,节点 A 就退避重发。

(2) 节点 A 构造一个 RTS 消息通过控制信道发送给节点 B,其中包含空闲信道列表 FCL 和将要发送的数据报文长度 L。

(3) 节点 B 收到该 RTS 报文后,它就检查 A 发送过来的 FCL 列表和自己保存的 CUL 列表及 POWER 列表,找到能够满足此次通信需要的信道 D_j,计算向节点 A 发送数据报文需要的功率 POWER[A]。然后构建 CTS 报文将 D_j 和发送功率 POWER[A] 发送给节点 A。节点 B 把接收机调整到信道 D_j,等待接收来自节点 A 的数据报文。

(4) 节点 A 收到 CTS 后,更新自己的 CUL 列表,将节点 B 和信道 D_j 的信息添加到列表中,表明节点 B 在使用信道 D_j。计算节点 A 向节点 B 发送数据报文需要的功率 POWER[B]。

(5) 节点 A 在控制信道上广播一个 RES 报文,其中包括信道 D_j、避让时间、发送功率 POWER[B] 等信息。

(6) 节点 A 在信道 D_j 上使用 POWER[B] 指示的功率等级将数据报文发送给接收节点 B。

(7) 收到节点 A 发送的 RTS 的节点要计算一个退避时间,在该时间段内不能在控制信道上发送信息,以防止跟 CTS 冲突。

（8）收到节点 B 发送的 CTS 的节点要更新它自己的 CUL 列表,记录节点 B 在使用信道 D_j 和释放时间等信息。

（9）收到节点 A 发送的 RES 的节点也要更新自己的 CUL 列表,记录节点 A 在使用信道 D_j 和释放时间等信息。

（10）节点 B 收到数据报文后,在信道 D_j 上使用功率 POWER[A]向节点 A 回送一个 ACK 确认报文。

研究结果表明,使用多信道和动态信道分配技术,可以显著提高信道 Ad hoc 网络的吞吐量。通过在数据信道上使用功率控制技术,增加了频率的空间复用度,在提高网络吞吐量的同时,也降低了网络的能耗。

第6章 Ad hoc 网络无线路由协议

6.1 Ad hoc 网络路由协议的分类

在 Ad hoc 网络中,由于节点的移动以及无线信道的衰耗、干扰等原因造成了网络拓扑结构的频繁变化,同时考虑到单向信道问题以及较窄的无线传输信道等因素,在 Ad hoc 网络中,其路由问题与固定网络相比要复杂得多。

针对 Ad hoc 网络的这些特点,要求路由协议必须采用分布式操作,能够尽量支持单向链路,同时应避免路由环路现象。考虑到无线节点的特性,路由协议还应尽量简单,能够支持节点的"休眠"操作以节省电源,能够提供安全性保护等机制。

自 20 世纪 70 年代美军 DARPA 资助研究的分组无线网项目开始以来,国内外的许多研究人员基于不同的角度提出了一系列的 Ad hoc 网络路由协议。这些协议必须处理好 Ad hoc 网络的典型局限,包括能量耗损、低带宽、高误码率等。根据发现路由的驱动模式的不同,可以将这些路由协议分为表驱动路由协议(Table Driven Protocols)和按需路由协议(Source-Initiated On-Demand Protocols),如图 6.1 所示;根据网络拓扑结构的差异,可以将它们分为平面结构的路由协议(Flat Protocols)和分簇路由协议(Clustered Protocols)。下面分别介绍不同类型路由协议的特点。

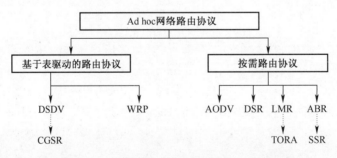

图 6.1 Ad hoc 路由协议按驱动方式的分类

6.1.1 表驱动路由协议和按需路由协议

表驱动路由协议又称为主动式(或先验式)的路由协议(Proactive Protocols)。该路由协议试图维护网络中从各个节点到所有其余节点的最新路由信息,所有路由信息保持一致。每个节点都维护一张或几张到网络中其他节点的路由信息表。当网络拓扑结构发生变化时,节点通过交互信息来实时地维护网络路由信息表。目前常见的有 C. E. Perkins 在 94 年提出的 DSDV 协议等。这类路由协议通常是通过修改常规的 Internet 路由协议以适应 Ad hoc 网络环境,如 DSDV 协议是在 RIP 协议的基础上,通过引入序列号机制解决了"路由环路"和"计数到无穷"问题;通过采用"时间驱动"和"事件驱动"机制更新路由信息,尽量减少路由等控制信息对无线信道的占用,以提高系统效率。

在主动式路由协议中,由于每个节点需要实时的维护路由信息,这样在网络规模较大,拓扑变化较快的环境中,大量的拓扑更新消息会占用过多的信道资源,使得系统效率下降。

为此,1996年卡耐基梅隆大学的David B. Johnson在DSR协议中提出了一种新的路由选择原则:按需路由协议。

按需路由协议又称为反应式路由协议(Reactive Protocols)。它是一种被动式的路由协议,与主动式路由协议相比,在这类协议中,节点平时并不实时地维护网络路由,只有在节点有数据发送时,才激活路由发现机制寻找到达目的地的路由。路由发现过程如图6.2所示。当节点1有数据向节点8发送且无路由时,节点1启动路由发现过程:

(1) 节点1向其邻节点(节点2,3,4)发送路由请求消息。
(2) 中间节点转发路由请求消息直至目的节点8。
(3) 目的节点选择合适路由返回路由响应消息,该消息中携带了从节点1到节点8的完整路由。

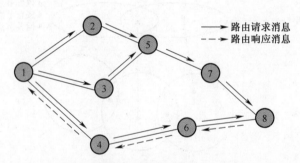

图6.2 按需路由协议的路由发现过程

按需路由是Ad hoc网络路由协议区别于常规路由协议的一个重要特征。同时,为了进一步提高按需路由协议的效率,许多研究人员对DSR路由协议进行了改进:

(1) 采用路由缓存技术,以加快路由发现过程,减少路由请求消息对信道的占用。
(2) 通过使用位置信息以减少路由请求消息的洪泛,如Young-Bae Ko于1998年提出的LAR协议等。通过限制路由请求消息传播的距离,来减少路由请求消息的洪泛,如R. Castaneda于1999年提出的Query Localization协议等。

6.1.2 平面式路由协议和分簇式路由协议

目前Ad hoc网络的拓扑结构主要有平面结构和分级结构,如图6.3所示。根据网络拓扑结构的不同,相应的将Ad hoc网络路由协议划分为平面结构的路由协议和分簇式路由协议。

在平面结构的路由协议中,网络结构简单,网络中的节点都处于平等的地位,它们所具有的功能完全相同,各节点共同协作完成节点间的通信。

随着网络规模的逐步扩大,网络中节点个数不断增加,每个节点要想维护整个网络的拓扑信息或选择合适的路由到远端节点将十分困难,由此产生了分簇式路由协议。

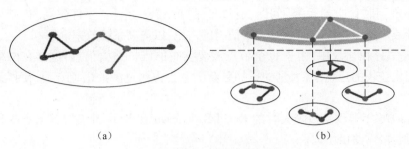

图 6.3 Ad hoc 网络拓扑结构

(a)平面结构;(b)分级结构。

在分簇式路由协议中,网络节点按照不同的分簇算法分成相应的簇(或群)。簇中的每个节点完成的功能是不相同的,有的节点被赋予一些特别的功能,如簇首节点维护和管理本簇范围内节点,负责簇内节点的通信,同时为簇间节点通信提供合适的路由信息;网关节点负责与相邻簇节点通信。由底层簇的簇首节点可以进一步组成高一层的簇,如图 6.4 所示。

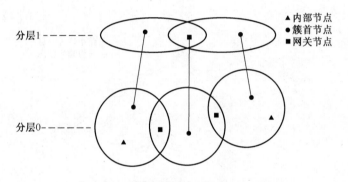

图 6.4 分簇式路由协议中分层结构图

根据簇的划分方法、簇首的选择方式以及簇首的职责不同,出现了一些不同的基于分簇结构的路由协议,如 CEDAR、HSR 及 ZHLS 等。

6.1.3 衡量 Ad hoc 网络路由协议的标准

目前,评价一种 Ad hoc 网络路由协议性能好坏的指标主要包括以下几个方面的因素:

(1)端到端的数据吞吐量和时延。通过报文传输质量的好坏来衡量路由协议性能的好坏。

(2)路由请求的时间。即统计节点有数据需要发送到数据成功发送的时间,这主要用于按需路由方式的 Ad hoc 网络路由协议的性能评价。

(3)路由协议的效率。即完成路由任务的控制信息与用户数据信息的比率。尤其是在控制信息与数据信息共享同一信道的情况下,该性能将直接影响到整个系统效率的高低。

在比较各种 Ad hoc 网络路由协议性能之前,还需要注意的一个问题是不同的路由协议在不同的环境中,其性能好坏可能有很大的差异。即使是同一个路由协议,在不同的网

络环境中,其性能指标差异也可能会很大。Ad hoc 网络组网环境主要涉及以下几个方面的内容:

(1) 网络的规模大小,即网络中节点个数的多少。

(2) 网络的拓扑结构变化速度。

(3) 节点的移动速度。

(4) 信道的传输带宽。

(5) 单向信道的比率以及"休眠"节点的比率。

因此,在分析比较各种 Ad hoc 网络路由协议性能时,要注意环境因素对各路由协议的影响。

6.1.4 各类路由协议之间的性能比较

传统的 IP 路由就是一种表驱动方式的路由协议,每个节点随时都要维持一个路由表,通常需要时常的更新。Ad hoc 网络中的表驱动路由承继传统 IP 路由方式,如 DSDV、CGSR、WRP 等,其差别只在于所需要的路由表数量与其更新方式。在基于表驱动的路由协议中,节点实时地维护着网络拓扑信息,因此当节点有数据发送时,能够根据路由表迅速地找到到达目的节点的路径,即分组的发送时延小。而且通过这些拓扑信息,比较容易实现路由的优化及 QoS 路由。

在按需路由协议中,如 DSR、AODV 等,只有在需要一条路径时才开始建立。如果节点在发送分组时没有到目的节点的路由时,需要启动相应的路由发现机制搜寻路由,这样将会产生一定的时延,不利于实时业务的传输。但是,随着网络规模的扩大,节点移动速度的增加,网络的拓扑变化更加频繁,要想实时地维护拓扑结构需要大量地、频繁地交互信息(如路由更新等),这些控制信息将会占用大量的无线信道资源,从而影响用户数据报文的发送,降低系统的吞吐量;尤其是在网络中节点个数较多,网络拓扑结构变化较频繁的环境中,可能还没等路由算法收敛时,网络的拓扑结构就又发生了变化。这样,由于无线信道中充斥着大量的拓扑更新报文,用户的数据分组将无法发送,严重地降低了系统的性能。

因此,在拓扑变化频繁的 Ad hoc 网络环境中,应采用按需路由协议;而在网络拓扑结构相对稳定的环境中,如果业务对实时性要求较高时,应尽量采用基于表驱动方式的路由协议。

表 6.1 给出表驱动路由协议和按需方式路由协议的路由延迟、控制开销、耗电量和带宽开销的比较。

表 6.1 表驱动和按需方式 Ad hoc 路由协议比较

	表驱动(Table-Driven)	按需(On-Demand)方式
路由协议	DSDV、CGSR、WRP	AODV、DSR、TORA、ABR、SSR
路由获取延迟	低	高
控制负载	高	低
耗电量	高	低
带宽开销	高	低

表 6.2 给出了各种按需路由协议比较的简表。AODV 的路由机制与 DSR 类似,但是二者相比还是有一些不同。在寻路分组发出的时候,AODV 的分组中只带有目的节点的信息,而 DSR 由于是源路由方式,则包含所有节点的信息。因此,在这一方面,DSR 的开销要大一些。但是在寻路分组返回时,AODV 和 DSR 的开销是一样的,分组中都记录了整条路径的信息。AODV 的一个缺点是要求所有的链路都是对称的(symmetric),无法使用不对称的(asymmetric)链路,而 DSR 却无此限制。

表 6.2 按需 Ad hoc 路由协议的比较

	AODV	DSR	TORA	ABR	SSR
整体复杂性	中等	中等	高	高	高
开销	低	中等	中等	高	高
Loop-free	是	是	是	是	是
多径支持	否	是	是	否	否
路由存放位置	路由表	路由缓存	路由表	路由表	路由表
路由重置方法	删除路由通知源端	删除路由通知源端	链路反向路由修复	局部广播查询	删除路由通知源端
路由度量	最新最短路径	最短路径	最短路径	相关度和最短路径等	相关度和稳定度

AODV 和 DSR 的另一主要区别是 DSR 支持多径路由而 AODV 不支持,因此在中间节点发现路径中断时,AODV 只能将分组丢弃;而 DSR 却可以在路由缓存中寻找其他的路径对分组进行补救,这一点在移动 Ad hoc 网络中尤其重要。TORA 作为一种"链路反向"算法,非常适合于节点密度高的网络。TORA 的创新之处在于使用了有向无环图的方法。TORA 可以支持多条路径,在 TORA 协议中,为了降低寻路造成的负载,路径是否最优不作为其选择路径的首要因素,因此选择的路径有时会很长(跳数)。

在平面式路由协议中,网络管理简单,节点间的地位都是平等的,网络中不存在特殊的集中控制节点,节点间的流量较均衡。当一个节点发生拥塞或故障时,其相邻节点可以承担起分组报文的转发任务,因此系统的可靠性较高,减少了单点故障现象发生的概率。但是随着网络规模的扩大,节点个数的增加,路由时延和耗费将逐渐增加,因此平面式路由协议的扩展性较差,主要用于中、小规模的网络。在分簇式路由协议中,将网络中的节点划分为不同的簇分别管理和路由,网络的扩展能力强,因此多用于大规模网络。但是由于簇首节点负责管理和维护本簇节点的通信,因此当簇首节点出现故障时,可能会影响整个簇的通信,即簇首节点的稳定性和可靠性将在很大程度上决定着整个系统的稳定性和可靠性。同时随着节点的不断移动,簇的维护和管理相对平面式路由协议也复杂得多。

6.2 几种典型的 Ad hoc 网络路由协议

由于 Ad hoc 网络的拓扑结构变化频繁等特点,传统 Internet 网络中的路由协议并不适用于 Ad hoc 网络。最初提出的 Ad hoc 网络路由协议就是对传统的有线网络路由协议进行改造而形成的,DSDV 就是这样的路由协议。

6.2.1 DSDV 路由协议

DSDV(Destination-Sequenced Distance-Vector Routing)路由协议是基于传统 Bellman-Ford 路由选择算法经改良而发展出来的,是一个基于表驱动的路由协议,它的最大优点是解决了传统距离矢量路由协议中的无穷环路问题。

在 DSDV 路由协议中,每个节点都维护一张路由表,该路由表表项包括目的节点、跳数、下一跳节点和目的节点序号,其中目的节点序号由目的节点分配,主要用于判别路由是否过时,并可防止路由环路的产生。

每个节点必须周期性地与邻节点交换路由信息,当然也可以根据路由表的改变来触发路由更新。路由表更新有两种方式:一种是全部更新(Full dump),即拓扑更新消息中将包括整个路由表,主要应用于网络变化较快的情况;另一种方式是部分更新(Incremental update),更新消息中仅包含变化的路由部分,通常适用于网络变化较慢的情况。在 DSDV 中只使用序列号最高的路由,如果两个路由具有相同的序列号,那么将选择最优的路由(如跳数最短)。

DSDV 只能在给定的源节点和目的节点之间提供单条路径,协议需要选择以下参数:定时更新的周期,最大的"沉淀时间"(settling time)和路由失效间隔时间。虽然这些参数对网络的影响难以衡量,因为其本质是要在路由的有效性和网络通信开销之间进行折中平衡,但是这些网络参数的选择至关重要。

DSDV 路由协议中,节点维护着整个网络的路由信息,这样在有数据报文需要发送时,可以立即进行传送,因而适用于一些对实时性要求较高的业务和网络环境。但是在拓扑结构变化频繁的无线网络环境中,DSDV 可能存在一定的问题:一是节点维护准确路由信息的代价高,要频繁地交换拓扑更新信息;二是有的时候可能刚得到的路由信息随即又失效了。因此,DSDV 协议主要用于网络规模不是很大,网络拓扑变化相对不是很频繁的网络环境,而在拓扑变化频繁的网络中必须采用其他的方法。

一种最简单的方法是"洪泛"方式,即节点在发送的报文头部携带目的节点地址,向其邻节点广播,中间节点收到报文后根据目的节点地址判断自己是应该转发报文还是接收报文。洪泛法的特点是简单;在某些情况下,如网络拓扑变化异常频繁,路由发现和维护的代价很高时,洪泛法可能比其他路由协议的效率更高;由于报文在多条途径中传输,因此数据的传输可靠率可能更高。但它的最大问题是由于网络中很多非目的节点都参与了报文的转发,因此网络耗费太高。

因此,在大多数 Ad hoc 网络路由协议中,仅对控制报文采用洪泛方式,这些控制报文主要用于路由的发现过程。当路由确定后,随后的数据报文则按照已发现的路径进行传输。通过有针对性的报文洪泛,来减少洪泛方式对网络的影响,这也是按需路由协议的核心思想。下面将介绍几种按需路由协议,如 DSR、LAR 等。

6.2.2 DSR 路由协议

DSR(Dynamic Source Routing)路由协议是一种基于源路由方式的按需路由协议。在 DSR 协议中,当发送者发送报文时,在数据报文头部携带到达目的节点的路由信息,该路由信息由网络中的若干节点地址组成,源节点的数据报文就通过这些节点的中继转发到达目的节点。与基于表驱动方式的路由协议不同的是,在 DSR 协议中,节点不需要实时维护网络的拓扑信息,因此在节点需要发送数据时,如何能够知道到达目的节点的路由是 DSR 路由协议需要解决的核心问题。

DSR 路由协议主要由路由发现和路由维护两部分组成。路由发现过程主要用于帮助源节点获得到达目的节点的路由。当路由中的节点由于移动、关机等原因无法保证到达目的节点时,当前的路由就不再有效了。DSR 协议通过路由维护过程来监测当前路由的可用情况,当监测到路由故障时,将调用新的一轮路由发现过程。同时为了提高系统性能,在 DSR 协议中,还引入了一系列的优化技术,如路由缓冲(Route Cache)等。下面分别介绍这三部分内容。

1. 路由发现过程

节点通过路由发现过程获得到达网络中其他节点的路由。

源节点首先向其邻节点广播"路由请求"报文(Route Request)。报文中包括目的节点地址、路由记录以及请求 ID 等字段。其中路由记录字段用于记录从源节点到目的节点路由中的中间节点地址,当路由请求报文到达目的节点时,该字段中的所有节点地址即构成了从源节点到目的节点的路由。请求 ID 字段由源节点管理,中间节点维护<源节点地址,请求 ID>序列对列表,<源节点地址,请求 ID>序列用于唯一标识一个路由请求报文,以防止收到重复的路由请求。

中间节点在收到源节点的路由请求报文后,按照以下步骤处理报文:

步骤 1　如果路由请求报文的<源节点地址,请求 ID>存在于本节点的序列对列表中,表明此请求报文已经收到过,节点不用处理该请求;否则转步骤 2。

步骤 2　如果节点的地址已在路由记录字段中存在,节点不用处理该请求;否则转步骤 3。

步骤 3　如果请求报文的目的节点就是本节点,则路由记录节点中的节点地址序列构成了从源节点到目的节点的路由。节点向源节点发送"路由响应"报文,同时将该路由拷贝到"路由响应"报文中;否则转步骤 4。

步骤 4　该节点是中间节点。将节点地址附在报文的路由记录字段后,同时向邻节点广播该路由请求。

通过这种方法,路由请求报文将最终到达目的节点。图 6.5 中显示了节点 A 到节点 D 的路由请求过程。虚线箭头代表路由请求消息发送,括号中的内容代表消息中的路由记录。

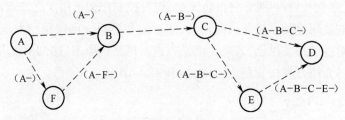

图 6.5　DSR 路由请求过程

有几个需要注意的问题:

（1）由于节点 B 已经收到节点 A 的路由请求，因此不再处理节点 F 的路由请求消息。

（2）节点 D 可能会同时收到节点 C 和 E 的路由请求消息，造成消息碰撞，反而收不到正确的路由请求，因此在 Ad hoc 网络中，广播并非完全可靠。可以采用一定的策略来避免，如节点随机延时发送，或者节点间采用证实机制等。

目的节点根据收到的源节点路由请求报文回送"路由响应"报文。目的节点如何将"路由响应"报文转发到源节点时，需要考虑这样几种情况：

（1）目的节点有到达源节点的路由。此时目的节点可以直接使用该路由回送响应报文。

（2）如果目的节点没有到源节点的路由，此时需要考虑节点通信信道问题。

① 如果网络中所有节点间的通信信道是对称的，此时目的节点到源节点的路由即为源节点到目的节点的反向路由；

② 如果信道是非对称的，目的节点就需要发起到源节点的路由请求过程，同时将路由响应报文捎带在新的路由请求中。

图 6.6 显示 DSR 的路由响应过程。假设信道是双向信道，节点 D 根据最短路由原则选择了路由（A-B-C-D）作为最终路由，将此信息通过反向路由发送至源节点 A。

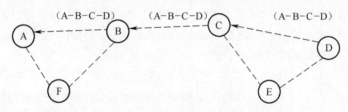

图 6.6　DSR 路由响应过程

2. 路由维护过程

传统的路由协议中通过周期性广播路由更新消息将路由发现和路由维护过程合二为一。而在 DSR 协议中，由于没有这种周期性的广播，节点必须通过路由维护过程来检测路由的可用性。

按照路由维护的不同检测方法，可以将路由维护分为：

（1）点到点证实机制，又称为逐跳证实机制。即相邻节点间通过数据链路层的消息证实或者高层应用层之间的消息证实机制，来检测路由中各邻节点的可达性。当发现节点间的传输故障，即路由不再有效时，向上级节点发送"路由差错"报文，收到路由差错报文的节点根据此信息将该路由从本节点的路由缓冲区中删除。

（2）端到端证实机制。在有些应用中要求端到端节点间的证实，通过端到端的证实机制可以用来检测整个路由的有效性。但当路由发生故障时，该机制无法确定故障发生的位置，即究竟是在哪个节点间发生故障。

3. 路由缓冲技术优化策略

在 DSR 协议中，为了提高系统效率，协议中采用了路由缓冲优化策略。由于无线广播信道的特点，节点可以处于"混合监听"状态，即可以听到相邻节点发出的所有报文，包括路由请求、路由响应等。这些报文中携带了网络的一些路由信息，节点通过缓存这些路由信息,可以尽量减少每次发送新报文时启动的路由发现过程,以提高系统效率。如图 6.7 所示,节点 A 通过发起目的节点为 D 的路由请求过程,获得路由 A-B-C-D,同时节点 A 也获得了到达该路由中所有节点(如节点 B、C)的路由,节点 B 等中间节点也获得了到达节点 D 的路由。

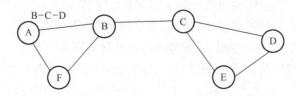

图 6.7 DSR 路由缓冲技术

同时,中间节点在收到源节点的路由请求时,如果本节点路由缓冲区中有到目的节点的路由,可以直接回复路由响应消息。如节点 F 在发起到节点 D 的路由请求时,当报文到达节点 B 时,节点 B 中有缓冲路由 B-C-D,此时节点 B 可以直接回复路由响应(F-B-C-D)。这样一方面加快了路由请求的响应,同时也减少了路由请求消息的广播。当然,这样也会出现一些问题。例如,假设节点 A 和节点 B 都有到节点 D 的路由,它们几乎同时收到节点 F 的路由请求,几乎同时响应,由于"隐终端"等问题,可能会造成响应报文冲突。为了解决这个问题,在 DSR 协议中,要求节点在发送缓冲路由前先随机等待一段时间(通常时间和距离目的节点的跳数成正比,即距离越长,等待时间越久)。这样,一方面避免了响应冲突问题,同时也解决了路由的最短优化问题。

尽管路由缓冲技术能够在一定程度上提高系统的效率,但同时一些错误或过期的路由缓冲信息(如由于某些节点的移动使得路由失效)也会对网络带来负面影响,这些错误的路由信息可能会影响和感染其他节点。对此,可以采用一定的策略来减少影响,例如为缓冲路由设定有效期,超过有效期的路由将被认为无效,从缓冲区中删除。

4. DSR 协议的优缺点

DSR 协议具有以下几个优点:

(1) 仅在需要通信的节点间维护路由,减少了路由维护的代价。

(2) 路由缓冲技术可进一步减少路由发现的代价。

(3) 由于采用了路由缓冲技术,因此在一次路由的发现过程中,会产生多种到达目的节点的路径。

(4) 支持非对称传输信道模式。

但 DSR 协议也存在一些问题和不足:

(1) 由于采用源节点路由,每个数据报文头部都携带路由信息,增加了报文长度。

(2) 用于路由发现的控制报文可能会波及全网各节点,造成一定的耗费。一种可行的优化方法是控制路由发现报文的传输距离(如跳数),如果本轮路由发现失败,后续的路由发现过程中再加大传输距离。

(3) "路由响应风暴"(Route Reply Storm)问题。由于采用路由缓冲技术,中间节点根据自己的缓冲路由,对路由请求直接应答,源节点会同时收到多个路由响应,造成路由响应信息之间的竞争。通常的解决方法是当中间节点在监听到邻节点的路由响应报文,发现该路由比自己的路由更短时,就不再发送本节点的路由响应报文。

(4)"脏"缓冲路由对其他节点的影响。如果中间节点的路由缓冲记录已经过时,当该节点根据缓冲路由回复路由请求时,其他监听到此"脏"路由的节点会更改自己的缓冲路由记录,造成"脏"缓冲路由的污染传播。因此必须采取相应的措施尽量避免和减少"脏"缓冲路由的影响。

6.2.3 LAR(Location Aided Routing)路由协议

在 DSR 中,用于路由发现的控制报文可能会波及全网各节点,造成一定的耗费。为了减少耗费,有些路由协议采用一定的策略来减少路由发现报文的广播。LAR 路由协议就是利用位置信息来减少路由发现的广播。这些物理的位置信息可以通过 GPS 系统获得。在介绍 LAR 协议之前,首先介绍 LAR 协议中的两个重要的概念:"预期区域"和"请求区域",见图 6.8。

1. 预期区域(Expected Zone)和请求区域(Request Zone)

假设当前时间为 t_1,源节点 S 请求到目的节点 D 的路由。源节点 S 知道在 t_0 历史时刻($t_0 < t_1$)时目的节点 D 的位置为 X,S 的左右邻分别为 A 和 B。

(1)预期区域:在 t_1 时刻节点 D 的可能存在区域 Y,如图 6.8 中圆形阴影部分。源节点 S 通过在 t_0 时刻目的节点 D 的位置和平均移动速率 V 来判定节点 D 的预期区域 Y。其中 r 是预期区域的半径,$r=(t_1-t_0) \times V$。预期区域 Y 就是以 X 为圆心,以 r 为半径的圆形区域。

(2)请求区域:请求区域主要用于限定源节点洪泛其路由请求消息的范围,它包含源节点 S 和"预期区域"的区域,如图 6.8 中的矩形框部分。

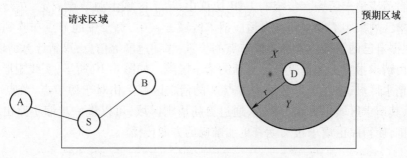

图 6.8 LAR 协议中的预期区域和请求区域

2. LAR 协议的基本思路

LAR 协议的基本思路是通过请求区域来限定路由请求报文的洪泛范围。在路由请求报文头部携带请求区域信息,网络中节点都知道自己当前的物理位置。当收到邻节点的路由请求报文时,首先判断自己当前是否处在请求区域范围中,如果不在请求范围,则丢弃该路由请求报文。如图 6.9 所示,节点 A 在收到节点 S 的路由请求报文时,由于它不在请求区域内,因此不再转发该路由请求。这样就限定了路由请求报文的洪泛范围,使得路由请求报文朝着正确的方向传播。

需要注意的是,在某些情况下,仅仅依靠请求区域中的节点可能无法找到到达目的节点的路由。如图 6.9 所示,节点 S 和节点 B 之间无法直接通信,必须通过节点 A 转接,而节点 A 又不在请求区域中,因此节点 S 在一段时间后收不到路由响应报文时,必须扩大

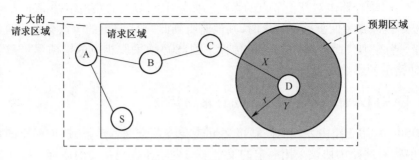

图 6.9 LAR 协议中扩大的请求区域

请求区域(如图中的虚线矩形框),重新发起新的路由请求。在极端情况下,请求区域可能会包含整个网络。

协议中的其他部分和 DSR 协议类似,这里就不再详细介绍了。与 DSR 协议相比,LAR 协议利用位置信息在一定程度上减少了路由请求报文的洪泛。但是,考虑到一些特殊的情况,在 LAR 中路由请求可能需要多次。这样,一方面延长了路由发现的时间,同时也增加了路由请求报文的发送次数,在某些极端情况下(如请求区域扩大至整个网络),其性能可能还不如 DSR 协议,因此在 LAR 协议中,需要折中的考虑路由发现时延和路由请求消息的耗费问题。

3. LAR 协议的几种变化和更新

在 LAR 协议中,针对不同的环境,采用了一些技术更新。如自适应请求区域(Adaptive Request Zone)、基于距离的转发策略等。

(1)自适应请求区域。传统的 LAR 协议中,请求区域由源节点确定,在路由请求的过程中请求区域大小不变。而在自适应请求区域方式中,每个中间节点在收到路由请求报文时,根据自己的物理位置和目的节点的位置、移动速度等信息,重新计算请求区域,在转发的路由请求报文头部携带自己更新的请求区域。如图 6.10 所示,实线矩形区域为源节点 S 的请求区域,虚线矩形区域为节点 B 的请求区域。相对于源节点,节点 B 更接近目的节点,其请求区域也更小。因此,通过更新请求区域,可以进一步缩小路由请求报文的洪泛范围,使得路由请求报文朝着更加准确的方向传播。

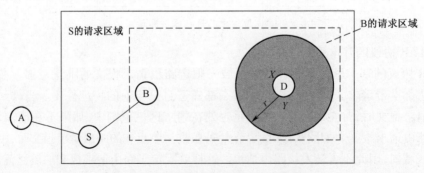

图 6.10 LAR 协议中的自适应请求区域

(2)基于距离的转发策略:传统的 LAR 协议中,节点是否转发路由请求报文完全取决于自己的物理位置是否在请求区域中。而在基于距离的转发策略中,则是通过比较节点与目的节点间的距离来决定是否转发路由请求报文。$DIST_i$ 表示节点 I 与目的节点之间的距离，(X_d,Y_d) 表示目的节点 D 在 t_0 时刻的位置坐标，如图 6.11 所示。节点 I 在向邻节点转发路由请求报文时，在报文头部携带目的节点的坐标 (X_d,Y_d) 以及到目的节点的距离 $DIST_i$ 等信息。节点 J 在收到上游节点 I 的路由请求报文时，根据目的节点的坐标计算本节点到目的节点的距离 $DIST_j$，并通过比较 $DIST_i$ 的大小来判断是否应转发该路由请求消息。

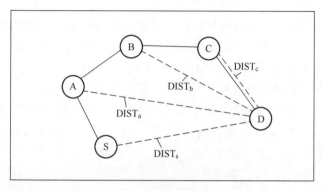

图 6.11 基于距离策略的 LAR 协议

如果 $DIST_i+\delta \geqslant DIST_j,(\delta \geqslant 0)$，即节点 J 至多比节点 I 距离目的节点远 δ，节点 J 转发该路由请求报文，同时用 $DIST_j$ 更新请求报文头部的距离字段 $DIST_i$。当 $\delta=0$ 时表示节点 J 比节点 I 更靠近目的节点。引入 δ 变量主要是针对在某些特殊情况下，如图 6.11 中的节点 A，需要采用局部的迂回来寻找路由（类似前面提到的扩展请求区域）；如果 $DIST_i+\delta < DIST_j,(\delta \geqslant 0)$，则节点 J 丢弃该路由请求报文。

（3）位置信息的获得和更新：节点的位置信息以及速率等信息是 LAR 协议中的重要因素，节点在发起路由请求的过程中，需要知道目的节点的位置和移动速率，这些信息可以通过自己发起的或网络中监听到的路由请求以及路由响应等消息中获得，位置信息随着时间的变化实时更新，为以后的路由发现过程作准备。节点也可以在发送的任何消息中携带自己的位置信息，在某些环境下，节点也可以主动分发其位置信息。

4. LAR 协议的特点

与 DSR 协议相比，LAR 协议利用位置信息来限制路由请求消息的洪泛，从而在一定程度上减少了路由发现过程的耗费，这是 LAR 协议最主要的优点。但是，从另一个方面来看，为了获得这些位置信息，网络中的节点需要引入相应的设备（如 GPS 等），增加位置信息的交互过程；同时这些位置信息也仅仅是物理坐标信息，并不能完全代表节点间的可达性，例如节点之间虽然位置靠近，但由于中间有障碍物阻挡，可能节点无法直接通信；同时考虑到一些特殊的网络环境，LAR 协议可能需要多次发起路由请求过程才能最终成功，因此路由发现的时延以及耗费等性能指标未必比 DSR 协议优越。

类似的协议还有 FSR、GEDIR 等，它们都通过一定的方式来限定路由请求报文的传播范围，从而减少广播消息对网络的占用。

6.2.4 AODV 路由协议

在 DSR 中，采用了源节点路由方式，每个数据报文头部都携带路由信息，增加了报文长度,降低了传输效率,尤其是在数据报文本身很短的情况下,其耗费尤为明显。在AODV(Ad-hoc On-Demand Distance Vector Algorithm)路由协议中,路由中的每个节点都维护路由表,因而数据报文头部不再需要携带完整的路由信息,从而提高了协议的效率。

1. 路由发现过程

AODV 协议采用与 DSR 路由协议类似的广播式路由发现机制。与 DSR 协议相比,AODV 路由依赖于中间节点建立和维护的动态路由表。AODV 的路由发现过程由反向路由的建立和前向路由的建立两部分组成。

(1) 反向路由。反向路由指从目的节点到源节点的路由,用于路由响应报文回送至源节点。反向路由是源节点在广播路由请求报文的过程中建立起来的,具体过程见后面介绍。如图 6.12(a)所示,反向路由可能会有多条。

(2) 前向路由。前向路由指从源节点到目的节点方向的路由,用于以后数据报文的传送。前向路由是在节点回送路由响应报文的过程中建立起来的,如图 6.12(b)所示。

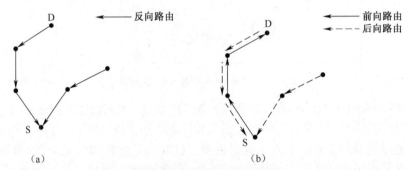

图 6.12　AODV 的路由建立过程
(a)反向路由的建立;(b)前向路由的建立。

AODV 的路由发现过程如下:
(1) 源节点首先发起路由请求过程,在发起的路由请求报文中携带以下信息字段:
　　　<源地址,源序列号,广播 ID,目的地址,目的序列号,跳数计数器>
其中序列对<源地址,广播 ID>唯一标识一个路由请求。
(2) 中间节点在收到路由请求报文时,比较本节点和目的节点的地址:
步骤 1　如果自己是目的节点,则回复路由响应报文。否则转步骤 2。
步骤 2　根据<源地址,广播 ID>判断是否收到过该请求消息,如果收到过则丢弃该请求消息,否则转向步骤 3。
步骤 3　记录相应的信息,以形成反向路由,同时跳数计数器加一,向邻节点转发该路由请求报文。记录的信息包括:
① 上游节点地址(即向本节点发送路由请求消息的节点)。
② 目的地址。
③ 源地址。
④ 广播 ID。
⑤ 反向路由超时时长。
⑥ 源序列号。

与 DSDV 协议相似,在 AODV 协议中也引入了序列号,包括源序列号和目的序列号。

不同的是在 AODV 中,这些序列号都是单调递增的,它们主要用于避免过时的缓冲路由对系统带来的负面影响。其中源序列号用在路由请求广播过程中保证后向路由的有效性,而目的序列号则用来维护前向路由的有效性。

2. 路由表管理及维护

AODV 路由协议中的路由表主要包括以下信息:

(1) 目的节点。

(2) 下一跳节点。

(3) 距离目的节点的跳数。

(4) 目的节点序列号。

(5) 本路由的活跃邻节点。

(6) 本路由的超期时长。

同时,在 AODV 协议中,节点还存储一些与路由表相关的信息。以下几个是其中比较重要的:

(1) 路由请求超时定时器:和反向路由相关的定时器,当定时器超期后,节点仍未收到路由响应报文时,节点则认为该反向路由无效,删除该反向路由。

(2) 活跃超时时长:和前向路由相关的时长。当超过活跃时长时间后,节点仍然无数据利用该路由发送时,删除该路由(即使该路由可能有效)。

当节点使用路由表中的某项路由发送数据时,该路由的超期时长更新为当前时间+活跃超时时长。当节点收到一条新的路由时,选择新路由和本节点存储路由中目的节点序列号大的路由为有效路由。当序列号一样时,则选择跳数小的路由。

节点的移动可能会造成现有路由的失效,根据节点的不同,AODV 路由协议的处理不同:

(1) 当由于源节点移动而造成路由失效时,此时只能由源节点再次发起路由请求过程;

(2) 当由于中间节点或目的节点的移动而造成路由失效时,检测到路由断连的节点主动向其上游节点发送路由响应报文,该报文中将至目的节点的跳数置为∞,同时将目的节点的序列号加 1。这样上游节点在收到该路由响应报文时,会及时更新本地相关路由。

3. AODV 协议的特点

从前面介绍的 DSDV 协议和 DSR 协议来看,AODV 协议综合了两者的特点。与基于表驱动方式的 DSDV 协议相比较,AODV 协议采用了按需路由的方式,即网络中的节点不需要实时维护整个网络的拓扑信息,而只是在发送报文且没有到达目的节点的路由时,才发起路由请求过程;与 DSR 协议相比,在 AODV 协议中,由于通往目的节点路径中的节点建立和维护路由表,数据报文头部不再需要携带完整路径,减少了数据报文头部路由信息对信道的占用,提高了系统效率。因此,协议的带宽利用率高,能够及时对网络拓扑结构变化做出响应,同时也避免了路由环路现象的发生。

但是在 AODV 协议中也存在一些问题:

(1) AODV 协议仅适用于双向传输信道的网络环境。由于在路由请求消息的广播过程中建立了反向路由,供路由响应报文寻路,因此网络要满足双向传输信道的要求。

(2) 路由表中仅维护一条到指定的目的节点的路由,而在 DSR 协议中,源节点可以维护多条到目的节点的路由。如果节点间存在多条路由,当某条路由失效时,源节点可以选择其他的路由而不需要重新发起路由发现过程,这在网络拓扑结构变化频繁的环境中尤其重要。

(3) 由于 AODV 协议采用了超时删除路由的机制,因此即使路由未失效,在超过时限后也将被删除。

6.2.5　OLSR 路由协议

OLSR(Optimized Link State Routing Protocol)路由协议是由 IETF MANET 工作组提出的一种优化的基于表驱动的链路状态协议。节点间周期性交互各种控制信息,通过各自独立计算来更新和建立网络拓扑结构。与传统的链路状态协议相比较,OLSR 协议中采用了多点中继 MPR 策略,减少了网络拓扑信息的开销。

OLSR 协议中主要采用两种控制分组,即 HELLO 分组和 TC(Topology Control)分组。HELLO 分组用于建立邻居节点拓扑信息,TC 分组主要用于建立全网拓扑信息。下面分别介绍工作过程。

1. 邻节点拓扑信息的建立和维护

节点间通过周期性交互 HELLO 消息,以构建邻节点拓扑信息集合。HELLO 消息中携带自己邻节点地址信息以及链路的状态,链路的状态包括:非对称链路(单通)、对称链路(双通)、连接的 MPR 链路。节点通过比较邻节点 HELLO 消息和本地邻节点信息,可构造出 2 跳邻节点信息集合。邻节点 HELLO 分组交互机制如图 6.13 所示。

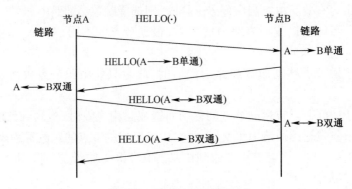

图 6.13　HELLO 分组交互图

2. MPR 集合的计算

MPR 用于控制消息从一个节点泛洪到整个网络的范围,同时也能有效地减少某个区域内的重传次数。

节点计算其 MPR 集合的规则为:该节点通过其 MPR 集合中的相邻节点能够到达所有对称 2 跳邻节点,即通过此 MPR 集合的转发,可保证本节点与网络中其他可达节点通信。

如果节点 A 将节点 B 作为其 MPR 集中的一个节点,则节点 A 就成为了节点 B 的 MPR Selectors。在传统的链路状态协议中,拓扑更新消息中将携带所有的邻节点信息。OLSR 协议对拓扑更新消息进行了精简,拓扑更新消息中仅携带其 MPR Selectors(即部分邻节点信息),一方面减小了消息长度,同时也减少了无线信道上消息的碰撞概率。

HELLO 消息中携带的节点类型中将标明节点是否选择本节点为 MPR 节点,通过此信息可得到相应的 MPR Selectors 信息。

传统的链路状态协议中,需要全网周期性地广播链路状态信息,在信道资源受限的无线网络环境中,这种周期性广播将占用大量信道资源。在 OLSR 的链路状态信息的更新过程中,仅部分中继节点(多点中继节点,MPR 节点)参与转发,从而使控制消息洪泛的开销达到最低程度。这种技术大幅度地减少了将一条消息泛洪到网络中的所有节点所要求的转发次数。同时,在广播的链路状态信息中,仅包括最小节点集合(MPR Selectors 集合)的链路,有效地减少了传输报文的长度。图 6.14(a)为未做限定的洪泛示意图,图 6.14(b)为采用 MPR 集合后的受限洪泛示意图(黑色节点为 MPR 节点)。比较显示,采用优化策略后,能明显减少重复的广播消息,从而提高系统性能和吞吐量。

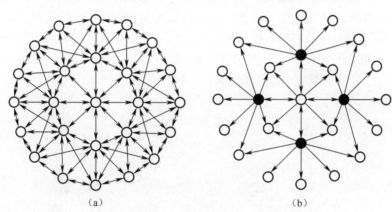

图 6.14 消息洪泛比较示意图
(a)拓扑信息洪泛图;(b)采用 MPR 后的受限洪泛。

3. 全网拓扑信息的建立和维护

链路检测和邻节点检测部分为每个节点提供了一个相邻节点列表、MPR 优化广播机制,使用邻节点列表可以与邻节点直接进行通信。对于两跳外的节点间通信,则需要在此基础之上,将拓扑信息传播到整个网络中。

这主要由拓扑控制消息 TC 的周期性传播和计算完成。拓扑控制消息中携带了本节点的所有 MPR Selectors 信息,与 HELLO 消息不同的是,TC 消息由 MPR 广播和转发,以便于传播到整个网络中。

拓扑更新消息有有效时间,如果在有效时间内未收到相应的拓扑信息,该拓扑信息将被删除。

6.2.6 ZRP 路由协议

在表驱动方式的路由协议中,节点通过周期性地广播路由信息分组来维护去往全网所有节点的路由。它的优点是当节点需要发送数据分组时,只要去往目的节点的路由存在,所需的延时很小。缺点是路由维护和管理需要花费较大开销。

而在按需路由协议中,节点没有必要维护去往其他所有节点的路由,仅在没有去往目的节点路由的时候才"按需"进行路由发现。因此,它的优点是不需要周期性的路由信息广播,省了一定的网络资源。缺点是发送数据分组时,如果没有去往目的节点的路由,数据分组需要等待因路由发现引起的延时。

ZRP(Zone Routing Protocol)是一种利用集群结构,混合使用表驱动和按需路由策略的 Ad hoc 网络路由协议。在 ZRP 中,集群被称作域(Zone)。为了综合利用按需路由和表驱动路由的各自优点,ZRP 规定每个节点在区域内部采用表驱动路由协议,对于区域外节点的路由则采用类似 DSR 协议中的按需路由机制寻找路由。

首先介绍一下 ZRP 协议中的区域、边界节点等基本概念。

1. 区域及边界节点

在 ZRP 协议中,域形成算法较为简单,它是通过一个重要的协议参数——区域半径(以跳数为单位),指定每个节点维护的区域大小,即所有距离不超过区域半径的节点都属于该区域。一个节点可能同时从属于多个区域。如图 6.15 所示,椭圆形虚线部分表示为节点 A 的半径为 2(即两跳之内)的区域,节点 B、C、D、E、F 都是节点 A 的域内节点,节点 G 则是域外节点。需要注意的是节点 E 既可以由 B 转接到达(距离节点 A 两跳),也可以由 C-F 转接到达(距离节点 A 三跳),协议约定最小距离小于或等于区域半径的节点都归属于域内节点,因此节点 E 是节点 A 的域内节点。

边界节点是指最小距离正好等于区域半径的节点,在图 6.15 中,节点 D、E、F 都是节点 A 的边界节点。

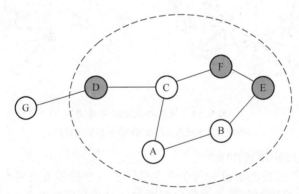

图 6.15 ZRP 中的域及边界节点(节点 A,半径为 2)

2. IARP 和 IERP

ZRP 协议由两个过程组成:

(1) IARP(IntrAzone Routing Protocol):区域内路由协议,完成区域内部节点间的路由功能。

(2) IERP(IntErzone Routing Protocol):区域间路由协议,完成与区域外节点间的路由功能。

ZRP 协议对 IARP 协议没有做特别的规定,IARP 协议可以选择基于距离矢量的协议,如 DSDV 等,也可以选择基于链路状态的协议。不管使用哪种协议,都要求节点知道到达区域内部各节点的路由。由于通常区域半径不会选择太大,周期性的拓扑更新消息也仅存在于区域内部,因此对于大范围的网络环境来说,ZRP 通过区域划分,有效地减少了拓扑更新过程对网络的耗费。

IEPR 协议主要用于节点与区域外节点间的路由发现过程,与 DSR 协议相类似,它采用广播机制,将路由请求消息发送出去。与 DSR 协议不同的是,由于节点通过 IARP 协议知道区域内节点的路由,因此这些路由请求消息就直接发送至其边界节点,由边界节点再根据自己区域内节点的情况继续处理,具体过程如下:

步骤 1　源节点检查目的节点是否在自己的区域范围内,如果在,就直接获得目的节点的路由(由 IARP 协议保证),不需要发送路由请求消息,否则转步骤 2。

步骤 2　节点将路由请求消息发送给其边界节点,边界节点执行与源节点类似的步骤,即检查目的节点是否在本节点区域范围内,如果在,则回送路由响应消息,否则向其边界节点转发该路由请求消息,最后直至找到目的节点。

图 6.16 是 IERP 协议的路由发现过程示例图,节点 A 要发送报文至节点 I,由于节点 I 不在其区域内,节点 A 向其边界节点 E、F、D 广播路由请求消息,如图中粗箭头虚线所示。节点 E 收到路由请求消息后,发现目的节点 I 在其区域内,直接回复路由响应报文,如图中细箭头虚线所示。后续数据报文则首先由节点 A 通过节点 E 到达目的节点 I。

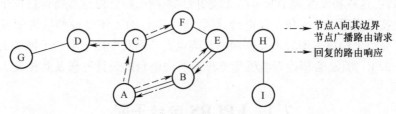

图 6.16　ZRP 中的 IERP 过程

3. ZRP 协议的特点

ZRP 协议按照一定的规则将网络划分为不同的区域,在区域内部采用基于表驱动的路由方式,保证节点能够实时掌握区域内所有其他节点的路由信息;在区域间则采用主动式路由方式,通过边界节点间的路由发现过程最终完成源节点和目的节点间的路由发现。由于拓扑更新过程仅在较小的区域范围内进行,一方面有效地减少了系统耗费,同时也加快了路由发现的过程,提高了系统的响应速度。

但是,ZRP 协议的性能很大程度上由区域半径参数值决定。通常,小的区域半径适合在移动速度较快的节点组成的密集网络中使用;大的区域半径适合在移动速度慢的节点组成的稀疏网络中使用。目前 ZRP 采用预置固定区域半径值的做法,这无疑限制了它的可适应性。

第 7 章 电台子网及 220 协议

战术电台互联网是战术互联网的接入网络,是在作战区域里利用各种无线电台构建起来的,将所有部(分)队接入到战术互联网的无线分组子网。这些网络的数据传输速率相对较低。战术电台互联网也是一个运动通信网,可以在人和装备运动过程中保持通信。当前的战术电台大多支持上一章所介绍的 Ad hoc 自组网功能。无线电台的数据组网需求有其特殊性,这些特殊性对于所有的无线电台都存在,而针对这些特殊性所采取的应对措施和相关技术则适用于多种无线电台,尽管每个电台的工作频段和信道带宽可能各有差别。本章介绍了构成美军战术互联网的几类电台子网及专用于电台子网的美军标 MIL-STD-188-220C 协议,希望读者能够借此理解类似电台的设计思想及其相关工作原理。

7.1 EPLRS 电台子网

7.1.1 系统概述

增强性位置报告系统(EPLRS)是一种能够在各移动用户之间进行数据分发的无线战术电台系统。EPLRS 具备通信和位置报告两种功能,电台通过测量多个参考节点无线电到达时间差值计算当前位置。EPLRS 电台的定位精度与参考点位置精度、所使用的参考点数量以及参考点与待定位电台的相对位置有关(一般要求参考点与待定位电台连线的顶角大于 30°)。一般而言,EPLRS 系统的定位水平误差在 -60~60m 之间,高度误差在 10~30m 左右。

通信方面,EPLRS 电台工作于 420~450MHz 的 UHF 频段,采用直接序列扩频与跳频响结合的通信体制,具有极强的抗干扰能力。其可工作于 8 个频点,跳频速率为每秒 512 跳,发送功率在 0.4~100W 可调节。EPLRS 电台采用同步 TDMA 的多址方式,其时隙长度可变,约为 1.95ms,根据所采用的传输波形的差异,每时隙的一次突发传输的可用时长为 800~1100ms。

在战术互联网的网络部署方面,EPLRS 主要承担旅以下干线网络的传输任务,一般作为通信枢纽部属于旅营、营连以及营与营的通信保障单位之间,如图 7.1 所示。EPLRS 无线电台子网可以根据业务类型、通信模式以及网络规划的不同,为不同的通信节点和业务分配不同的时隙资源,从而可以为旅、营、连之间提供从 7.2kb/s~57kb/s 的各种速率传输服务,同时为用户提供定位、导航和敌我识别等服务。

7.1.2 系统组成

EPLRS 系统主要由网控站(Network Control Station,NCS)和电台(Radio Set,RS)组

第7章 电台子网及220协议

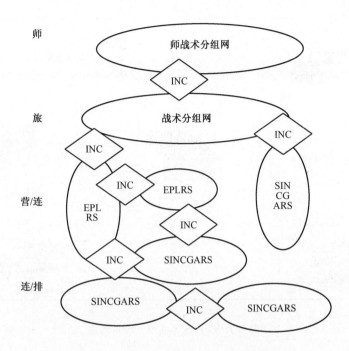

图7.1 EPLRS系统的网络部署示意图

成。其中网控站主要承担EPLRS网络的初始化、管理、监控、定位导航信息的融合处理、网络时隙资源的分配以及部分数据的转发等功能。NCS主要由已安装了一系列管理和监控软件的军用加固计算机并配合部分通信设备和防护设施组成。NCS一般加装配置于野外职守帐篷或者机动平台中。

EPLRS电台(RS)接收和实现NCS发送的命令并向NCS报告网络状态和部分转发数据。RS通过陆军信息分发系统接口(Army Data Distribution System Interface)与终端或者网络控制器相连接。RS依据配置平台的不同,其分为陆用电台(Ground-Based RS)和机载电台(Air-Based RS)两种,其中陆用电台又分为背负式电台(Manpack-MP-RS)、车载电台(Surface Vehicle-SV-RS)以及坐标参考电台(Gride Reference-GR-RS)。如图7.2所示。下面分别就NCS和RS进行详细介绍。

7.1.2.1 NCS的配置

图7.3为装配在野外工事内的NCS结构。从图中可以看到,NCS包含大量的数据处理平台,通信设施(如NCS-RS)以及辅助设施等组成。其中EPLRS网络管理、规划以及资源分配等工作主要由称为TAC-4的军用计算机完成。TAC-4中安装了各种系统软件和网络管理软件,其中最主要的负责EPLRS网络监控、资源分配以及链路管理等功能的软件称为实时EPLRS程序(RTEP)。RTEP的主要功能包括:控制网络流量、网络管理、位置跟踪、位置报告、性能监控、数据分发以及链路管理等。

NCS中连接无线接口与TAC-4平台的设备称为小型增强型命令响应单元(Downsized Enhanced Command Response Unit, DECRU)。该设备为EPLRS网络提供射频接口和时钟信息,同时负责在网络射频接口和TAC-4平台接口之间透明传递数据。

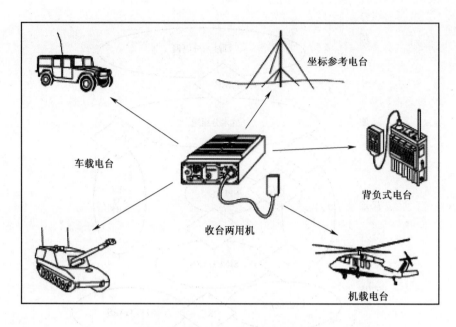

图 7.2 EPLRS 各类型电台示意图

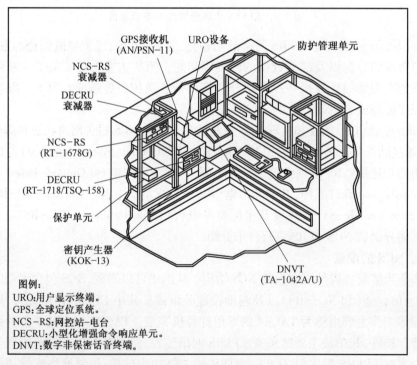

图例:
URO:用户显示终端。
GPS:全球定位系统。
NCS-RS:网控站-电台。
DECRU:小型化增强命令响应单元。
DNVT:数字非保密话音终端。

图 7.3 野外工事内的 NCS 组成结构

7.1.2.2 EPLRS 电台

如上所述,EPLRS 电台分为车载、空载、背负以及小型手持台。各种类型的电台如图 7.4 和图 7.5 所示。EPLRS 电台对内提供两种标准通信接口(ADDSI 接口和 MIL-STD-

1553B 接口）。ADDSI 是基于 X.25 协议一种数据传输链路，EPLRS 电台使用 ADDSI 接口与终端设备相连接。1553B 接口是一种军用穿行总线接口，它通过命令状态和数据字的方式在电台与主机之间传输数据。NCS 中的 EPLRS 电台即采用 1553B 接口与 TAC-4 主机和 SYSCON 网管平台相连接。

图 7.4　车载 EPLRS 电台和小型手持电台

图 7.5　机载小型 EPLRS 电台

7.1.2.3　EPLRS 系统通信方式

EPLRS 系统的每个子网受一个 NCS 控制，网络中可以传输多种编码格式的报文。依据报文类别、作用以及编码方式的不同，EPLRS 系统采用不同的方式对其进行传输和转发。终端发送的报文在进入 EPLRS 网络前会在其头部携带目标地址、消息类别以及时隙资源需求等信息。EPLRS 系统针对不同类别的消息的转发策略如图 7.6 所示。可以看到，除局域网内传输的"S"消息外，其他消息均须经由 NCS 转发（或者目的地址限定为 NCS 地址）。

EPLRS 系统中上述各消息的应用场合和含义如表 7.1 所列。

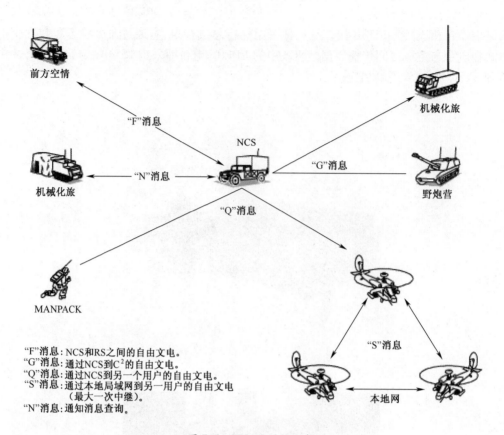

"F"消息：NCS和RS之间的自由文电。
"G"消息：通过NCS到C^2的自由文电。
"Q"消息：通过NCS到另一个用户的自由文电。
"S"消息：通过本地局域网到另一用户的自由文电。
（最大一次中继）
"N"消息：通知消息查询。

图 7.6　EPLRS 通信方式

表 7.1　EPLRS 消息类别及说明

消息标号	通信对象	显示方式
F 消息	NCS 与 RS 之间	显示于 TAC-4 平台
G 消息	发往指控中心	NCS 存储并转发往 C2 中心，在 C2 中心的指控终端中显示
Q 和 R 消息	由 NCS 转发 RS 间数据	发送方首先发送 R 消息指名目标 RS，随后 NCS 将后续由该发送方发送的数据转发至对应的目的 RS
S 消息	局域网 RS 间数据	一跳节点间的直接通信（最多 8 个 RS），这些数据可以不由 NCS 转发，降低控制网络的开销
N 消息	控制和 NCS 分发数据	NCS 下发的控制信息以及分发的公告数据（如天气、气压、任务状态和警报等信息）

7.1.3　组网技术

EPLRS 系统支持同时组建通信网络和控制网络，其中控制网络是为用户到用户（user-to-user）的通信提供服务，而通信网络是为主机到主机（host-to-host）的通信提供服务的。所谓通信网络即是指业务终端直接通过电台组网，业务终端的数据通过发送电台直接发往接收电台所连接的目的终端。通信网络的组网参数由 NCS 在网络规划阶段注入网络。网络初始化完毕后则不再需要 NCS 的控制。EPLRS 系统通信网络的最重要的组网参数称为需求线(NeedLine)。所谓需求线即为负责在各个主机之间传递和转发数据的虚电路。NCS 为建立虚电路输入参数。EPLRS 的控制网络是指由 NCS 建立并且持续管理的网络。在控制网络中,两个终端设备间的数据通信都必须通过 NCS 转发(图 7.6 中所示的一跳局域网通信除外),控制网络中的 NCS 根据表 7.1 所列的消息类别的不同选择合适的转发策略。

EPLRS 的时帧结构如图 7.7 所示。EPLRS 的时帧结构划分为时元、时帧和时隙三级。每个时帧包含 128 个时隙,采用横分竖发的方式。EPLRS 将这 128 个时隙分为 8 个逻辑时隙,系统的需求线(即虚电路)以一个逻辑时下为基本的资源申请单位。不同的需求线类型对应于不同的逻辑时隙。例如:逻辑实习 0、2 和 6 只能分配于控制网络申请的需求线,而逻辑时隙 3、5 和 7 只能分配于通信网络申请的双工通信需求线。这种时帧结构可以满足不同业务需求的接入。例如:控制网络中 MP-RS 请求的态势消息仅需每分钟更新一次即可,而无人机需要每分钟更新 30 次。

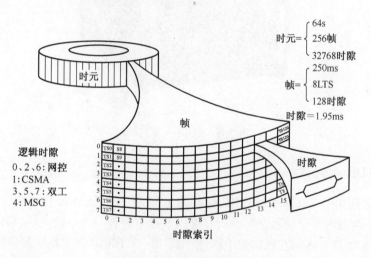

图 7.7　EPLRS 的时帧结构

时元是网络中最大的时间分配单元,每个周期性业务的最大网络接入间隔为一个时元的长度。时帧中的逻辑时隙是 RS 申请发送的最小申请单位,其分配和使用遵循以下原则:

(1) 网控逻辑时隙。网控逻辑时隙中的第 0~4 个时隙用于 NCS 到 RS 的通信,第 5 个时隙用于支持网控事务,第 6~15 个时隙用于 RS 到 NCS 的通信。

(2) 其他逻辑时隙。对于单向、组播(或广播)无确认通信,则以连续 4 个时隙为一组,发送 RS 每次申请至少 1 组连续的时隙;对于单向双工通信(即带确认的),则以连续 5 个时隙为一组,发送 RS 每次至少申请 1 组时隙;对于 CSMA 通信,则以连续 2 个或者 4 个时隙为一组,发送 RS 每次至少申请 1 组时隙;对于多元群组(MSG)通信,则以交织(间插申请)的方式将每 2 个时隙归为一组,发送 RS 每次至少申请 1 组时隙;对于 P-P 通信,则也以交织的方式将每 2 个时隙归为 1 组,发送 RS 每次至少申请 1 组时隙。

7.2 NTDR 电台子网

近期数字无线系统(Near Term Digital Radio, NTDR)主要为满足指挥所个节点之间以及上下级指挥所之间的高速、宽带和大容量筒新需求。其为指挥所提供超过 200kb/s 的信道带宽,可以满足一般图片和视频的传输需求。NTDR 电台工作于 225~450MHz 的 UHF 频段,信道间隔为 0.625MHz,网络单跳传输时延低于 0.25s。NTDR 采用扩频通信体制,码片频率 8MHz,电台传输距离约为 20km。

NTDR 电台对内提供 RS422 接口和以太网接口与终端主机或车内局域网相连接。另外,NTDR 内置 GPS 模块,可以实现提供电台位置服务并将其应用于簇组网和基于位置的路由功能。其电台实物照片如图 7.8 所示。

图 7.8 NTDR 电台实物图

7.2.1 NTDR 组网方式

NTDR 采用如图 7.9 所示的分级、分群的组网方式进行组网。子网以地理位置为依据组群,便于动态的群分裂和合并。所有群内节点与群首节点一跳可达,群内的通信最多两跳。多个本级群首之间互联构成上级主干网络。NTDR 网络中跨群数据需由群首节点经过上级网络转发。

7.2.2 接入方式

NTDR 电台采用多信道组网方式实现频率复用,从而大幅提高网络吞吐量。每个 NTDR 电台可同时工作于 f_0、f_1 和 f_2 三个频点。其中 f_0 为公共信令信道;f_1 为群内通信信道;f_2 为群首间通信信道。群内各节点在通信前要在 f_0 信道上利用 RTS-CTS 交互的方式预留通信信道,从而避免隐终端和暴露终端现象。

7.2.3 路由协议

NTDR 电台使用 OSPF 协议进行路由维护,电台在指挥所可以通过商用路由器接入地域网或者上级有线广域网。

第 7 章 电台子网及 220 协议

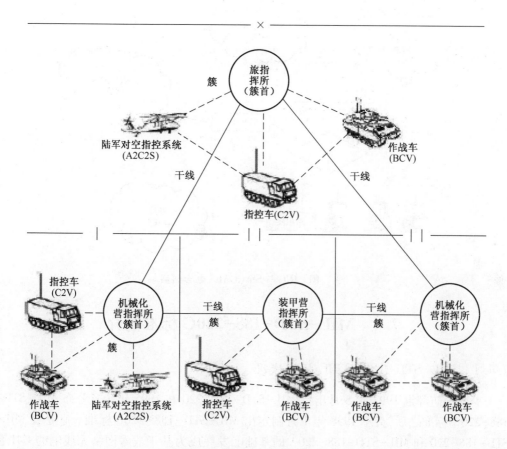

图 7.9 NTDR 电台组网方式

7.3 SINCGARS 电台子网

单信道陆地与机载无线通信系统(SINCGARS)是部署于美军排级作战单位的无线电台子网。该系统最初只提供话音通信功能,工作与 30~87.975MHz 的 VHF 频段,信道间隔为 25kHz,近距离(3km 以内)数据传输速率可达到 16kb/s,远距离(3km 内)数据传输速率为 4.8kb/s。由于 SINCGARS 不具备多跳组网功能,为实现基于 SINCGARS 的多跳数据通信,需要在 SINCGARS 电台的有线接口一侧加装网络控制器(INC)。INC 具备基本的路由维护和信道接入控制能力。

INC 与 SINCGARS 电台组网的方式如图 7.10 所示,其中 SINCGARS 可以直接通过 INC 组网也可以通过 EPLRS 网络接入远端 SINCGARS 网络,从而实现不同无线系统的异构组网。

其中 INC 作为一种数字消息传输设备(Digital Message Transmit Device,DMTD),其信道接入控制以及路由协议设计标准符合美军 MIL-STD-188-200 协议规范。

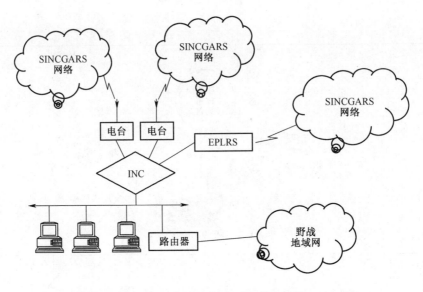

图 7.10　INC 与 SINCGARS 电台组网

7.4　MIL-STD-188-220C 标准简介

7.4.1　MIL-STD-188-220C 标准概况

美国国防部继 1993 年 5 月出台 MIL-STD-188-220 和 1995 年 7 月公布 MIL-STD-188-220A 标准之后,又于 1998 年 1 月制定出 MIL-STD-188-220B 标准。它是在 MIL-STD-188-220 和 MIL-STD-188-220A 的基础上发展成为基于战术网络无线电的 C4I 系统的互操作性标准(图 7.2)。2002 年,美军又对 MIL-STD-188-220B 进一步修订和完善,推出了 MIL-STD-188-220C 标准。220C 标准不仅在网络定时模型等方面修正了 220B 中存在的错误,而且对电台嵌入式信道访问控制(RE-NAD)和网络动态配置协议(XNP)都做了较大修改。

MIL-STD-188-220C 标准主要阐述了数字消息传输设备子系统(DMTD)之间、C4I 系统之间以及 DMTD 与 C4I 系统之间互操作时所需的协议、参数及其过程。图 7.11 中,系统 A 和系统 B 可以是 DMTD 或者 C4I 系统,传输信道可以是单信道,也可以是多信道。

图 7.11　DMTD 子系统标准接口

220C 标准定义了在广播无线子网和点到点链路上传输单个或多个分组的分层协议,提供了数据通信相关参数以及其他终端设备通信所必需的协议栈。它主要包括国际标准化组织(ISO)的开放系统互联(OSI)七层模型中的下三层(图 7.12):物理层、数据链路层

第7章 电台子网及220协议

```
┌─────────────┐
│  应用层*    │
├─────────────┤
│  表示层*    │
├─────────────┤
│  会话层*    │
├─────────────┤
│  运输层*    │
├─────────────┤
│  网络层     │
├─────────────┤
│  数据链路层 │
├─────────────┤
│  物理层     │
└─────────────┘
```

图 7.12　DMTD 功能参考模型

（包括媒体访问控制子层（MAC）和逻辑链路控制子层（LLC））和网络层。

7.4.1.1　物理层

220C 标准的物理层主要提供电台子网之间信道的激活、维持和复位功能，但是它没有提供和物理层协议相关的电气特性和机械特性。220C 标准物理层主要包括传输信道接口、传输帧帧结构、信道访问控制相关指示以及物理层与上层的接口。

1. 传输信道接口

作为一个互操作标准，220C 标准必须要适应多种电台接口，220C 标准中规定了多种接口方式，主要包括：不归零（NRZ）接口、用于音频信道的键控频移（FSK）接口、用于单信道无线电台的键控频移（FSK）、有条件的复相（CDP）接口、用于音频信道的差分键控相移（DPSK）、分组模式接口和键控幅移（ASK）等。

为了实现数据链路层的信道接入控制功能，物理层必须具有物理信道状态监测功能。220C 标准为了实现话音、数据综合传输，规定物理信道的状态指示应包括"信道闲""数据传输"和"话音传输"三种状态，而不是简单的忙/闲指示。因此，物理信道需要两条信号线表示信道的状态。

2. 物理层协议数据单元

物理层传输帧是物理层最基本的协议数据单元，如图 7.13 所示，图 7.13（a）为带有保密通信（COMSEC）方式的传输帧结构，这里保密通信设备处于 C4I 系统之外；图 7.13（b）为保密通信设备嵌入到 C4I 系统内的传输帧结构；图 7.13（c）为非保密通信的传输帧结构。

图中各域的含义如下：

（1）安全通信前同步码、后同步码：这个域是用于信道加密时的情况。其中，前同步码完成链路上的加密同步，后同步码为接收站的安全通信设备提供一个传输结束标志。

（2）相位同步：相位同步是以 1 开始的一串 1 和 0 交替字符串。由 DTE 来发送。在分组模式下，这个域的长度为零。

（3）传输同步：在不同的模式下，传输同步域的结构不同。根据传输方式的不同，传输模式分为异步模式、同步模式和分组模式三种。三种模式下的传输同步域结构如图 7.14 所示。

其中异步模式表示 DCE 不需要外部时钟信号来完成数据传输的情况；同步模式表示 DCE 需要时钟信号来完成数据传输；分组模式主要用于 DCE 不提供帧同步的情况。

图 7.14 中的鲁棒帧格式是一个可选项，只在实现鲁棒通信协议时使用。所谓鲁棒通信协

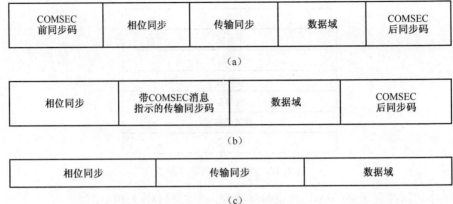

图 7.13 传输帧结构
(a)外带 COMSEC 的传输帧结构;(b)内嵌 COMSEC 的传输帧结构;(c)无 COMSEC 的传输帧结构。

议,其主要功能是对链路上传输的数字数据进行额外的处理,提高检纠错能力,从而提高协议的健壮性。分组模式下的传输同步域由至少 4 个 HDLC 标志组成。

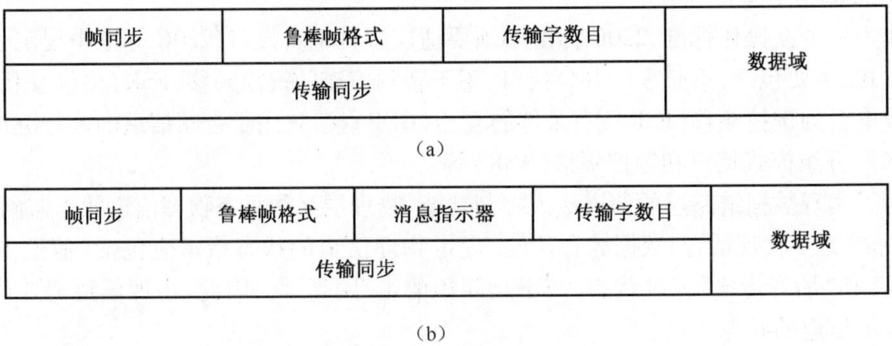

图 7.14 同步、异步、分组模式下的传输同步域
(a)外带 COMSEC 或无 COMSEC;(b)内嵌 COMSEC。

7.4.1.2 数据链路层

220C 标准的数据链路层协议主要功能包括信道接入控制和点到点可靠传输,保证在所建立的物理信道上的信息传输。根据数据链路层的功能要求,数据链路层的协议分为信道接入控制子层(MAC 子层)和逻辑链路控制子层(LLC 子层)。

220C 标准的 LLC 子层基本参考 IEEE 802.2 标准,定义了"无连接,无应答""面向连接""无连接、有应答"和"无连接、分离应答"四种基本的面向连接和无连接的服务;MAC 层协议则根据战术电台各种不同的组网需求,定义了随机信道访问(R-NAD)、优先级信道访问(P-NAD)、电台嵌入式信道访问(RE-NAD)、混合信道访问(H-NAD)和确定的自适应优先级信道访问(DAP-NAD)五种信道访问控制方式。

1. 逻辑链路控制(LLC)

LLC 层的功能包括:

(1)面向连接和无连接的数据传输服务。

(2)差错控制。实现超时重传机制并丢弃多次重传不成功的分组,若多次重传失败,则报告 Internet 层修改路由表。

(3) 收到正确的报文,根据需要发送应答信息 ACK,并将报文提交给上层。
(4) 检测链路质量,并将链路质量的变化报告 Intranet 层。
(5) 实现优先级排队。当发送队列长度超过设定的门限时,应广播抑制分组,防止阻塞。
(6) 收到抑制报文,应报告 Internet 层修改路由表。
(7) 收到报头校验错误的报文,丢弃它。
(8) 发送缓冲区管理。

220C 标准的逻辑链路控制子层为高层数据传输提供了四种最基本的面向连接和无连接的操作:

(1) 类型 1,无连接、无应答模式。
(2) 类型 2,面向连接模式。
(3) 类型 3,无连接、应答模式。
(4) 类型 4,无连接、分离的应答模式。

其中类型 1 和类型 3 是最基本的类型,所有的系统都要提供这两种基本业务,而类型 2 和类型 4 是根据需要可选的类型。在四种业务类型中,类型 2 是基于滑动窗口协议的面向连接业务,其他三种业务都是无连接的。在两种无连接的业务中,类型 1 是无应答业务,无法保证数据帧的正确传输;类型 3 和类型 4 都是需要应答的业务,采用停等协议实现数据的可靠传输。它们的不同之处在于类型 3 的"应答信号"不需要单独竞争信道,所有站收到发送的数据后将主动退避一段时间,保证应答信号的可靠传输;而类型 4 的应答信号需要重新竞争信道,数据消息和应答消息不是成对出现,应答信号的传输时间无法确定。

2. 信道访问控制

无线网络信道接入控制的主要任务是在多个节点共享广播信道的网络环境下控制节点的数据发送时机,尽可能地提高无线信道的利用率。同时,在战术互联网环境下,信道接入控制还应该支持各种不同优先级信息的传输,保证高优先级信息的优先传输。

与有线传输的以太网不同,无线分组网一般采用半双工信道,无法实现冲突检测。因此,无法采用以太网使用的 CSMA/CD 协议。此外,军用电台的跳频同步、比特同步和数据帧同步都需要一定的时间开销,从发端电台开始发送数据到收端电台正确检测到数据需要较长的时间(几毫秒到数百毫秒)。如果采用一般的 CSMA 协议,由于无法及时检测到发端电台的数据发送,其他电台可能会以为信道"闲"而同时发送数据,从而导致数据发送冲突。因此,无线分组网一般采用基于"时隙"的信道接入控制。"时隙"的大小为从发端开始发送数据到收端检测到"信道忙"所需要的最小时间,也就是检测信道状态变化所需的最小时间。基于"时隙"的信道接入控制与非时隙信道接入控制最大的区别在于信道状态检测和数据的发送都是在时隙的起始点,而非时隙信道接入控制可以在任意时刻检测信道状态和发送数据。时隙的大小应保证在一个时隙有电台发送的数据,其他电台在下一个时隙的开始一定能够检测到"信道忙"。与 TDMA 信道接入控制不同的是,这里的时隙仅仅用于信道接入控制,而发送的数据长度不受时隙长度的限制。基于"时隙"的信道接入控制基本原理如图 7.15 所示。

在一个数据帧发送完毕后,全网以数据帧结束作为同步点建立时间同步。"静止时

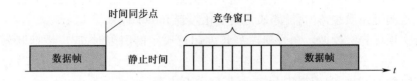

图 7.15　基于"时隙"的信道接入控制示意图

间"主要用于电台的收发转换或其他处理,以保证全网所有电台都可以同步进入竞争窗口。竞争窗口根据需要设置不同的时隙个数,各个节点根据其信道接入控制策略选择信道接入时隙。

根据不同的组网要求,220C 标准定义了随机信道访问(R-NAD)、优先级信道访问(P-NAD)、混合信道访问(H-NAD)、确定的自适应优先级信道访问(DAP-NAD)和电台嵌入式信道访问(RE-NAD)五种信道访问控制方式,为各个站点计算其信道接入时隙提供了五种不同的算法。

(1) 随机信道访问(R-NAD)为各个站点提供完全公平的信道访问机会。如果"竞争窗口"有 N 个时隙,则每个站产生 $0\sim N-1$ 之间的随机数 F,并在第 F 个时隙检测信道。如果此时信道闲,则发送数据,否则,等待下一次竞争窗口。显然,R-NAD 为各个站点提供完全公平的信道访问机会,但是无法保证特殊站和高优先级信息的优先发送。此外,当网络流量较大时,冲突的概率会增大。

(2) 优先级信道访问(P-NAD)为每个站设置了不同的优先级,所发送的信息也分为"紧急""优先"和"普通"三种优先级。在发送数据时,根据站的优先级和信息优先级唯一确定发送时隙,保证高优先级信息优先发送,在相同的优先级情况下优先保证高优先级站的优先发送。P-NAD 方式保证了信息优先级和站的优先级,不会出现发送冲突。但是,当网络流量较小或没有高优先级信息发送时,网络的效率较低。

(3) 混合信道访问(H-NAD)结合了 P-NAD 和 R-NAD 的特点,保证高优先级信息的优先发送,在相同信息优先级的条件下,各个站随机选择接入时隙。同样,在网络流量较大时,H-NAD 也会导致较大的冲突概率。

(4) 确定的自适应优先级信道访问(DAP-NAD)的时隙分配方式与 P-NAD 类似,所不同的是 DAP-NAD 的站优先级是轮转的,使得各个站具有相同的信道接入机会。

(5) 电台嵌入式信道访问(RE-NAD)并不是真正的信道访问控制算法,它只是一个数据终端(DTE)与电台之间的流量控制机制。RE-NAD 要求电台本身带有信道访问控制机制,采用 RE-NAD 实现数据终端与电台之间的流量控制。

220C 的定时模型和 NAD 算法的详细描述见 7.4.2 节"信道接入控制"。

7.4.1.3　网络层

战术互联网网络层协议的设计既要保证基于 TCP/IP 的互联互通,又要兼顾无线分组网的效率,而现有的因特网路由协议(如 RIP 和 OSPF)都是针对拓扑较稳定的有线网络设计的,无法适应无线分组网拓扑的变化。为此,220 标准在网络层设置了内联网(Intranet)层,将无线网络作为一个内联网,采用专门的路由协议和分组转发机制,对外统一采用标准的 TCP/IP 协议。因此,220C 标准网络层不仅具有无线互联网路由表维护和报文寻址转发功能,还具有 IP 业务(点到点、组播、广播、TOS 域支持等)到无线互联网业务的映象功能。其网络层由 IP 子层、子网相关会聚子层和 Intranet 子层构成,网络层的构成如图 7.16 所示。子网相关会聚子层屏蔽了中间转发子网的特殊性,为 IP 层报文转发提供了统一的接口,便于透明地实现子网功能的扩充和结构更新。在分组转发过程中,IP 子层根据目的 IP 地址查找下一跳 IP 地址;子网相关会聚子层功能包括"确定目的站点"和"地址映象",根据 IP 报头的相关信息(点到点、组播、广播、TOS 域)确定报文转发方式(组播或单播),并将下一跳 IP 地址转换成相应的无线链路层地址;Intranet 层则根据当前的无线互联网路由信息实现报文的寻址,然后交由下层进行转发。

图 7.16 220C 标准网络层结构

Intranet 层的主要功能包括:

(1) 无线分组网路由表维护:定期广播本站的路由信息用于检测可达路由,并在链路质量下降到确定的门限时广播本站的路由信息。

(2) 收到路由信息报文,修改本站的路由表。

(3) 根据 LLC 报告的链路质量等信息修改路由表,广播修改后的路由信息。

(4) 分析来自 LLC 的数据报文,如果本站是目的站,将报文提交上层。

(5) 如果本站是中转站,修改报文头部,查路由表。若目的站可达,交 LLC 发送,若不可达,丢弃。

(6) 分析来自上层的报文,根据目的地址,找到所有的可能路由,交给 LLC 发送。

7.4.2 信道接入控制

7.4.2.1 信道接入控制的定时模型

在一个共享广播信道的多站点网络里,各站点通过信道访问控制算法来检测网络忙闲状态,计算和控制自己发送数据的时间,从而尽量避免发生数据冲突。220C 标准中采用同步的定长时隙接入控制和不定长数据传输相结合的信道访问控制方式,在任何情况下,一个站点将分组传输完毕以后,将与网络中其他节点一起重新同步。这里的同步仅仅用来统一信道接入控制的起始时间,和 TDMA 中的时隙同步有着本质的区别。因此,信道访问控制算法必须基于一个通用的网络定时模型,所谓的通用是指全网中所有站都要遵守这个定时模型。此外,为了维持网络同步,同一网络中的所有站都要使用同样的访问控制算法和各种时间参数值。

220C 标准中各种信道访问方式所遵守的定时模型如图 7.17 和图 7.18 所示,网络定时模型中各种参数应该适应于网络中各种各样的 DCE。所有参数都是用来描述 DCE 和 DTE 之间的接口的,在时间精度上通常精确到毫秒级。如果某个参数在 DCE 中没有定义,那么这个参数值就默认为零。下面分别解释各个参数的意义。

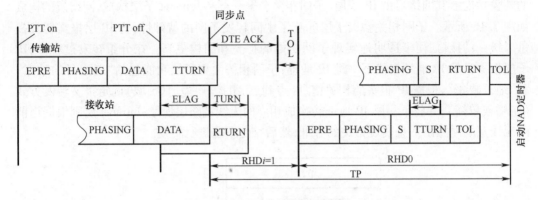

图 7.17 需要 ACK 的定时模型

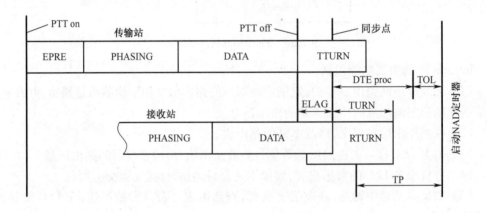

图 7.18 不需要 ACK 的定时模型

1. 设备前同步时间(EPRE)

EPRE 是从 DTE 启动数据传输到它把第一个比特发送到自己的 DCE 这段时间。EPRE 是 DCE 的一种属性,DCE 利用这段时间完成数据发送准备,包括电台启动和传输 COMSEC 码以及其他 DCE 前同步码的时间。EPRE 的取值范围可以在 0~30 000ms。在不同的工作模式下,EPRE 的计算方法不尽相同。

(1) 同步模式下,EPRE 是从 PTT(Push to Talk)到 DCE 为 DTE 的第一比特信息提供时钟为止的这段时间。在网络定时模型里,假设从 DCE 为 DTE 提供第一个时钟沿开始就向 DCE 传送信息。而在 EPRE 时间里 DTE 不发送任何信息。

(2) 异步模式下,EPRE 是从 PTT 到由发送 DTE 第一个比特被发送 DCE 发送到接收 DCE。在这段时间里,发送 DTE 可以发送一个 0 和 1 的比特序列。

(3) 分组模式下,EPRE 是从发送 DTE 已经准备好发送开始到 DCE 表示它已经准备好接收从 DTE 发送来的信息为止的这一段时间。

2. 相位同步传输时间(PHASING)

PHASING 是从 EPRE 结束到 DTE 发送数据比特之前要发送的 0 和 1 的比特序列所占用的时间。PHASING 是 DCE 或者 DTE 的某些特征所需要的,在正式发送有效数据之前可能需要插入一定长度的相位同步序列。PHASING 的取值范围在 0~10 000ms。DTE

将使用 DCE 的传输速率来计算要传输的 PHASING 比特数,在不同模式下,PHASING 的计算方法不一样。

(1) 同步模式下,如果在 DCE 能够有效转发本站数据给接收方 DCE 之前就为 DTE 提供了时钟信号,那么就需要 DTE 就需要在发送有效数据之前发送 0 和 1 的比特序列,序列长度由 PHASING 参数确定。

(2) 异步模式下,插入 PHASING 时间长度的 0 和 1 的比特序列,目的是为了使接收 DTE 获得比特同步。

(3) 分组模式下,PHASING 总为零。

3. 数据传输时间(DATA)

DATA 是发送端 DTE 把分组中所有数据发送到发送端 DCE 的时间。数据传输在 PHASING 结束以后就马上开始。在最后一个比特数据传送给 DCE 以后,发送 DTE 将指示传输立即结束。

4. ACK 传输时间(S)

S 是数据的一种特殊情况,它是类型 1 中 F 比特置 1 的 URR(无编号接收完毕)、URNR(无编号接收未完成)或者 TEST 响应帧,它没有信息域。在这些帧中,在不使用多驻留协议和卷积码的情况下,其他域的长度如下:

(1) 64bit 消息同步域。

(2) 可选的嵌入式 COMSEC MI 域。

(3) 168bit TWC 和传输报头中的 TDC 块。

(4) 如果没有选择 FEC 和 TDC 功能,为 80bit;如果只选择了 FEC,为 168bit;如果 FEC 和 TDC 都选择了的话,则为 384bit。

5. 设备延迟时间(ELAG)

ELAG 是从发送 DTE 发完最后一个数据比特开始,到最后一个比特被接收 DCE 转发给接收 DTE 为止的这段时间。ELAG 是 DCE 的属性。它包括了跳频传输时延、卫星传输时延等其他相关的时延。ELAG 的结束点就是静止定时器(TP)和响应保持时延定时器(RHD)的同步点。

$$ELAG \geqslant MAX(DCE\_Tx\_Delay) + MAX_{propagation\ delay} + MAX(DCE\_Rx\_Delay)$$

式中:$MAX(DCE\_Tx\_Delay)$ 为消息传到发送端 DCE 直到被传输的最大时延;$MAX(DCE\_Rx\_Delay)$ 为消息到达接收端 DCE 直到被传到接收端 DTE 的最大时延;$MAX_{propagation\ delay}$ 为信道最大传播时延。

6. 转换时间(TURN)

TURN 是从 ELAG 结束点到 TTURN 和 RTURN 两者中后结束的那个时间点之间这段时间。TURN 按如下方式计算:

$$TURN = Maximum((TTURN-ELAG),(RTURN-ELAG)) \tag{7.1}$$

式中:

(1) TTURN 是从发送 DTE 数据传输结束开始,到发送 DCE 准备好开始一个新的操作(发送或接收)为止的这段时间。TTURN 是 DCE 的属性。它包括发送 DCE 传输完所有数据以后发送 COMSEC 和其他同步信号的时间。

(2) RTURN 是从发送 DTE 数据传输结束开始,到接收 DCE 准备好一个新的发送或者接收操作为止的这段时间。RTURN 是 DCE 的属性。

（3）ELAG 可能大于也可能小于 TTURN，但是它总是小于或者等于 RTURN，如图 7:19 所示。

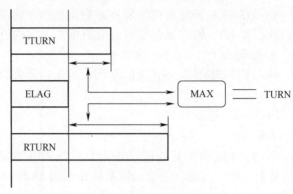

图 7.19　TURN 的计算

7. DTEACK 预备时间（DTEACK）

DTEACK 是从 ELAG 结束到网络中最慢的 DTE 处理完要求 ACK 的数据帧，构造 ACK 帧并把该 ACK 帧发送到它的 DCE 为止的这段时间。DTEACK 是 DTE 的属性。除非已知一个更大的值，否则使用 TURN 当成默认的 DTEACK。

8. DTE 处理时间（DTEPROC）

DTEPROC 是从 ELAG 结束开始到网络中最慢的 DTE 处理完一个不要 ACK 的帧以后能够进行下一次传输为止的这段时间。DTEPROC 是 DTE 的属性。除非已知一个更大的值，否则使用 TURN 当成 DTEPROC 的默认值。

9. DTE 转换时间（DTETURN）

DTETURN 是 DTE 从接收状态转换到发送状态所需要的时间。DTETURN 有一个固定的 10ms 值。

10. 容限时间（TOL）

TOL 是用来补偿数据从发送端传输到接收端的时延变化（时延的不确定性），保证所有设备可以完成相关的处理，同步进入 NAD 周期。TOL 不超过 500ms，通常选择 50ms 作为其默认值。

7.4.2.2　信道接入控制算法的基本组成

220C 标准中，要对信道访问进行控制，那么网络中的各站都要实现四个基本 NAC 子功能：网络忙闲检测功能（NBDT）、响应保持时延（RHD）、静止定时器（TP）、和信道访问时延（NAD）。

1. 网络忙闲检测（NBDT）

网络忙闲检测是指网络中的每个站检测网络中是否有正在传输的数据或话音信号，每个站都应该同时提供对话音和数据的检测。当一个站发送数据或话音时，所有在接收范围内的站都应该在一个固定的时间内检测到网络忙，这个固定的时间为 Net_Busy_Detect_Time。一旦检测到数据/话音网络忙，"数据链路忙指示器"将被置位，同时将禁止包括 ACK 消息在内的所有传输。如果没有检测到数据或者话音信号，物理层将使数据链路网络忙指示器复位。

检测数据/话音网络忙闲的时间对于所有站来说都应该是一样的。网络忙闲检测时间的长短是信道传输能力的一种反映,同时也是影响吞吐量和分组传输时延的关键因素之一,时间长、效率低、分组传输时延大。为了全网同步,网络忙闲检测时间对于网络中每个站应该是一样的。网络忙检测时间 Net_Busy_Detect_Time 可以在初始化时设置,也可以使用 XNP 消息来获得。如果没有指定 Net_Busy_Detect_Time,也可以通过其他参数按下式计算获得:

$$\text{Net\_Busy\_Detect\_Time} = \text{EPRE} + \text{ELAG} + B + \text{TOL} \tag{7.2}$$

式中:参数 B 为数据检测时间,在同步模式下,B 小于等于$(32/n)$s,n 为数据传输速率;异步模式下,B 小于等于$(64/n)$s;分组模式下,B 小于等于 250ms。ELAG 和 EPRE 可以本地设置,也可以通过交换网络参数(XNP)消息来获得。

Net_Busy_Detect_Time 是网络忙闲检测所需要的时间,这是设置竞争窗口时隙大小的主要依据。时隙大小的设置必须保证在一个时隙的开始,所有站点都能正确检测出前一个时隙是否有话音或数据的传输。

2. 响应保持时延(RHD)

响应保持时延(RHD)表示一个站在接收到要求 ACK 的数据帧以后,到它能够发送 ACK 应答帧之前需要延迟的时间。RHD 控制网络的访问,在这段时间内,各站的 TP 定时器启动,与 NAD 有关的定时器将被挂起。

RHD0 表示最坏情况下发送 ACK 帧所占用的时长,它包括了设备前同步时间、相位同步时间、ACK 帧传输时间、信道传输时延和设备收发转换时间等。即

$$\text{RHD0} = \text{EPRE} + \text{PHASING} + S + \text{ELAG} + \text{TURN} + \text{TOL} \tag{7.3}$$

RHDi 表示一个确定的站(数据帧中第 i 个目的站)在发送 ACK 应答帧之前需要等待的时间长度。RHDi 时间一到,调度器应该立即把 ACK 帧发送出去。RHDi 将由接收站的地址在数据帧的目的地址域中的位置来决定。即

$$\text{RHD}i = (i-1) \times \text{RHD0} + \text{Maximum}(\text{DTEACK}, \text{TURN}) + \text{TOL} \tag{7.4}$$

式中变量 $i(1<i<16)$ 就是站地址在目的地址域中的位置。式(7.4)表明:第 i 个目的站发送应答帧 ACK 的等待时间等于前 $i-1$ 个站发送应答帧$((i-1) \times \text{RHD0})$所需的时间,加上其处理和转换时间和容限时间。

RHDi、TP、NAD 的计算都舍入到毫秒数量级。RHD 定时器将在 ELAG 结束的时候精确启动。同一网络中的所有站都要使用相同的参数来计算 RHD。这些参数都在本地初始化时设置,或者通过 XNP 消息来获得。

3. 静止定时器(TP)

静止定时器(TP)就是所有站在调度 NAD 之前要等待的时间长度。在这段时间里发送站将等待相应的 ACK 应答帧。如果不使用立即重传方式的话,在一个子网中所有站用来计算 TP 的参数都应该是一样的。当使用立即重传时,发送站将使用个人地址和特殊地址 1(新加入节点地址)、2(网控站地址)的个数来计算等待 ACK 的时间,而所有接收站将使用个人地址和特殊地址 1、2、3(立即重传地址)的个数来计算 TP 定时器长度,计算出来的 TP 值精确到毫秒级。

网络中的各站计算的 TP 定值器值等于所有目的站传输应答帧所需的时间,即

$$\text{TP} = (j \times \text{RHD0}) + \text{TOL} + \text{MAX}(\text{DTEACK}, \text{TURN}) \tag{7.5}$$

式中:j 等于目的地址域中的地址总数,包括特殊地址和个人地址,但不包括组地址和广播地址。发送站在计算 TP 的时候将不包括专用地址 3。实际数据帧中的目的字段并不真

正包括专用地址 3,只是各个站在计算 TP 时多计算一个站(实际目的站的个数为 $j-1$),而源站计算 TP 时比其他站少计算一个目的站。这样,源站计算的 TP 比其他站小 RHD0。如果源站的 TP 定时器到时还没有收齐所有目的站的应答帧 ACK,源站可以立即重传数据帧。而此时其他站的 TP 定时器尚未到时,不会发送数据,从而保证重传数据的传输不会出现冲突。

TP 定时器在 ELAG 结束的时候精确启动。发送站的 ACK 定时器比接收站的 TP 要短,这样,当发送站在自己的 ACK 时间内没有收到所有接收站的 ACK 应答帧的话,此时可以进行立即重传,因为此时其他所有站 TP 定时器还没有超时,都处于静止状态。在进行重传之前,首先将删除目的地址域中那些已经收到了其 ACK 应答帧的站地址。

如果要传输的数据帧要求立即响应,则发送站在数据发送结束后将设置 TP 定时器。如果发送站在 TP 内没有接收到所有期待的响应,并且传输次数小于最大传输次数,发送站将重传该数据帧。对所有的站而言,如果在等待响应帧的时候,收到了 P 比特为零的类型 1、类型 2 或者类型 4 的帧,也就是说不要应答的帧,那么接收到的帧将被正常处理。同时,RHD 定时器和 TP 定时器并不被挂起,TP 处理过程将继续进行。如果在等待响应帧的时候,收到了一个 P 比特为 1 的类型 1 帧,也就是说接收到一个需要应答的帧的话,那么原来的 TP 进程将被中断,并为新的接收帧重新启动一个 TP 进程。

如果当前传送的是一个不要 ACK 的数据帧,则 TP 定时器不需要设置 j 个目的站的应答等待时间($j\times$RHD0),此时有

$$TP = \text{Maximum}(\text{DTEPROC}, \text{TURN}) + \text{TOL} \tag{7.6}$$

由于网络拓扑的动态变化和隐终端的存在,一个站可能在没有听到其他站发送数据的情况下接收到了一个 ACK 帧。一旦接收到 ACK 帧,该站将确定自己是否启动了一个 TP 定时器。如果没有启动 TP 定时器,则表明该站在这之前并没有收到需要确认的数据帧,该站已无法与其他站正常同步(该站可能是个隐终端,或者可能由于拓扑变化没有收到数据帧)。此外,由于没有接收到数据帧,该站无法判定本次数据传输的目的站个数(也就是需要应答的个数)。为了不影响应答帧的正确传输,同时保证已同步站点的正常传输,应该将该站的静止时间设置的足够大。由于已经接收到一个应答帧,可以肯定,后续的应答帧个数不会超过 15 个。因此,该站按照最大 15 个应答帧的等待时间设置 TP 定时器,并且在接收到一个 ACK 帧以后马上启动 TP 定时器,即

$$TP = (15\times\text{RHD0}) + \text{TOL} + \text{TURN} \tag{7.7}$$

通过式(7.7)可以将该站的 TP 定时器设置为所有站中的最大值,从而可以保证当该站的 TP 定时器超时可以准备发送数据时,所有的 ACK 消息都发送完毕,不会受到干扰。

7.4.2.3 信道访问时延(NAD)

信道访问时延(NAD)是指有消息发送的站在 TP 定时器结束以后要等待多长时间才能访问网络,发送数据。NAD 是基于一个从 TP 定时器结束开始的无限时隙序列。这里的时隙是足够长的,以便网络中所有的站在下一个时隙开始之前就能检测到是否有站在进行传输,因此,每个时隙的长度就是网络忙闲检测时间。除立即重传 ACK 以外的所有传输都要进行信道竞争,都应该在 NAD 时隙开始时进行。

220C 标准中一共定义了五种控制方式来计算 NAD:随机访问方式(R-NAD)、优先级访问方式(P-NAD)、混合访问方式(H-NAD)、确定的自适应优先级访问方式(DAP-

NAD)和电台嵌入式网络访问方式(RE-NAD)。其中前四种方法将为网络中的每一个站计算一个 F 值，F 值就是本站访问信道的时隙，它取决于信道访问控制方式、本站的优先级和要传送的消息优先级。也就是说，如果一个站有消息要传送，那么在它传送之前将等待 F 个 NAD 时隙；而电台嵌入式方式的延时由拓扑结构、网络分区方式和负载等因素共同决定。

随机信道访问时延(R-NAD)将为每一个站提供平等访问网络的机会。优先机信道访问时延(P-NAD)保证最高优先级站的最高优先级消息首先访问网络。在 RE-NAD 方式下，信道访问时延由电台来进行计算。采用 RE-NAD 方式的 DTE 并不计算信道访问时延，但是它要完成信道访问时机的调度。DAP-NAD 和 P-NAD 类似，保证最高优先级消息优先访问网络。然而，它并不保证最高优先级的站对网络的优先访问权。这种方式实际上是按信息的优先级实现信道访问控制，将访问机会在各个站之间轮转，保证各个站有均等的信道访问机会。混合信道访问时延方式(H-NAD)结合随机访问和消息优先级来进行信道访问。随机访问方式和混合访问方式下有可能导致冲突(多个站有相同的 NAD 值)。P-NAD 和 DAP-NAD 可以为每一个站产生一个唯一的 NAD 值。

在所有的 NAD 方式中，每种访问控制方式都能产生一组访问时隙，任何站都只能在每个信道访问时隙开始时访问网络，传送消息。如果一个使用 P-NAD、DAP-NAD 或者 H-NAD 的站正在等待其 NAD 期间，又有一个更高优先级的帧要传输的话，该站将使用新的帧优先级来重新计算 NAD，并将 NAD 缩短到新的 NAD 时间。NAD 的工作过程如下：

(1) 对接收到的帧完成帧校验(FCS)和地址、控制域的分析以后，接收站将分析接收到的帧来决定是否启动 TP 定时器。如果接收到的帧是一个 P 比特为 1 的 UI 或者 TEST 帧，那么就要启动 TP 定时器，任何其他等待传输的帧将被暂时中断。NAD 值将在 TP 定时器终止以后进行计算和初始化。

(2) 在使用优先级方式下，一个站如果没有消息要传输，那么它使用普通优先级来计算 NAD。如果 NAD 定时器到时了，该站没有需要传输的数据帧，该站将计算一个新的 NAD 值，新的 NAD 和原来的 NAD 具有相同的起点。计算所用的 F 值等于刚完的 NAD 中 F 值加一个常量值，该常量计算如下所示。其中 NS 指网络中站的数目。

① P-NAD 访问方式下为(NS+1)。

② R-NAD 访问方式下为[(3/4)×NS+1]。

③ H-NAD 访问方式下：如果站有紧急或优先级消息要传，则为 1，如果有普通消息要传，则为(Routine_MAX+1-Routine_MIN)。

④ DAP-NAD 访问方式下，这个值为 NS。

(3) 所有启动了 NAD 定时器的站在 NAD 启动以后将一直对网络进行监听并禁止所有数据传输，直到相应的 NAD 到时为止。NAD 的计算方法为

$$NAD = F \times Net\_Busy\_Detect\_Time + Max(0, F-1) \times DTETURN \tag{7.8}$$

NAD 的计算及信道接入时间如图 7.20 所示。220C 标准采用统一的信道接入控制模型，不同的 NAD 计算策略构成了不同的信道接入控制方式。

1. 随机访问方式(R-NAD)

R-NAD 访问控制方式保证每个站有平等访问网络的机会。在进入 NAD 阶段后，每一个站点采用伪随机数产生器产生一个随机的整数 F，根据所产生的 F 值得到其相应的

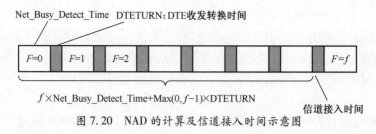

图 7.20　NAD 的计算及信道接入时间示意图

NAD。显然,随机数的范围表示了竞争窗口的大小,竞争窗口越大,其产生数据发送冲突的概率就越小,但是,在低负载的情况下效率较低。反之,过小的竞争窗口将导致负载较大的情况下冲突概率过大。在 220 标准中,伪随机数的范围依赖于网络中站的数目 NS,F 值的范围是 $0 \sim (3/4)$NS。NS 可以从 XNP 获得或者在初始化的时候作为一个系统参数固定下来。这种方式并没有完全消除冲突,如果有两个站延迟的随机时间相同的话,那么还会发生冲突。

2. 混合访问方式(H-NAD)

H-NAD 接入模式确保所有站具有同等接入机会的同时,使较高优先级的帧的网络接入时间较短。每个优先级有一个伪随机 F 值的取值范围。F 值由子网的站数 NS、优先级帧的百分比及负载因子决定。计算公式为

$$F = \mathrm{MIN} + \mathrm{RAND} \times (\mathrm{MAX} - \mathrm{MIN}) \tag{7.9}$$

其中 RNAD 为 0~1 之间的伪随机数,MAX 和 MIN 分别是对应于不同优先级的最大值和最小值。这样,紧急、优先和普通优先级的 F 值取值范围分别为(Urgent_MIN, Urgent_MAX)、(Priority_MIN, Priority_MAX)和(Routine_MIN, Routine_MAX),各优先级区间的大小取决于各种优先级报文所占的比重大小。

220C 标准规定 X_MAX 和 X_MIN 不能取相同的值,这里 X 表示 Urgent、Priority 或 Routine。因此,每个优先级的区间(X_MIN, X_MAX)大小至少是 2,三个优先级区间的总和至少是 6 时隙,总的时隙个数与网络节点个数 NS 和网络流量有关。220C 标准定义了流量负载因子 TL,总的时隙个数为

$$时隙个数 = \mathrm{MAX}(\lfloor \mathrm{NS} \times \mathrm{TL} \rfloor, 7) \tag{7.10}$$

式中:"$\lfloor x \rfloor$"为下取整,即不大于 x 的最大整数。当流量较大时,较大的 TL 值使得总的时隙数增加,从而减少冲突概率。220C 标准建议 TL 在网络流量较大、正常流量和低流量时分别取值 1.2、1.0 和 0.8。即

$$TL = \begin{cases} 1.2, & 高流量 \\ 1.0, & 正常流量 \\ 0.8, & 低流量 \end{cases}$$

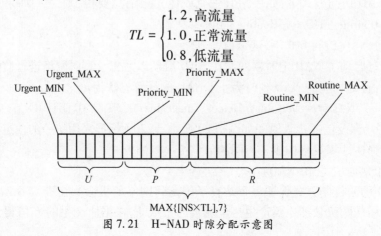

图 7.21　H-NAD 时隙分配示意图

3. 优先级访问方式(P-NAD)

P-NAD 访问控制方式保证把信道访问权按优先级顺序分配给网络中的用户,具体地说就是保证网络中优先级最高的站中的最高优先级消息优先访问网络。在 P-NAD 中所有的站都设置了一个不同的优先级,信道访问控制方案首先保证信息的优先级,对于不同的站相同的信息优先级按照站优先级顺序实时信道接入控制。在时隙分配方案中按照紧急、优先和普通三个优先等级将时隙分为三大部分,在不同优先级的时隙段中根据站优先级为每个站分配一个时隙。其时隙分配方案如图 7.22 所示。

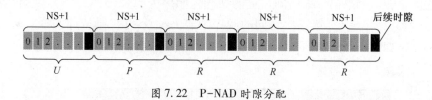

图 7.22 P-NAD 时隙分配

为了公平起见,220C 标准中引入了"后续传输"这一概念,所谓的后续传输是指如果某个站刚刚传送完消息,那么将不管它的站优先级是什么,紧接着在计算 NAD 时,都将把它放到下一个访问周期的最后时隙,只有当其他站发送了消息以后,该站才会恢复到原来的站优先级时隙。也就是说,刚访问完网络的站,在下一个周期内它将按照站优先级最低的那个时隙来访问网络。因此,如果网络中的节点个数为 NS,则每个优先级的时隙个数都为 NS+1 个。

从上面的叙述可以看到,在 P-NAD 控制方式下,一个访问周期将按照消息优先级被分成三个部分,在每个消息优先级内,又按站优先级为每个站提供了一个访问时隙,这样就能保证网络中的所有站都不会发生冲突。但是,P-NAD 机制在网络负载较轻时显然效率极低,无论是否有高优先级的信息发送,无论高优先级的站点是否有信息发送,低优先级站点的低优先级信息都需要等待较长的时间。

P-NAD 值由相关的三个参数来决定,其 F 值为

$$F = SP + MP + IS \tag{7.11}$$

式中:

$$SP = \begin{cases} 用户优先级 - 1, & 初始传输 \\ 0, & 后续传输 \end{cases}$$

$$MP = 消息优先级 = \begin{cases} 0, & 紧急消息 \\ NS + 1, & 优先消息 \\ 2(NS + 1), & 普通消息 \end{cases}$$

$$IS = 初始/后续因子 = \begin{cases} 0, & 初始传输 \\ NS, & 后续传输 \end{cases}$$

任意时刻只有一个站 IS=NS,其他站的 IS=0。这个站就是网络中上次进行传输的那个站,所有的 ACK 应答都不计算在上次传输的消息之内。

4. 确定的自适应优先级访问方式(DAP-NAD)

DAP-NAD(确定自适应优先级网络接入延迟)是生成控制信道访问时延的方法之一,这种方法为无线网中每一个用户提供了一个平等的机会访问网络。

所谓的确定是指当给定设备和网络协议参数后,每一个用户访问网络的最大时延就可以计算出来,访问网络的时间是可以预测的。

所谓提供平等访问网络机会是指在每一次信道访问时顺序把第一个"访问机会"(即 NAD 开始的第一个时隙)分配给不同的用户,把后续的访问机会按顺序分配给其他用户。FSN 的值即为本次信道访问获得第一个访问机会的站点号(最高优先级用户)。每一次数据传输完后,FSN 的值加 1。当 FSN 等于 NS 时,又从 1 开始轮转。与 P-NAD 相比,DAP-NAD 同样按照信息的优先级决定其信道访问顺序,但是,站(用户)的优先级却是在各个站之间轮转。如果第一次访问信道的站优先顺序为 $\{1,2,3,\cdots,NS\}$,则第二次访问的顺序为 $\{2,3,\cdots,NS,1\}$,第三次访问的顺序为 $\{3,\cdots,NS,1,2\}$,依此类推。DAP-NAD 时隙分配方案如图 7.23 所示。

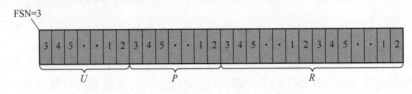

图 7.23 DAP-NAD 时隙分配示意图

尽管 DAP-NAD 也是按照优先级将时隙分成紧急、优先和普通三个部分,但是,如果在一次 NAD 周期中没有"紧急"优先级的信息传送,只有"优先"信息传输,则在下一次 NAD 周期中就没有"紧急"时隙段。同样,如果在一次 NAD 周期中既没有"紧急"信息发送,也没有"优先"信息发送,则在下一次 NAD 周期中就只有"普通"时隙段。为此,DAP-NAP 定义了三种工作模式:紧急模式、优先模式和普通模式。紧急模式就是开始的 NS 个时隙预留给"紧急"信息;优先模式就是开始的 NS 个时隙预留给"优先"信息;而普通模式中所有的时隙都用于"普通"信息。当网络工作在优先模式或普通模式时,如果当前有更高优先级信息要传输,则可以利用一个特殊的"抢占时隙"将网络的工作模式转变成紧急模式。

当 TP 定时器超时后的第一个时隙为抢占时隙,在网络优先级处于优先或普通模式的时候,各站如果有紧急信息传输,都可以利用"抢占时隙"发送紧急控制帧,将网络工作模式转移到紧急模式。而当网络处于紧急优先级时,不提供抢占时隙。当消息优先级大于当前网络优先级时,所有有消息要传输的节点在这个抢占时隙都将传输一个短的紧急控制帧。一旦接收到这个紧急控制帧或者检测到网络忙,那么所有的节点都将网络优先级设为紧急模式,并以这种方式运转。这个紧急控制帧将中断网络在优先或普通模式下的操作而提升到紧急模式。此时 FSN 值不变。

每个用户在每一个信道访问期计算的 NAD 时间是不相同的。在 DAP-NAD 控制方式时,在各种模式下的工作过程如下所述:

(1) 网络处于紧急模式。一个信道访问期的头 NS 个访问机会留给那些有紧急消息要传输的用户。那些没有紧急消息要传输的用户至少要等 NS+1 个访问机会才能进行传输。下 NS 个访问机会被保留给那些有优先级消息要传输的用户。那些只有普通消息要传送的用户在传输之前至少要等待 2×NS+1 次访问机会。因此,有消息要传输的用户,不管优先级是多少,在 3×NS 个访问时隙里总有访问网络的机会。

(2) 网络处于优先模式。第一个时隙为抢占时隙。访问时隙 2 到 NS+1 留给那些有紧急消息或者优先消息等待传输的用户。那些有普通消息等待传输的用户则至少要等待 NS+2 个访问机会。

(3) 网络处于普通模式。只有第一个访问机会被预留。以后，任何有消息传输的用户，不管优先级如何，在他们计算的访问时隙都能够进行传输。

DAP-NAD 方式下时隙的分配方法如图 7.24 所示。假设初始状态下（图 7.24(a)），网络的工作模式为"紧急模式"U，FSN 为 3，在 P 时段最后一个时隙站 1 有 R 优先级消息到来，则站 1 将在 R 优先级时段在轮到自己发送消息的时隙把消息发送出去。消息发送完成后各站将启动 TP 定时器，当前的网络工作模式变成"普通模式"R，FSN 加 1 变为 4（图 7.24(b)）。当站 1 将消息发送完成以后，网络中各站启动 TP 定时器，由于网络工作模式不是 U，所以 TP 定时器结束后的第一个时隙将保留，以便有更高优先级消息发送的站发送紧急控制帧。假设没有 P 和 U 优先级消息要发送，那么网络将运行于普通模式 R，直到站 3 发送 P 优先级消息，网络将依此类推运行下去。

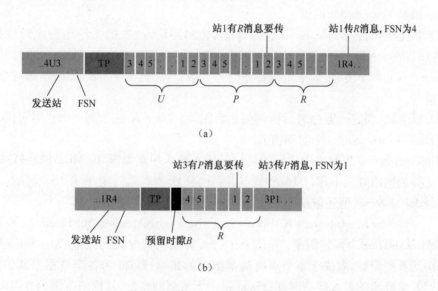

图 7.24　DAP-NAD 时隙分配
(a) DAP-NAD 时隙分配(FSN=3); (b) DAP-NAD 时隙分配(FSN=4)。

5. 电台嵌入式网络访问方式(RE-NAD)

电台嵌入式网络接入时延(RE-NAD)是 DTE 和 DCE 之间的信道控制协议，没有时隙概念，主要用于 DTE 控制 DCE 的信道接入时机，调节网络流量。为此，系统设置调度间隔定时器 T_C，仅当 T_C 定时器超时后 DTE 才能向 DCE 发送数据，启动 DCE 的信道接入控制。因此，通过调整 T_C 定时器的时间长短就可以控制 DTE 发送的数据流量大小。当网络忙时，加大 T_C 定时器的时间，从而减少 DTE 的发送数据量，反之，减小 T_C 定时器的时间。RE-NAD 接入控制的核心就是如何根据网络的流量大小合理地设置 T_C 定时器。

MIL-STD-188-220C 标准采用分布式控制方式，由各个节点独立地调整其调度定时器 T_C。当网络忙时各个节点都逐渐加大其 T_C 值；反之，网络空闲时逐渐减少其 T_C 值。在 220C 标准中，网络的忙闲主要通过活跃的站点(在一定时间内发送过数据即为活跃站点)数量和话音业务量的大小来衡量。活跃的站点数越多,或者话音通信占的比重越大,则表明网络越忙,各个站点设置的 T_C 值就越大。在相同的网络状态下,待发送的信息优先级越高,其设置的 T_C 值就越小,保证高优先级信息优先访问网络。此外,T_C 值的大小还与当前节点中等待发送的报文队列的长短有关,队列越长设置的 T_C 值越小,从而尽可能保证各个节点公平地访问信道。

RE-NAD 的 T_C 定时器值的设定取决于两个因素:话音因子 Voice factor 和调度间隔 SchedulerInterval,即

$$T_C = \text{Voice factor} + \text{uniform\_random}(\text{SchedulerInterval}) \qquad (7.12)$$

式中:话音因子 Voice factor 为随网络中话音的业务量大小而变化的变量;调度间隔 SchedulerInterval 则取决于网络中的活跃站点数、本站待发送的信息优先级和等待队列的大小;uniform_random(SchedulerInterval) 为 0~SchedulerInterval 之间的均匀随机数。

Voice factor 是根据话音流量大小设置的等待时间,其取值范围为 0.3s≤Voice factor≤10s。RE-NAD 采用快速增长(fast attack)和慢衰减(slow decay)方式根据话音的流量大小动态调整 Voice factor 的值。

(1) 快速增长:若 Voice factor 为最小值,检测到话音忙,则无论当前定时器是否超时,都直接将 Voice factor 增加一个"语音因子增量"(范围在 0~10s 间的一个时间值);当 Voice factor 不是最小值时,如果定时器超时并且话音忙,则将 Voice factor 增加一个"语音因子增量"。

(2) 慢衰减:当定时器超时后检测到话音闲,将 Voice factor 减小一个"语音因子减小值"(范围在 0~10s 间的一个时间值)。

SchedulerInterval 与网络中活跃的用户数成正比。一般情况下,MIL-STD-188-220C 标准所支持的网络规模不超过 16 个节点,因此,活跃节点数一定小于 16。同时,各个站点的 SchedulerInterval 值还取决于待发送的信息优先级和队列长度,即

$$\text{SchedulerInterval} = \text{NADScaleTime} \times \text{NumActiveMember}/16 \times \text{Fload} \qquad (7.13)$$

式中:NADScaleTime 为调整因子,范围 0.1~5s,可根据情况人为设定;NumActiveMember 为网络中活跃用户数,取决于本节点两跳范围内的站点;Fload 为各个站根据其信息优先级和队列长度确定的最大等待时间;Fload 是个无量纲的变量,其取值范围为 0~18。根据网络中各个站点待发送信息的优先级等级数量,将 0~18 划分成相应的区间。如果有三个不同的优先级,则每个区间的大小(Segment width)为 6,其 0~6 用于紧急信息、6~12 用于优先信息、12~18 用于普通信息。如果只有两个优先级,则每个区间的大小为 9。需要说明的是,220 标准定义了三个优先级(紧急、优先和普通),而在计算 Fload 时只考虑全网当前等待发送信息的优先级种类。各个站根据其待发送的信息优先级,确定相应的区间起始位置(Segment offset);同时,根据各个站等待发送的信息队列长度,确定本站队列长度的名次(m),而后计算 Fload 值,即

$$\text{Fload} = \text{Segment offset} + (\text{Segment width} \times m)/(n+1) \qquad (7.14)$$

式中:Segment offset 为本站待发送信息优先级的起始位置;Segment width 取值为 18/优先级个数;n 为本优先级中各个站不同队列长度的个数(小于 8);m 为本站队列长度的排序位置(1~n)。

例如,目前网络中等待发送的信息有三个不同的优先级(紧急 U、优先 P 和普通 R),

则 Segment width = 18/3 = 6；某个站有 P 优先级信息等待发送，则其相应的 Segment offset = 6；如果网络中各个站 P 优先级队列不同队列长度的个数为 3($n=3$)，而本站的队列长度为最长($m=1$)，则本站计算的 Fload 为

$$Fload = 6 + 6 \times 1/(3+1) = 7.5$$

Fload 的计算示意图如图 7.25 所示。

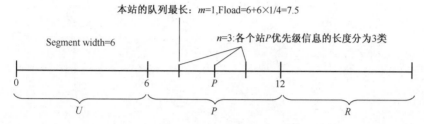

图 7.25　Fload 计算示例

7.4.3　路由协议

7.4.3.1　Intranet 层拓扑维护

各个节点定时的将本节点所维护的拓扑信息以广播的形式发送出去，这些拓扑广播消息中包含了一个称为拓扑更新 ID 的变量，这个 ID 号标识当前的拓扑更新是否为有效的更新消息，是否能够触发本节点的路由更新。每次收到拓扑更新消息都需要对比该消息中的拓扑更新 ID 与本节点所维护的拓扑更新 ID 的新旧，当收到的拓扑更新 ID 大于本节点所维护的拓扑 ID 时，则认为该更新消息有效，此时需要更新本节点维护的 ID 号为收到的 ID 号。当本节点发送拓扑更新消息时，将本节点的拓扑更新 ID 号加一，添加到更新消息中发送。通过这种方式每个节点可以得到全网的完整拓扑，从而为路由计算提供支持。

图 7.26 可用来详细说明整个的拓扑更新过程。

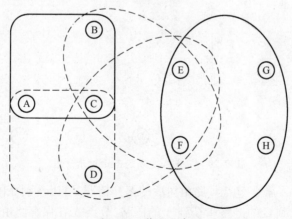

图 7.26　节点分布图

图中的各个节点分别用字母 A-H 标识，图中的实线和虚线限定了多个相互连通的子集，根据这个连通关系图可以得到如图 7.27 所示的拓扑连接图，在该图中只有传送范围相互直达的两个节点之间才会有直接通路可达。假设在初始状态时，各个节点只知道其

一跳范围内邻居的存在,通过拓扑更新分组的交互来获得关于整个网络的完整拓扑视图。各个节点将网络的拓扑按照一个路由树的方式进行存储,在网络的初试状态 A 节点和 C 节点中保存的路由树如图 7.28 所示。

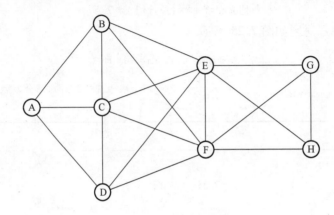

图 7.27 链路连通图

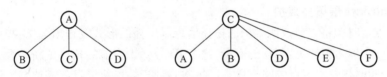

图 7.28 节点 A 和节点 C 的初始路由树

网络中的节点通过交换各自的路由树来获得关于网络拓扑的更多信息,例如,图 7.28 中的各个节点从初始状态开始,此时节点 C 向该节点的所有一跳范围邻居广播拓扑信息,所有收到该拓扑广播的节点根据该消息中的信息更新本节点所维护的路由树,节点 A 更新后的路由树如图 7.29 所示。

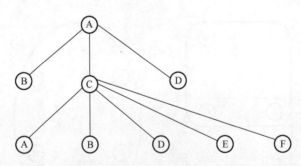

图 7.29 节点 A 更新的路由树示意图

图 7.29 是节点 A 融合节点 C 路由树后的拓扑情况,可以看到在图 7.29 中存在着一些重复的链路,如 A 到 C 的链路和 C 到 A 的链路,节点 A 在保存路由树时应当把上述的重复路由删除。需要说明的是,从严格数学意义上讲,图 7.29 并不是一个真正的"树",只是在数据结构设计时,可以按照"树"的方式来存储。因此,此处采用与 220 标准一致的说法,称图 7.29 为"路由树"。完成对节点 C 拓扑更新消息处理后节点 A 的路由表如表 7.2 所列。

表 7.2 节点 A 拓扑表

节点地址	节点前件	跳数	耗费	是否中继	静默
B	A	1	1	0	
C	A	1	1	0	
D	A	1	1	0	
B	C	2	1	0	
D	C	2	1	0	
E	C	2	1	0	
F	C	2	1	0	

在各个节点之间交互完整拓扑信息无疑将在各个节点建立关于网络拓扑的完整信息表。但是,在战场无线信道带宽受限的条件下,完整的路由树交互无疑将耗费巨大的带宽,例如在一个由 n 个节点组成的全互联网络,链路数将达到 $n(n-1)/2$ 条。所以,在进行拓扑维护过程中,尽管每个节点都维护着一个完整的网络拓扑。但是,为了节约带宽,节点间仅仅交互全路由表的一个子集。从上面的拓扑表可以看出到达节点 B 的路由有两条,分别是 A 直达 B 和经过 C 节点转发到达 B,但是在拓扑更新消息中并不是将这两条路由都发送出去,而是仅包含较短的路由。由完整的路由树删除冗余的路由,可以得到一个精简的路由树,在节点发送拓扑更新消息时,仅按照精简路由树封装路由更新分组。

精简路由树:路由树中仅包含最短路径的子树,它仅保存从根节点到达目的节点的最短路由,如果存在两条或是两条以上的最短路由则精简路由树中至多保存两条。

在建立精简路由树时,表 7.2 中的从 C 到 B 和从 C 到 D 的路由将被删除,删除这两条路由的原因是已经存在到达 B、D 的更短的路由(A–B、A–D),这样所产生的精简路由树及其路由表如图 7.30 所示和表 7.3 所列。

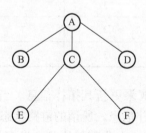

图 7.30 节点 A 精简路由树

表 7.3 节点 A 精简路由树拓扑表

节点地址	节点前件	跳数	耗费	是否中继	静默
B	A	1	1	0	0
C	A	1	1	0	0
D	A	1	1	0	0
E	C	2	1	0	0
F	C	2	1	0	0

当所有的节点进行了一段时间的路由更新后在节点 A 就会形成比较稳定的路由树和拓扑表,如图 7.31 所示。

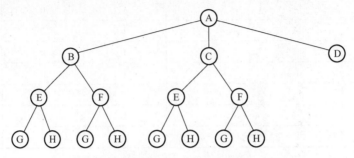

图 7.31　节点 A 最终路由树

表 7.4　节点 A 最终拓扑表

节点地址	节点前件	跳数	耗费	是否中继	静默
B	A	1	1	0	0
C	A	1	1	0	0
D	A	1	1	0	0
E	B	2	1	0	0
F	B	2	1	0	0
E	C	2	1	0	0
F	C	2	1	0	0
G	E	3	1	0	0
H	E	3	1	0	0
G	F	3	1	0	0
H	F	3	1	0	0

220C 标准按照事件驱动方式来更新其拓扑信息。当某个节点检测到其链路状态发生变化时,向其他节点广播其拓扑信息。所谓的链路状态发生变化包括已有的链路失效、链路质量变化或检测到新的链路。在收到其他节点发来的拓扑更新消息后,如果所接收的拓扑信息导致本节点路由树发生变化,则本节点更新本节点的路由树,同时发送更新后的路由信息。节点发送拓扑更新消息的触发条件为:

(1) 节点检测到某条链路失败或者发现一个新的接点加入。

(2) 如果协议中采用了链路耗费来衡量链路质量,当节点检测到某条链路的耗费值发生改变时触发更新。

(3) 节点从其他节点收到精简路由树发生变化的拓扑更新消息时触发更新。

(4) 节点的静默模式状态发生改变后,如果节点希望将这种变化通知其他的节点则触发更新。

(5) 节点改变了自身的转发能力状态后触发更新。

（6）节点收到拓扑更新请求消息后触发更新。当某个节点收到的拓扑更新 ID 与本站所保存的 ID 号不匹配或者收到来自未知节点的分组时需要发送拓扑更新请求消息。

但是，为了避免频繁的拓扑更新引发路由震荡，220C 标准规定了拓扑更新发送的最小间隔，上一个拓扑更新消息发送后在一个较短的时间内，即使触发条件发生也不能再发送更新消息。需要注意的是，在 220C 标准中可以发送多种优先级别的消息（紧急、优先和普通），用户可以根据不同的情况指定拓扑更新消息的优先级别。

7.4.3.2 源点选路协议

在 Intranet 层选路时可以采用源选路转发的方法，在进行 Intranet 层分组封装时将到达目的节点的路由完整的封装在分组头部中，从而指导该分组完成其穿越整个网络的旅程。但是对于一个单播分组来说采用逐跳转发无疑将减小分组的报头耗费，从而减少对网络带宽的占用，220C 标准中用户可以灵活的选择使用逐跳转发或是源选路转发两种方式。220C 标准提供了多目地址的通信方式，即一个分组可以将多个节点作为目的节点发送，甚至一些节点既是目的节点又是转发节点，这样采用源选路转发将大大减少节点发送的分组数目，节约有限的网络带宽。

下面介绍源选路转发的工作过程。

当某个节点需要将某个分组发往一个或是多个目的节点时，首先根据本节点维护的拓扑和连接关系表计算出到达每个目的节点的完整路由。在将到达所有目的节点的路由封装到 Intranet 头之前，需要先将这些路由的公共部分融合，融合的目标是在 Intranet 头中每个节点（无论是目的节点还是转发节点）至多出现一次。

这些路由中的转发节点、目的节点的地址和标识各个节点在该条路由中所扮演角色的状态字按照该分组经过这些节点的顺序封装到 Intranet 头中。具体的 Intranet 头和各种分组（拓扑更新、拓扑更新请求）的分组格式请参见附录一。当某个目的节点的状态字的 ACK 比特设为 1 时，表示源节点希望收到该节点的端到端应答，在发送端到端应答时不需要重新计算到达源节点的路由，而是将到达目的节点的分组中的路由回溯，封装在端到端应答分组中。

下面举例说明源选路和分组封装的过程。

假设网络中的拓扑如图 7.32 所示。

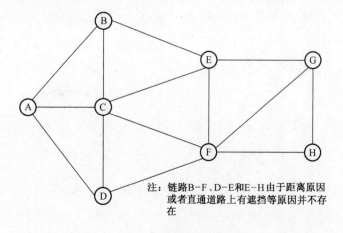

注：链路 B-F、D-E 和 E-H 由于距离原因或者直通道路上有遮挡等原因并不存在

图 7.32　网络拓扑图

节点 A 中所生成的路由树如图 7.33 所示。

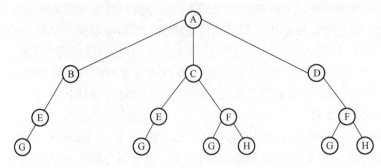

图 7.33 节点 A 路由树

在 Intranet 层选路和分组转发都采用的是链路层地址,该地址长度为一个字节,本例中各个节点的地址如表 7.5 所列。

表 7.5 节点地址映射表

节点	MSB/LSB								地址
A	0	0	0	1	1	1	1	0	15
B	0	0	0	0	1	0	0	0	14
C	0	0	0	0	1	0	1	0	5
D	0	0	0	0	1	1	0	0	6
E	0	0	0	0	1	1	1	0	7
F	0	0	0	1	0	0	0	0	8
G	0	0	0	1	0	0	1	0	9
H	0	0	0	1	0	1	0	0	10

假设节点 A 的某个分组需要发往节点 G 和 H,节点 A 的路由树提供下面几条到达 G 和 H 的路由:A-B-E-G、A-C-E-G、A-C-F-G、A-C-F-H、A-D-F-G 和 A-D-F-H。在多目转发时,通常希望充分利用无线信道的广播特性,所构造的转发树具有最少的转发节点。此时称这种具有最少转发节点的转发树为"最优转发树"。在这些路径中最经济的选择是通过节点 F 转发:A-C-F-G、A-C-F-H 或 A-D-F-G、A-D-F-H,其对应的最优转发树如图 7.34 所示。

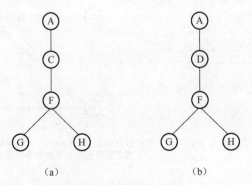

图 7.34 最优转发树实例

7.4.3.3　Intranet 分组头及拓扑更新、拓扑更新请求消息格式

为了支持源点选路,必须在报头中给出完整的路由信息。220C 标准给出了报头长度可变的 Intranet 报头格式,如图 7.35 所示。

版本号	消息类型
Intranet 头长度	
业务类型	
消息标识号码	
最大跳数	空
源地址	
目的/中继状态字节1	
目的/中继地址1	
...	
目的/中继状态字节 N	
目的/中继地址 N	

图 7.35　Intranet 报头格式

1. Intranet 报头

Intranet 报头格式如图 7.35 所示,图中各域的含义如下。

(1) 版本号:表示所用 Intranet 协议的版本。

(2) 消息类型:表示 Intranet 层分组中数据的类型。消息类型取值为 0~15。各消息类型的意义如表 7.6 所列。

表 7.6　Intranet 消息类型

消息类型码	消息类型
0	保留
1	Intranet 应答
2	拓扑更新
3	拓扑更新请求
4	IP 分组
5	ARP/RARP
6-15	保留

(3) Intranet 头长度:以字节为单位表示 Intranet 报头的长度。显然,最小的 Intranet 头长度为 3 个字节。

(4) 业务类型:根据 IP 报头的 TOS 字段决定 Intranet 层的业务类型。尽管 TOS 编码已标准化,但目前 IP 路由器及各种应用系统尚不支持 TOS 字段的处理。因而,目前的实

现尚不考虑业务类型的支持。由于在体系结构上通过子网相关子层透明地为 IP 层分组提供承载业务,未来各种 IP 业务可以通过扩充子网相关子层功能映射到无线分组网。

(5)消息标识码:由源站设置的 0~255 的数,连同源站地址一起用于标识每个转发的分组。

(6)最大跳数:由源站设定的分组在无线 Intranet 上转发的跳数。每个中间转发节点将最大跳数减 1,当最大跳数变为 0 时,中间节点将不再转发该分组,而是将分组丢弃。

(7)目的/中继状态字节:提供每个目的/中继地址的 Intranet 层路由信息,同时,状态字节也提供了选择是否需要 Intranet 应答。目的/中继状态字节的格式如图 7.36 所示。

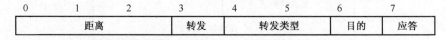

图 7.36 目的/中继状态字节

图 7.34(a)转发树对应的路径是 A-C-F-G 和 A-C-F-H,Intranet 报头中的各个字段的设置如图 7.37 所示。

  MESSAGE TYPE=4(IP Packet)
  TYPE_OF_SERVICE=00000000
  MESSAGE ID=2
  MAX_HOP_COUNT=3(Distance from node A to nodes G and H)
  ORIGINATOR ADDRESS=15(node A)
  STATUS BYTE 1=00001001(ACK=No,DES=No,REL=Yes,DIS=1)
  DESTINATION 1=4(node C)
  STATUS BYTE 2=00001010(ACK=No,DES=No,REL=Yes,DIS=2)
  DESTINATION 2=8(node F)
  STATUS BYTE 3=01000011(ACK=No,DES=Yes,REL=No,DIS=3)
  DESTINATION 3=9(node G)
  STATUS BYTE 4=01000011(ACK=No,DES=Yes,REL=No,DIS=3)
  DESTINATION 4=10(node H)
  HEADER LENGTH=14octets

图 7.37 Intranet 报头中的字段设置

图 7.38 给出了该分组的完整 Intranet 报头。

2. 拓扑更新与拓扑更新请求消息

为了实现无线 Intranet 层转发,节点必须知道网络的连通性信息或拓扑结构,以确定到其他节点的转发路径。拓扑信息的获取有两种途径,一是通过监听其他网站的信息,二是有目的地交换网络拓扑信息。220 标准定义的拓扑更新消息主要用来更新网络中所有站中的路由信息,采用广播方式发送,其消息结构如图 7.39 所示。

(1)拓扑更新长度。拓扑更新数据的字节数。

(2)拓扑更新 ID。拓扑更新 ID 是一个 0~255 的数,连同源节点的链路层地址,用于

第 7 章 电台子网及 220 协议

7 MSB	6	5	4	3	2	1	0 LSB
MESSAGE TYPE				VERSION NUMBER			
0	1	0	0	0	0	0	0
INTRANET HEADER LENGTH							
0	0	0	0	1	1	1	0
TYPE OF SERVICE							
0	0	0	0	0	0	0	0
MESSAGE IDENTIFICATION NUMBER							
0	0	0	0	0	0	1	0
SPARE				MAX HOP COUNT			
0	0	0	0	0	0	1	1
ORIGINATOR ADDRESS							
0	0	0	1	1	1	1	0
DESTINATION/RELAY STATUS BYTE 1							
0	0	0	0	0	1	0	1
DESTINATION/RELAY ADDRESS 1							
0	0	0	0	1	0	0	0
DESTINATION/RELAY STATUS BYTE 2							
0	0	0	0	0	1	1	0
DESTINATION/RELAY ADDRESS 2							
0	0	0	0	1	0	0	0
DESTINATION/RELAY STATUS BYTE 3							
0	1	0	0	0	0	1	0
DESTINATION/RELAY ADDRESS 3							
0	0	0	1	0	0	1	0
DESTINATION/RELAY STATUS BYTE 4							
0	1	0	0	0	0	1	1
DESTINATION/RELAY ADDRESS 4							
0	0	0	1	0	1	0	1

图 7.38 Intranet 报头示意图

拓扑更新长度
拓扑更新ID
节点1地址 节点1状态字节 节点1前站地址
…
节点N地址 节点N状态字节 节点N前站地址

图 7.39 拓扑更新消息结构

标识各节点产生的拓扑更新消息。每产生一个拓扑更新消息,其拓扑更新 ID 加 1。

（3）节点地址。节点的数据链路层地址。

（4）节点前站地址。为消除 RIP 协议的路由不稳定,收敛速度慢等问题,在 Intranet 拓扑更新消息中加入"节点前站地址"信息,一个节点的"节点前站"是指从源站点到该站点的路径上直接与该站点相连的站点。

(5) 节点状态字节。表明该节点到源节点间链路的状态,其定义如图7.40所示。

0	1	2	3	4	5	6	7
链路质量			跳数			转发	静止

图7.40 节点状态字节

图7.40中,链路质量:0表示链路质量未知,7表示链路质量为固定设置,1~6表示不同的链路质量,1为最好。跳数:表示到源节点的跳数。转发:若置1表示该节点不参与转发。静止:表示该节点将不发送任何信息。

当网络中节点通过监听其他站点的链路层信息,发现其"拓扑更新ID"大于本节点的"拓扑更新ID"时,节点可以发送拓扑更新请求消息请求其他节点发送最新的拓扑更新信息。拓扑更新请求主要是源站用来请求其他站点发送拓扑更新消息,以获得到某些站的路由信息。拓扑更新请求消息(Intranet层类型为3的消息),只包括Intranet报头,而没有数据域。Intranet报头带有一个源地址和一个或多个目的地址。其最大跳数字段置为1,目的/中继状态字节的转发、转发类型及应答位都置为0,目的位置为1。拓扑更新请求消息一般也采用广播方式发送。

第 8 章 Ad hoc 网络传输协议

无线 Ad hoc 网络是一个动态、时变的网络,其底层传输信道的传输能力一直在变化,从而导致通信的质量会发生不可控制的改变。在底层变化的信道基础上实现端到端可靠信息交付以及拥塞控制和流量控制是 Ad hoc 网络必须面对的问题,同时它也是 Ad hoc 网络的核心难点之一。本章从基本的可靠传输原理入手,分析可靠传输的实现机制,因特网中 TCP 可靠传输及拥塞控制机制,最后介绍无线 TCP 面临的挑战和一些已有的解决方案。第 9 章将讨论针对战场环境和特定应用而设计的无连接可靠传输协议。

8.1 可靠传输原理

如何在不可靠的信道上可靠地传输数据是网络通信要解决的一个重要问题。这个问题不仅会在传输层出现,在其他层次(如链路层、应用层)也会出现。事实上,无论处于协议模型中的哪一层,只要下层提供的通信服务不可靠,那么在本层解决可靠传输问题将是十分自然的想法。不过,设计一个可靠传输协议非常具有挑战性。本节特意把可靠数据传输作为一般性问题独立出来,重点讨论其中的基本原理。而在 8.2 节介绍因特网中实用的可靠传输协议 TCP 时,本节讨论的一些实现机制将会得到具体应用。

为了便于讨论,假定可靠传输协议工作在传输层,并且数据单向发送,即发送进程只向接收进程传递数据。可靠传输协议需要区分发送方和接收方,接口模型如图 8.1 所示。从图中可以看出,协议实体与应用进程之间传递的是数据,而与网络层之间传递的是分组。尽管应用数据是从发送进程到接收进程单向传输,但是可靠传输协议的下层(网络层)可以提供双向的分组传输服务,当然分组传输并不可靠。在发送侧,当发送进程有数据需要发送时,可以调用 transmit( ) 把数据交给发送方实体。然后由发送方把数据封装成分组,并调用 send( ) 交给下层。在接收侧,当下层收到数据时,会调用 recv( ) 把分组传递给接收方实体①。如果接收方确认收到的分组没有差错,则从其中解出数据,并调用 deliver( ) 将数据交付给接收进程。

在进一步讨论协议之前,有必要先明确可靠传输的标准是什么。所谓的可靠数据传输实际上就是无差错的数据交付。通常数据经过不可靠的传输通道传递时,有可能会出现下列几种差错情况:

(1) 误码:传输的数据出现比特错误。
(2) 丢失:发出的数据因某些原因未到达接收端。

---

① 从实现的角度来说,recv( ) 过程一般不由下层调用,而是由发送方或接收方协议实体调用。调用之后,协议实体可以等待模式或者不等待模式从下层接收数据。为了描述简便,此处忽略了这些实现细节,假设 recv( ) 过程是由下层调用并主动向协议实体传递数据,这样就可将其视为外部事件,便于后续的讨论。

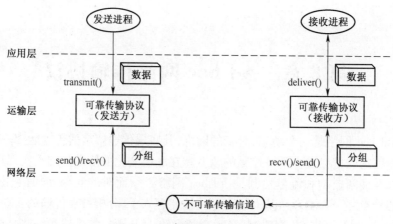

图 8.1　可靠传输协议接口模型

(3) 重复：接收端收到同一个数据的多个副本。

(4) 失序：收到的数据与其发出的顺序不一致。

实际上，上述四种情况也是数据通信系统中差错控制技术所要解决的问题。实用的差错控制技术主要有两大类。一类是前向纠错（Forward Error Correction,FEC）技术，即发送端对数据进行纠错编码，在接收端能够自动将数据中的误码纠正过来。不过，纠错编码技术计算复杂，而且有很大的局限性，一般只适合在链路层以下使用。另一类技术称为自动重传请求（Automatic Repeat-request,ARQ），通过接收方请求发送方重传出错的分组来恢复数据，有时也被称为后向纠错（Backward Error Correction,BEC）。

本节的任务是探讨 ARQ 协议的实现原理。ARQ 协议有三种，停止等待协议、连续 ARQ 协议和选择重传协议。首先从最简单的停止等待协议讲起。然后介绍传输效率更高的连续 ARQ 和选择重传协议。在讨论这三种 ARQ 协议时都假定下层是点到点信道，分组严格依序传输的，也就是说当接收方收到某个分组时，先于其发出的分组要么已经到达，要么已经丢失，不会出现分组未丢失而顺序交换的情况。

8.1.1　停止等待协议

8.1.1.1　实现机制

停止等待协议的基本思想是，当接收端收到分组时需要判断有无误码，如果没有则将数据交付上层同时通知发送端继续发送新分组，如果有误码则通知发送端重传分组。显然，实现停止等待协议至少要用到三种机制。

机制 1：差错检测。为了判断分组是否有误码，在发送分组前必须为其附加检错编码。收到分组时，可以利用检错编码，通过一定的算法判断分组是否有误。

校验和是一种便于软件实现的检错编码，适用于高层的可靠传输协议。而在链路层以下会用到一些检错效率更高便于硬件实现的编码技术。

机制 2：确认反馈。接收方需要发回确认分组，明确地告知发送方是否成功收到数据分组。

确认分组一般有两种，肯定确认（Acknowledgement,ACK）表示收到的数据分组无差错，否定确认（NAK）表示收到的数据分组有差错。

机制3:自动重传。发送方可以根据情况重新传送已发送过的分组而无需高层介入。

自动重传机制实际上隐含了一个前提条件,即发送方必须要在本地缓存中备份已发出但未被接收方肯定确认的分组。

采用上述三种机制的停止等待协议在两种情况下的分组交互过程如图8.2所示。图8.2(a)为分组正常传输的情况,发送方先发送了分组a,收到肯定确认ACK后,发送分组b。图8.2(b)为分组在传输过程中出现误码的情况。由于接收方有差错检测机制,会检测到分组错误,此时将该分组丢弃,然后发回否定确认NAK。接收方收到NAK后重传分组。

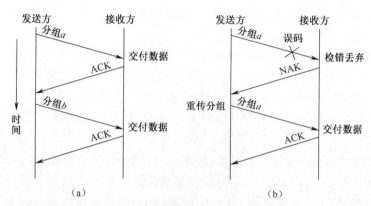

图8.2 采用检错、确认和重传机制的停止等待协议运行示例
(a)正常情况;(b)分组有误码。

上述交互过程没有考虑分组丢失的情况。一旦分组丢失,无论丢失的是数据分组还是确认分组,收发双方都会一直处于等待接收分组状态,导致协议无法继续执行。此时把这种情况称为协议死锁。要避免因分组丢失造成的协议死锁,需要增加新的协议机制。容易想到,可以在发送端增加定时器,超过一定时间未收到确认则由发送方重传分组。这种机制被称为超时重传。

机制4:超时重传。发送方发送数据分组时,启动一个倒计时的定时器。一旦超过指定的时间未收到确认分组,则自动重传数据分组。

不过,引入超时重传机制又带来了新问题:如果丢失的是ACK分组,也就是说接收方已经收到了数据分组,那么重传的数据分组将造成第三种差错——重复分组。为此,可以为每个数据分组编号,接收方收到编号相同的分组则丢弃。这是保证可靠传输的第五种协议机制。

机制5:分组序号。对于数据分组,发送方为每个数据分组增加序号,每发送一个分组后序号加1。对于确认分组,接收方可以让每个确认分组携带被确认的分组序号,以指明已成功收到的数据分组。

引入分组序号机制后,有两个问题值得探讨:一是序号编码长度如何确定,二是确认分组是否必须携带被确认分组的序号。在严格依序传输信道假设下的停等协议,其数据分组只要用1bit编2个序号(序号0和序号1交替出现在数据分组中),并且确认帧无需序号也能正常工作。不过,如果让ACK分组携带被确认分组序号的话,可以采用肯定确认上一次正确收到的数据分组的方法,以此来取代NAK分组,从而减少了确认分组的类型。

实用的停等协议在各种情况下的分组交互过程如图 8.3 所示,图中重传时间用 RTO (Retransmission Timeout)表示。

图 8.3(a)为分组正常传输的情况,发送方先发送了编号为 0 的数据分组 DATA0,收到对该分组的肯定确认 ACK0 后,发送分组 DATA1,如此循环交替。

图 8.3(b)和图 8.3(c)分别为数据分组和确认分组在传输过程中出现误码的情况。根据检错机制的要求,数据分组和确认分组都携带检错编码,并且收发双方能够检测发现分组错误,将出错的分组丢弃。对于图 8.3(b),接收端检测到数据分组 DATA1 出错时丢弃该分组,直到发送端超时重传 DATA1 分组。对于图 8.3(c),发送端检测到确认分组出错时也丢弃该分组,直到超时重传 DATA1 分组。当接收端收到 DATA1,根据序号可知其为重复(冗余)分组,丢弃后发回 ACK1。

图 8.3(d)和图 8.3(e)显示了数据分组和确认分组丢失的情形。按照超时重传机制,当发送端发出一个数据分组时会开启定时器。无论是数据分组还是确认分组丢失,只要经过 RTO 时间仍未收到 ACK,则定时器超时,则由发送端重传数据分组。对于图 8.3(e)确认分组丢失的情况,由于每个分组都有序号,接收端能够据此剔除冗余的数据分组。

图 8.3(f)显示了过早超时的情形。从图中可以看到,尽管数据分组 DATA1 和确认分组 ACK1 均没有丢失,但是由于某种原因(如重传时间 RTO 设置不合理,信道传输时延变大,或者接收端分组处理滞后等)导致在 ACK1 到达之前就发生超时触发了 DATA1 的重传。随后的交互过程中,对于接收端来说,收到冗余的 DATA1 时,将该分组丢弃并再次发回 ACK1。对于发送端来说,当收到第一个 ACK1 时,知道接收端已成功收到 DATA1,可继续发送 DATA0。当收到第二个 ACK1 时,由于当前正在等待对 0 号分组的确认,因此这个 ACK1 是冗余分组直接丢弃。至此,协议又恢复了正常。

从图 8.3(b)~图 8.3(f)可以看出,给定时器设置的重传时间 RTO 必须十分合理才能保证协议的效率。如果 RTO 太长,一旦发生差错则需要等待很长的时间协议才能恢复正常。如果 RTO 太短,尽管不会导致协议失败,但是会传输大量不必要的冗余分组,造成网络资源浪费。后续在介绍 TCP 协议的可靠传输机制时,将会讨论如何合理地选择 RTO 以适应信道传输延时的动态变化。

8.1.1.2 有限状态机描述

为了更加准确、全面地理解协议交互过程,下面给出实用停等协议的有限状态机 (Finite State Machine,FSM)[1]描述。按照网络协议习惯用法,令确认分组的序号表示接收方期望接收的数据分组序号,即 ACKn 表示"第 $n-1$ 号分组已经收到,当前期望接收第 n 号分组"。

停等协议的 FSM 如图 8.4 所示。图 8.4(a)是发送方的 FSM。发送方有两个状态,初始时处于等待上层调用状态,并且当前可用序号 sn 被置为 0。当上层调用 transmit( )把

---

[1] 有限状态机是一种对象行为建模工具,用以描述对象在其生命周期内所经历的状态序列,以及如何响应来自外界的各种事件。状态机由状态组成,各状态由转移链接在一起。状态是对象执行某项活动或等待某个事件时的条件。转移是两个状态之间的关系,它由某个事件触发,然后执行特定的操作。当用图表示状态机时,圆圈为状态,虚线箭头指向初始状态,实线箭头表示从当前状态到下一状态的迁移,其旁边横线上部文字表示导致状态转移的事件或条件,下部表示执行的操作。

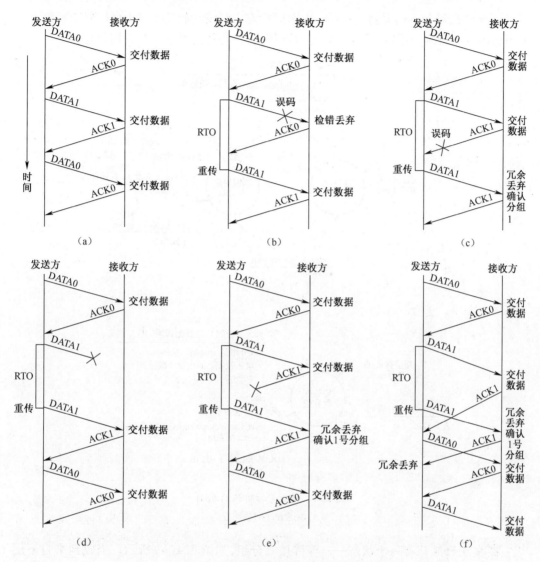

图 8.3 停止等待协议交互过程示例
(a)正常情况;(b)数据分组有误码;(c)确认分组有误码;
(d)数据分组丢失;(e)确认分组丢失;(f)过早超时。

数据交给发送方时,这对于发送方来说是一个外部事件,会触发其调用 makepkt( )过程,把 sn、数据以及计算出的校验和一起封装成数据分组 datapkt,并调用 send( )交给下层发送,同时将该分组保存在本地缓存中,已备重传时使用。然后,发送方更新当前可用序号 sn,并转移到等待接收确认状态,等候下层交付确认分组。

处于等待接收确认状态时,有两种事件可能发生:定时器超时或下层交付分组。对于定时器超时事件,需要调用 send( )重传 datapkt,并重启定时器,状态仍然保持不变。对于下层交付分组事件又分为三种情况:第一种是交付的分组有误码,第二种是虽然收到了 ACKn,但是 $n \neq sn$,也就是说接收方并未成功收到上次发出的 datapkt。这两种情况都要重传 datapkt(当然也可以不做操作,等到定时器超时自动重传),仍然保持当前状态。第三种情况是收到 ACKn,并且 $n==$sn,表明接收方已经成功收到了 datapkt,期望接收下一个序号的数据分组。然后,发送方将定时器停止,并转移到等待上层调用状态。

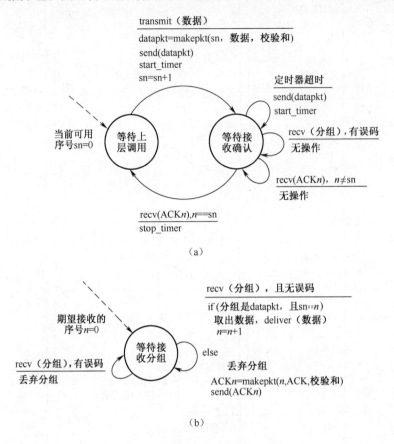

图 8.4　停止等待协议的 FSM
(a)发送方;(b)接收方。

接收方 FSM 只有一个状态——等待接收分组,如图 8.4(b)所示。当收到来自下层的分组时,如果分组是 datapkt,并且序号 sn=n,即正是期望接收的分组,则从 datapkt 中取出数据,调用 deliver( )交付给上层。然后更新期望接收的序号 $n=n+1$,并发回确认分组 ACKn。其他情况则丢弃收到的分组,直接发回 ACKn。

注意,上述 FSM 的各操作步骤中,加法运算均为模 2^k 加法(k 为用于给分组序号编码的比特数)。

8.1.1.3　信道利用率

为了探讨停等协议的性能,可定义信道利用率为协议有效传输速率与信道传输速率的比值。停止等待协议的优点是实现简便,但是信道利用率并不高。可以用图 8.5 来说明这个问题。假定 A 与 B 之间有一条直通的信道相连,信道传输速率为 R,分组长度为 L,分组传输时间 $T_s=L/R$,信道往返时间记为 RTT(Round Trip Time)。为简便起见,图中忽略了分组处理时间和 ACK 的传输时间,并且不考虑分组差错的情况。

从图 8.5 中可以看出,成功发送一个长度为 L 的分组需要的时间为 T_s+RTT,因此,停

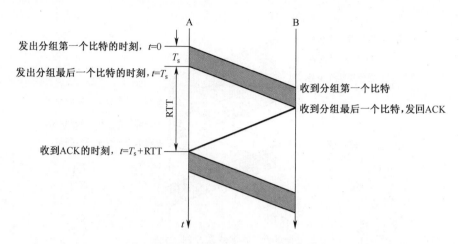

图 8.5　停止等待协议的分组交互过程

等协议的有效传输速率为 $L/(T_s+\text{RTT})$。按照定义可以写出信道利用率 U 的近似计算式①为

$$U = \frac{L}{T_s + \text{RTT}}\Big/R = \frac{T_s}{T_s + \text{RTT}} \tag{8.1}$$

式(8.1)说明,信道利用率也可以理解为信道实际忙于传输分组的时间与成功发送一个分组需要的时间之比。结合图 8.5 可以更直观地看出这一点:在成功发送一个分组的时间段 $T_s+\text{RTT}$ 内,只有 T_s 时间段信道在传输数据,其他时间均处于等待状态。因此,这二者之比就反映了信道的利用率。

分组传输时间 T_s 为分组长度和信道传输速率之比,而往返时间 RTT 取决于信道。例如,2000km 的光纤信道往返时延 RTT 约为 20ms。如果分组长度 L 为 500,信道传输速率 $R=2\text{Mb/s}$,则 $T_s=2\text{ms}$,按式(8.1)可以计算出 $U=9.09\%$。换句话说,在一个 2Mb/s 的信道上,采用停等协议实际能达到的数据传输率仅为 181.8kb/s。如果将信道传输速率提高到 $R=1\text{Gb/s}$,则信道利用率会更低,仅为 0.02%!

图 8.5 未考虑分组出现差错的情况。按照停等协议的规定,分组出现差错后需要重传,信道的利用率将进一步降低。

从上述分析可以看出,当往返时间 RTT 远大于分组传输时间 T_s 时,信道利用率低并不是因为信道带宽不够,而是停等协议本身低效的工作方式造成的。

为了提高传输效率,可以考虑让发送方连续发送多个分组,而不必每发出一个分组就停下来等待对方的确认。图 8.6 显示了发送方在未收到 ACK 的情况下连续发送了三个分组,此时信道利用率也提高了 3 倍。如果允许发送方在未收到 ACK 的情况下发送更多分组,使信道上一直有数据不间断地传输,可以获得更高的信道利用率。由于多个未经确认的分组依次在信道中传输很像在一条流水线上作业,因此这种技术也被称为流水线式传输。

---

① 严格来讲,计算信道利用率不仅要计入 A 和 B 的分组处理时延,ACK 的传输时延,还要考虑数据分组的控制开销(如序号、校验和其他首部信息)。

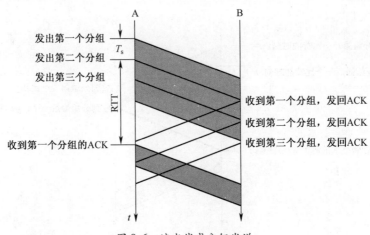

图 8.6 流水线式分组发送

流水线式传输协议又分为连续 ARQ 协议和选择重传协议，主要区别在于分组差错恢复方式的不同，下面逐一介绍。

8.1.2 连续 ARQ 协议

连续 ARQ 协议的出发点是在发送完一个数据分组后，不是停下来等待确认分组，而是可以连续再发送若干个数据分组。为此需要引入一个重要的概念——发送窗口。发送窗口的大小 W_s 就代表在还没有收到对方确认的情况下，发送方最多可以发送的分组数量。

由于每个数据分组（除了重传分组）必须有一个唯一的序号，因此，发送方需要维护一个的序号队列。如果用于给分组序号编码的比特数是 k，则序号队列中总共可以有 2^k 个不同的序号，取值范围是 $[0, 2^k-1]$。

连续 ARQ 协议发送方维护的序号队列如图 8.7 所示。可以看到，所有序号被划分为四部分。发送窗口之前为已确认过的序号，发送窗口之后的是不可用序号。发送窗口大小 $W_s=N$，窗口内共有 N 个序号，分成两部分。从起始序号 base 到当前可用序号 sn 之前为已经发出但尚未被确认的序号，从 sn 到结束序号都是可用序号。

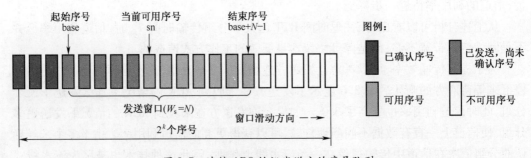

图 8.7 连续 ARQ 协议发送方的序号队列

当上层有数据要发送时，发送方就用当前可用序号 sn 封装分组，如果无可用序号则拒绝上层的数据。当收到确认分组 ACKn 时，一般约定使用累积确认，其含义是接收方已成功收到序号 n 以前的所有分组，当前正在等待接收序号为 n 的分组。如果确认分组的

序号 $n>\text{base}$,则将发送窗口向前推进 $n-\text{base}$ 步,即令 $\text{base}=n$。因此,连续 ARQ 协议也被称为滑动窗口协议。

连续 ARQ 协议发送方的 FSM 如图 8.8(a)所示。初始时需要将发送窗口的起始序号 base 和当前可用序号 sn 都置零,然后等待响应下列三种事件:

(1) 收到上层交给的数据。发送方需要查看是否有可用的序号。如果 sn 等于 base+ N,说明当前可用序号已超出发送窗口,已无可用的序号,则拒绝上层数据。否则,就用当前 sn 封装数据分组,然后发送该分组,启动编号为 sn 的定时器,并更新 $\text{sn}=\text{sn}+1$。

(2) 收到接收方发来的确认分组。如果该分组是 ACKn,并且其携带的序号 $n\in$ [base+1, sn],根据累积确认约定,说明序号处于[base, $n-1$]区间的所有数据分组均已被对端正确接收,则停止这些分组的超时定时器,然后令 $\text{base}=n$,将发送窗口滑动到最近的未确认分组序号处;否则,丢弃该分组。

(3) 定时器超时。发送方重传所有已经发送但还未被确认的分组,即序号处于 [base, sn-1]区间的分组,并且每发送一个分组要相应地启动该分组的定时器。最坏情况下,序号处于发送窗口中的全部 N 个分组都要重传,因此连续 ARQ 协议也被称作回退 N 步协议或者 GBN(Go-Back-N)协议。

连续 ARQ 协议接收方的 FSM 比较简单,如图 8.8(b)所示。初始时,接收方要将期望接收的序号 n 置为 0,然后等待接收数据分组。如果收到了数据分组 datapkt[sn],并且 sn 等于 n,则从分组中取出数据,交付给上层,然后更新 $n=n+1$;否则,收到的数据分组序号不对,或者有误码,则丢弃分组。只要收到了分组,无论正确与否,都将用期待接收的序号 n 封装 ACK 分组,并送回发送端。

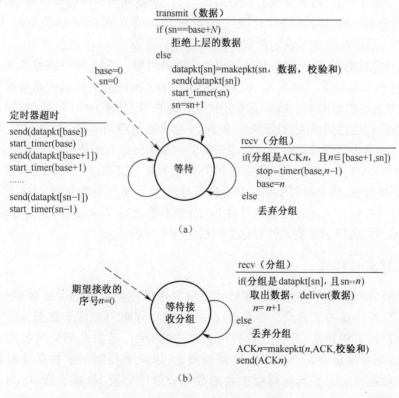

图 8.8 连续 ARQ 协议的 FSM
(a)发送方;(b)接收方。

对于连续 ARQ 协议的 FSM 有两点需要说明：一个是序号的使用问题。由于序号数量是有限的，只能循环使用，也即序号 2^k-1 的下一个序号将是 0，因此序号队列实际上是个环形队列，所有涉及序号的加减法以及逻辑比较均为模 2^k 运算。另一个是超时定时器的实现问题。发送方每发送一个数据分组都要启动定时器，最多的时候要使用 N 个定时器，然而，计算机内的硬时钟数量十分有限的，一般可以在一个硬时钟上用软件实现这 N 个超时定时器，即所谓的软时钟法。

为了更好地理解连续 ARQ 协议的 FSM，可用协议交互过程的两个典型示例来加以说明，如图 8.9 所示。为了简便起见，假定发送方一直有数据要发送，数据分组和 ACK 分组的传输时间可以忽略，不过每发送一个数据分组要间隔一段时间才能发送下一个分组，发送窗口 $W_s=4$。初始时，发送方起始序号 base=0，当前可用序号 sn=0，接收方期望接收序号 $n=0$。

图 8.9(a)是 ACK 丢失的情况。注意重点关注发送方，首先发出了分组 0，经过一段时间又发出了分组 1。然后收到 ACK1，将发送窗口滑动一格(base=1)，继续发送分组 2。由于 ACK2 丢失了，发送分组 3 前未收到 ACK2，发送窗口维持不变。收到 ACK3 时，根据累积确认约定，发送方知道接收方已经成功地收到了分组 0、分组 1 和分组 2，因此直接将发送窗口向后滑动两格(base=3)，继续发送分组 4。由此可见，累计确认可以减少 ACK 丢失对分组传输的影响。

图 8.9(b)是分组丢失的情况。发送方先后发出了分组 0~3，之后受发送窗口的约束，不能再发送分组。当收到 ACK1 时，将发送窗口滑动一格(base=1)，继续发送分组 4。由于分组 1 丢失了，当接收方陆续收到分组 2~4 时，都被视为失序分组丢弃，并重复发送 ACK1。等到分组 1 的定时器超时时，发送方将窗口中的分组 1~4 依次重传，即所谓的"回退 N 步"。最后分组交互恢复正常。

下面简单定性分析一下连续 ARQ 协议的信道利用率。连续 ARQ 的信道利用率 U 与窗口大小 W_s 的取值有关。如果 W_s 取 1 时，连续 ARQ 协议就退化为停止等待协议。只要适当增大 W_s，U 将会提高。如果不考虑分组差错的话，当 $W_s \geq \mathrm{RTT}/T_s$ 时，信道将一直处于发送状态，U 也达到最大，继续增加 W_s 也不会提高信道利用率。

实际上，不可靠信道总是会出现分组差错的。如果分组差错概率比较大的话，由于要频繁地回退 N 步，连续 ARQ 协议的信道利用率并不高。能否进一步提高效率呢？对照图 8.9(b)不难发现，整个过程中实际只丢失了分组 1，后续发送的分组 2~4 都成功到达了接收方，可惜接收方只允许接收序号为 1 的分组而将分组 2~4 丢弃，这是造成"回退 N 步"的根本原因。选择重传协议针对这个问题进行了改进。

8.1.3 选择重传协议

为了克服"回退 N 步"的低效，需要设法只重传出现差错的分组或者超时的分组，这就是选择重传协议的出发点。要实现这一点，接收方必须对每个数据分组单独进行确认而不再使用累积确认，并且允许先缓存失序的分组，等数据都依序收到时在批量交付。为此，选择重传协议引入了接收窗口概念，以此来控制一个数据分组是否可以被接收。接收窗口定义了当前可以接收的数据分组序号范围，其长度 W_r 为可以接收的分组序号数量。

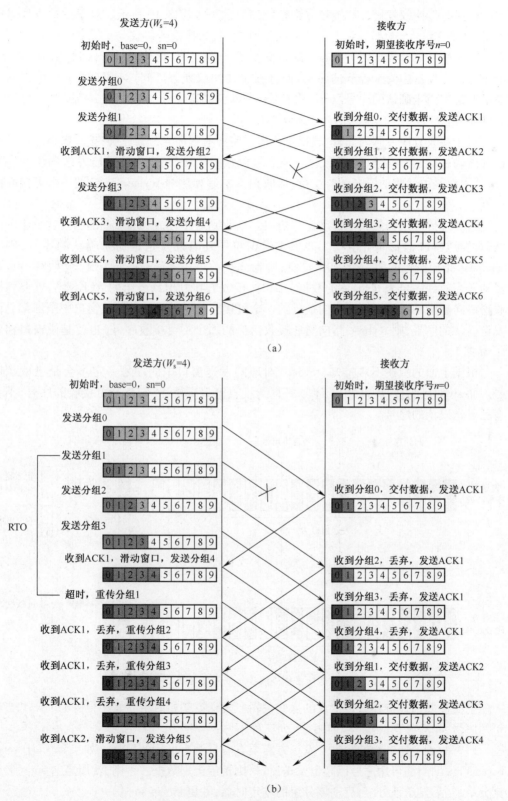

图 8.9 连续 ARQ 协议交互过程示例
(a) ACK 丢失与累积确认;(b) 分组丢失与回退 N 步。

选择重传协议发送方和接收方维护的序号队列如图 8.10 所示。对于发送方序号队列,将图 8.10 的上半部分和图 8.7 对比不难发现,选择重传协议与连续 ARQ 协议一样,都把全部序号划分成了四类。唯一的区别在于,连续 ARQ 协议中处于区间[base, sn-1]的全都是已发送但尚未确认的序号,而选择重传协议允许区间[sendbase, sn-1]中除了有已发送但尚未确认的序号以外,可能还有一些已确认序号。不过,发送窗口的起始序号 sendbase 一定是一个已发送但尚未确认的序号。

对于接收方序号队列而言,选择重传协议将所有的序号分为三类:接收窗口之前的是已发送确认的序号,接收窗口之后的是不可接收的序号,窗口内除了已发送确认的序号外,其他都是可接收的序号。要注意,接收窗口的起始序号 rcvbase 一定是一个可接收的序号。

选择重传协议仍然属于滑动窗口协议。当收到对序号为 sendbase 的已发送分组的确认时,发送窗口就要向右滑动。如果发送窗口中还有已发送但尚未确认的序号,则将 sendbase 指向最近的那一个,如果没有,则指向当前可用序号 sn。同样地,接收窗口也要滑动。当收到序号为 rcvbase 的数据分组时,接收方在发出该分组的 ACK 之后就要将接收窗口向后滑动,让 rcvbase 指向最近的一个可接收的序号。如果接收窗口中全部都是已发送确认的序号,则 rcvbase 指向紧邻接收窗口的那个不可接收序号(也就是说窗口移动了 M 格)。

根据上面的叙述不难推知,rcvbase 对应的发送窗口中的序号一定不会是已确认序号。而 sn 对应的接收窗口中的序号一直到接收窗口末尾,一定都是可接收的序号,不会有已发送确认的序号。

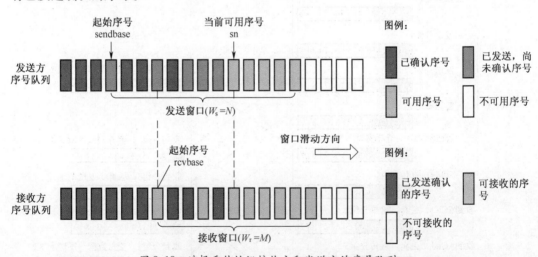

图 8.10 选择重传协议接收方和发送方的序号队列

下面简要描述选择重传协议的操作逻辑。发送方初始时将起始序号 sendbase 和当前可用序号 sn 均置零,然后等待响应下列三种事件:

(1) 收到上层交给的数据。发送方需要查看是否有可用的序号。如果 sn 等于 sendbase+N,说明当前可用序号已超出发送窗口,则拒绝上层数据。否则,就用当前 sn 封装数据分组,然后发送该分组,启动该分组的软定时器,并更新 sn=sn+1。

(2) 收到接收方发来的确认分组。如果该分组是 ACKn,并且其携带的序号 n ∈

[sendbase,sn),则标记该序号为已确认序号,停止该序号对应的定时器。如果 n 等于 sendbase,则发送窗口滑动到最接近的已发送尚未确认的序号处(如果没有,则滑动到序号 sn 处);否则,丢弃该分组。

(3) 定时器超时。发送方重传引起超时的分组,并重置该分组的定时器。

接收方初始时将起始序号 rcvbase 置零,然后等待接收数据分组。一旦收到分组,将根据情况分别处理:

(1) 是数据分组,且其序号处于[rcvbase-N, rcvbase-1]区间。接收方发送对该序号进行确认的 ACK 分组。

(2) 是数据分组,且其序号处于[rcvbase, rcvbase+M-1]区间。接收方发送对该序号进行确认的 ACK 分组。如果是首次收到该分组,还要将其保存在缓存中,并将对应的序号标记为已发送确认的序号。如果收到的分组序号等于 rcvbase,接收方还要把缓存中序号从 rcvbase 开始的连续的已收到的分组逐个取出并解出数据依次交付给上层,最后滑动接收窗口,让 rcvbase 指向最近的一个可接收的序号(如果没有可接收的序号,则指向紧邻接收窗口的那个不可接收序号)。

(3) 其他情况,丢失该分组。需要强调的是,接收方的情况(1)实质上是说接收方如果收到的数据分组,其序号属于接收窗口之前的 N 个序号中的一个,也需要对该分组进行确认。为什么接收方要对接收窗口以外的分组进行确认呢?这主要是因为接收窗口与发送窗口的滑动并不完全同步,并且接收窗口一般先于发送窗口向前滑动。从图 8.10 可以看出,接收窗口比发送窗口超前了三格,并且可以推断序号等于 sendbase 的 ACK 分组丢失或差错是造成这种局面的原因。如果发送方重传序号为 sendbase 的数据分组,而接收方不对该分组进行确认的话,协议将进入死锁状态。

下面用一个例子解释协议操作过程,如图 8.11 所示。为简便起见,假定发送方一直

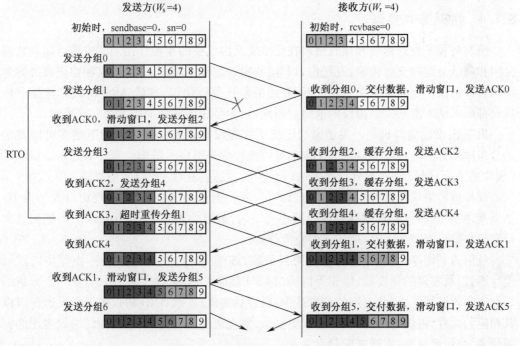

图 8.11 选择重传协议交互过程示例

有数据要发送,数据分组和 ACK 分组的传输时间可以忽略,不过每发送一个数据分组要间隔一段时间才可发送下一个分组,发送窗口和接收窗口的大小都为 4。初始时,发送方起始序号 sendbase=0,当前可用序号 sn=0,接收方起始序号 rcvbase=0。

对于发送方,先依次发出了分组 0 和分组 1,当收到 ACK0 时,将发送窗口滑动 1 格(sendbase=1),继续发送分组 2 和分组 3。由于没有收到 ACK1,后续收到的 ACK2 和 ACK3 均为失序确认,将其对应的序号标记为已确认序号。当分组 1 定时器超时事件发生时,发送方重传分组 1。收到 ACK4 时,将对应的序号标记为已确认序号,此时发送窗口已无可用序号,不能发送新的数据分组。直到收到 ACK1 时,由于序号 1~4 均为已确认序号,遂将发送窗口一次性滑动 4 格(sendbase=5)。之后可以继续发送新的数据分组。

而对于接收方来说,收到分组 0 时,交付数据并将接收窗口滑动 1 格(rcvbase=1)。由于分组 1 丢失了,后续收到的分组 2~4 均为失序分组被缓存起来,并发送相应的 ACK。直到收到重传的分组 1 时,将接收窗口一次性滑动 4 格(rcvbase=5)。

对比图 8.9(b)和图 8.11 的分组交互过程不难发现,当发生数据分组丢失时,选择重传协议只需要重传丢失的分组,避免了大量冗余的重传,比连续 ARQ 协议的信道利用率有明显改善。另外,从图 8.11 中可以看到,收到 ACK4 时,发送方因受发送窗口约束不能发送数据分组,导致信道空闲,降低了信道利用率。有什么方法可以让信道满负荷工作呢? 最直接的方法是增加 W_s,比如,如果图 8.11 中 $W_s=5$ 的话,就不会出现信道空闲了。不过,W_s 越大占用缓存资源越多,一般应根据 RTT 和 RTO 的取值合理选择。另一种方法是在发生超时之前,提前重传分组 1。实际上,发送方在收到 ACK2 时,就可以大致判断出分组 1 或者 ACK1 丢失了。当然,还可以考虑让接收方发送确认时,标明是累积确认还是个别确认,这样可以减少 ACK 丢失造成的重传。

8.1.4 滑动窗口协议

前文解释了发送窗口和接收窗口在流水线式协议中的重要作用。不难看出随着数据分组和确认分组的交替传输,发送窗口和接收窗口也在不断向前滑动,这种协议被统称为滑动窗口协议。从这个意义上讲,前面介绍的停止等待协议、连续 ARQ 协议和选择重传协议都可以纳入滑动窗口协议的范畴。因此,可为可靠传输增加第六个实现机制:

机制 6:滑动窗口机制。发送窗口定义了在还没有收到确认的情况下最多可以发送的分组序号范围。接收窗口定义了当前可以接收的分组序号范围。当序号处于窗口下沿(模 2^k 意义下序号最小)的分组被确认(接收)时,发送(接收)窗口向前滑动。

选择重传协议是最典型的滑动窗口协议,其发送窗口大小为 N,接收窗口大小为 M。如果发送窗口保持为 N,把接收窗口减小为 1 时,就退化为连续 ARQ 协议。当把发送窗口和接收窗口都减为 1 时,就成了停止等待协议。

从信道利用率角度看,选择重传协议最高,连续 ARQ 协议次之,而停止等待协议最差。不过,从实现的角度看,停止等待协议 FSM 最简单,并且收发双方只需要一个分组的缓存空间就够用了,因此占用的资源最少,最容易实现;连续 ARQ 协议要维护发送窗口以及相应的缓存,占用的资源增加,协议更复杂,实现难度也增大;而选择重传协议占用的资源最多,协议最复杂,实现难度最大。

第8章 Ad hoc 网络传输协议

前面说过,由于分组序号总数有限,必须循环使用,因此发送和接收序号队列都是环形队列。那么发送窗口的 W_s、接收窗口的 W_r 与分组序号的比特数 k 三者之间有何关系呢?

显然,接收窗口不应大于发送窗口,即

$$W_s \geqslant W_r \tag{8.2}$$

对于选择重传协议来说,接收方有义务发送 ACK 的数据分组序号总共有 W_s+W_r 个(接收窗口之前的序号有 W_s 个,接收窗口中的有 W_r 个),但是序号属于 W_s 区间的分组是重复分组必须丢弃。由于分组序号是循环使用的,如果分组序号总数小于 W_s+W_r,则至少存在一个序号既属于 W_s 区间又属于 W_r 区间。一旦接收方收到该序号的分组将无法决定应该丢弃还是应该接收,从而导致协议失败。因此有

$$W_s + W_r \leqslant 2^k \tag{8.3}$$

综上所述,当下层信道能保证分组严格依序传输时,上述两个公式可以确保滑动窗口协议循环使用序号而不会出现错误。例如,当 $k=3$ 时,对于连续 ARQ 协议来说,由于 $W_r=1$,则 W_s 最大值为 7。再比如,当 $k=4$ 时,选择重传协议接收窗口的最大值为 $W_r=2^4/2=8$。

最后再看看分组失序的影响。一般来说,点到点物理链路上每个分组传输的路径都相同,分组严格依序传输这一假设是成立的。而对于穿过一个复杂网络之后的端到端逻辑信道,则不能做这种假设。当携带序号 x 的分组发送到网络中时,有可能经历很长的延时(比如进入某种环路),成为一个无用的旧副本。当协议实体重用序号 x 时,该旧分组 x 有可能突然出现,造成数据传输错误。例如图 8.12 所示的情况,当在网络中滞留的最初发出的分组 1 最终到达接收方时,正确的处理方式应该是将其丢弃。不过,假如接收窗口经过多次滑动后再次将序号 1 纳入可接收的序号集合,此时接收方会收下该冗余分组导致错误。

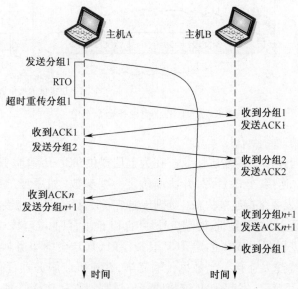

图 8.12 滞留网络中的数据分组最终到达接收方

实际应用中,分组在网络中的寿命是受限的(比如 IP 分组中有个字段会限制其能够经过的路由器数量)。为了确保重用序号 x 时不受陈旧的冗余分组干扰,可以考虑选取较大的 k 值以及较小的发送和接收窗口。这样的话,重用序号时经历了足够长的时间(超过滞留分组在网络中的最大寿命),则不会造成传输差错。

8.2 传输控制协议(TCP)

TCP 为应用层提供面向连接的可靠传输服务,是一个非常复杂的协议,在 RFC 793、RFC 1122、RFC 1323、RFC 2018 和 RFC 2581 中加以定义。本节先对 TCP 协议进行一般性介绍,然后探讨其中的可靠传输、流量控制和连接管理。TCP 的拥塞控制也是非常重要的内容,将放在 8.3 节与 ATM 的拥塞控制机制进行对比论述。

8.2.1 TCP 概述

TCP 是传输层协议,为应用层提供运输服务。应用进程在使用 TCP 服务之前,需要先创建套接字,建立 TCP 连接,然后才能进行数据传输。应用进程根据自身的需要产生数据,然后通过套接字将其传递给 TCP,放入发送缓存。TCP 会在合适的时机从发送缓存中取出数据块,加装首部封装成报文段,交给网络层发送。接收端从网络层收到 TCP 报文段后,先将其放入接收缓存中,然后让应用进程从接收缓存中读取数据。图 8.13 所示是 TCP 报文段传输的示意图,为了简便起见,图中只画出了单向的报文段传输过程,实际上 TCP 协议支持双向通信。

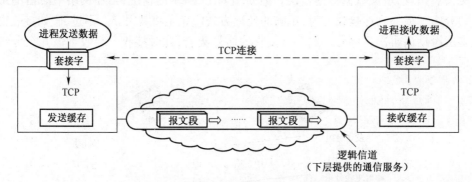

图 8.13 TCP 报文段传输示意图

TCP 最主要的功能特点有以下几个方面:

(1) TCP 是面向连接的传输层协议。在为上层提供 TCP 传输服务之前,TCP 协议的收发双方必须先建立连接,分配资源,并协商确定一些参数(如序号、窗口大小、协议状态等)。传输过程中,双发要维持连接状态。等到传输结束后,释放 TCP 连接。需要强调的是,一个 TCP 连接是由四元组<源 IP 地址,源端口号,目的 IP 地址,目的端口号>唯一标识的。

当客户机应用进程调用 API 创建 TCP 套接字时,TCP 会向服务器端发起连接请求,经过"三次握手"最终建立连接。当数据传输完毕,客户机或服务器任何一方都可以主动调用 API 关闭 TCP 套接字,发起 TCP 连接的释放过程。TCP 连接管理会在 8.2.5 节进行深入讨论。

（2）TCP 连接是一对一的端到端逻辑连接。之所以说 TCP 连接是端到端的逻辑连接，是由于 TCP 协议只在端系统中运行，网络中间节点没有 TCP 协议的实体，对 TCP 连接不可见。当然，TCP 处于传输层，需要依赖下层提供的通信服务，最典型的就是 IP 协议提供的无连接通信服务。另外，TCP 只支持两个端点连接，这两个端点实际上是应用进程创建的套接字，如图 8.13 中双向虚线箭头所示。

（3）TCP 提供全双工通信。TCP 允许通信双方的应用进程根据需要随时发送数据，也就是说 TCP 连接的两端都设有发送缓存和接收缓存，支持应用数据的双向传输。在 8.2.4 节介绍 TCP 的流量控制机制时会发现其实现方法就是将接收方的缓存容量直接通告给发送方，以此来控制发送方的数据发送速度。

（4）TCP 提供可靠交付服务。TCP 可以保证通过其传输的应用层数据不会出现误码、丢失、重复或者失序等差错情况，具体的实现技术将在 8.2.3 节进行深入探讨。

（5）TCP 提供面向字节流的数据传输。所谓"面向字节流"是指 TCP 连接可以看成一个传输管道，在发送端流入（进程交给 TCP）的数据，以及在接收端流出（TCP 交付给进程）的数据，都被视为无结构的字节序列。也就是说，TCP 并不知道（也不关心）所传送的字节流的含义，并且不保证向接收方应用进程交付的数据块与发送方应用进程发出的数据块之间存在对应关系。举例来说，发送方的应用进程按照自己产生数据的规律先后交给 TCP 共 8 个数据块（字节数不等），而在接收方，TCP 可能只用了 3 次就将这些数据全部交给了应用进程。

尽管在收发两端应用进程与 TCP 交换的数据块大小并没有严格的限制，不过承载应用数据的 TCP 报文段的大小却要受到最大报文段长度（MSS）的限制。MSS 是指每个 TCP 报文段中数据部分的最大字节数，该参数一般在 TCP 建立连接时由双方约定。

为什么要设置 MSS 这个参数呢？这是因为数据链路层协议对数据帧中净荷的长度受最大传输单元（MTU）的限制。为 TCP 设定 MSS 可以使报文段的长度不超过数据链路层 MTU 的要求，从而避免下层对其再进行分段和重组，减少处理的复杂性。显然，MSS 值的选择与网络层和数据链路层的协议都有关。比如，以太网的 MTU 值为 1500 字节，TCP 报文段要增加 IP 数据报首部后才封装成帧，而一般 IP 数据报首部和 TCP 报文段首部长度都是 20 个字节。因此，如果链路接口为以太网并且网络层为 IP 协议的话，TCP 报文段的 MSS 值不应超过 1460。当然 MSS 也可以选小一点，不过会降低信道的利用率。

8.2.2 TCP 报文段格式

TCP 报文段分为首部和数据两部分（图 8.14）。首部的长度必须是 4 字节的整数倍，其中前 20 个字节是固定的，而选项部分长度可变，必要时可以进行字节填充。因此，TCP 首部最少为 20 字节，比 UDP 首部至少要多出 12 字节。

TCP 各首部字段的具体含义如下：

（1）源端口号与目的端口号（各 2 字节）前者为本端应用进程关联的端口编号，后者为对端应用进程关联的端口编号。端口是传输层与应用层的服务接口，传输层的多路复用/分解功能是通过端口实现的。前面讲过，TCP 连接由四元组<源 IP 地址，源端口号，目的 IP 地址，目的端口号>唯一标识，接收端收到 TCP 报文段后，需要根据这个四元组信息决定向哪个应用进程交付数据。

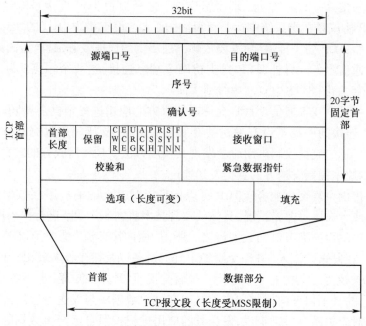

图 8.14　TCP 报文段格式

（2）序号（4 字节）本报文段携带数据块中的第一个字节在整个数据流中的序号。序号取值范围为 $[0,2^{32}-1]$，共计 2^{32}（即 4 294 967 296）个序号。TCP 是面向字节流的可靠传输协议，为此对数据流中每个字节编了序号（当然每传输 2^{32} 个字节的数据后序号会重用）。字节流的起始序号在建立连接时进行约定。需要强调的是，序号不是报文段的编号，而是报文段中第一个数据字节的编号。

（3）确认号（4 字节）。指明期望收到的下一个报文段的序号。TCP 是双向传输协议，对一个方向上数据报文段的确认可以在反方向的数据报文段中"捎带"完成的。

（4）首部长度（4bit）。以 4 字节为单位的首部长度。设置这个字段的原因是 TCP 的首部长度是可变的，不过首部的字节数一定是 4 字节的整数倍（否则要填充）。4bit 能够表示最大值是 15，也即 TCP 首部长度的最大值为 60 字节。首部长度也叫数据偏移，因为首部长度实际上指示了数据区在报文段中的起始位置。

（5）保留（4bit）。保留以后使用，目前置 0。

（6）拥塞窗口减少标志比特（CWR）。CWR＝1 表明发出该报文段的主机收到了 ECE＝1 的 TCP 报文段，并且已将拥塞窗口减小，降低数据发送率。详情参见 RFC 3168。

（7）显示拥塞通告响应比特（ECE）。在 TCP 连接建立阶段，ECE＝1 表明发出该报文段的主机 TCP 具备显示拥塞通告（ECN）功能；在数据传输阶段，当主机接收到的 TCP 报文段经历了网络拥塞（封装其的 IP 数据包首部的 ECN 被路由器置为 11），应将发往对端的报文段 ECE 置 1，以此通告网络出现拥塞。详情参见 RFC 3168。

（8）紧急比特（URG）。当 URG＝1 时表示紧急指针有效，说明此报文段中有紧急数据需要优先发送。当发送进程告诉发送方 TCP 有紧急数据要传送时，TCP 封装报文段时，会把紧急数据插入到数据部分的最前面（后面是普通数据），并用紧急指针字段指明紧急数据的字节数，当然还要将 URG 标志置 1。

(9）确认比特（ACK）。当 ACK=1 时表示确认号字段有效，为 0 时表示确认号字段无效。TCP 规定，连接建立后传送的所有报文段 ACK 都必须置 1。

（10）推送比特（PSH）。当 PSH=1 时表示数据需要推送操作。正常情况下，TCP 会等待缓冲区中积累足够的数据后才发送报文段。当用户要求以推送方式发送数据时，TCP 会将缓冲区中尚未传输的数据以及需要推送的数据尽快发送出去。在接收端，TCP 收到带有推送标志的报文段时，应将缓冲区中的数据和需要推送的数据尽快交付给应用进程。

（11）复位比特（RST）。当 RST=1 时表明必须先释放连接后再重新建立，也叫重建比特或重置比特。该比特用于重置由于主机崩溃或其他原因而出现严重差错的连接，也用于拒绝非法的报文段或者拒绝连接请求。

（12）同步比特（SYN）。用于建立连接并同步序号的标志位。当 SYN=1 且 ACK=0 时，表示这是一个连接请求，如果对方在应答报文中将 SYN 和 ACK 均置 1，则表示同意建立连接。在 3.5.5 节将详细讨论 TCP 连接建立与释放过程。

（13）终止比特（FIN）。用于释放连接的标志位。当 FIN=1 时，表示此报文段的发送方已无数据发送，要求释放连接。

（14）接收窗口（2 字节）。当前接收窗口大小（以字节为单位）。窗口值用于告诉对方本端当前可以接收的最大数据量，以此控制对端发送数据的速率。窗口的最大值为 2^{16}（=64K）字节。

（15）校验和（2 字节）。校验和的校验范围与 UDP 类似，包括整个 TCP 报文段以及 12 字节的伪首部。

（16）紧急指针（2 字节）。当 URG=1 时本字段才有效，指明本报文段中紧急数据的字节数。

（17）选项与填充（$4n$ 字节）。选项字段的长度可变。当选项字段字节数不够 4 字节的整数倍时，需要进行填充。选项字段最大长度 40 字节。选项字段中最常用的是 MSS 选项，用于收发双方建立 TCP 连接时协商 MSS，其他选项包括窗口扩大选项、时间戳选项以及选择确认选项。

8.2.3 TCP 可靠传输的实现

TCP 采用了面向字节的滑动窗口协议思想实现数据的可靠传输，8.1 节提到的差错检测、确认反馈、自动重传、超时重传、分组序号，以及滑动窗口等机制在 TCP 中都有体现。不过，TCP 面向字节流传输这一特点决定了可靠传输机制的具体实现与 8.1 节的描述有很大不同。本节着重阐述 TCP 中序号机制、滑动窗口机制和定时机制的一些实现细节。

8.2.3.1 序号与确认号

TCP 的序号机制涉及报文段首部中的序号字段、确认号字段和 ACK 比特字段。在 8.1 节讲解可靠传输原理时曾经提到数据和确认两种不同类型的分组。在 TCP 中，数据和确认报文段采用了统一的格式，并且可以在一个方向上发送数据的同时"捎带"完成反方向数据的确认。不过，实际应用中，双向同时进行数据传输的情况并不多见。另外，TCP 没有定义 NAK 报文段，只有 ACK 报文段，当然 ACK 比特必须为 1 时才是有效的

ACK 报文段。

TCP 报文段的序号字段值是该报文段中的数据部分首字节的序号,这是因为 TCP 把应用层数据看成一个无结构的、有序的字节流,并给每个数据字节都赋予一个 32bit 的序号。在建立 TCP 连接时,通信双方需要随机选择本方发送数据时使用的起始序号值并通知对方。举例来说,假如主机 A 要通过 TCP 向主机 B 传输一个 10000 字节的数据文件,并且在建立 TCP 连接时,约定的起始序号为 0,MSS 为 1000 字节。主机 A 需要将整个数据文件划分成 10 个报文段进行传输,每个报文段包含 1000 字节数据,其中,报文段 1 中数据部分每个字节的序号依次为 0~999,报文段 2 的则是 1000~1999,……,如图 8.15 所示。当主机 A 封装并发送这 10 个报文段时,报文段 1 的序号字段值填 0,报文段 2 的序号字段值填 1000,以此类推,报文段 10 的序号字段值要填 9000。

图 8.15 数据文件划分成 TCP 报文段

TCP 报文段中的确认号字段值指明了期望收到的下一个报文段的序号,并且默认采用"累积确认"机制,即确认号指明该号之前的所有数据均已正确收到。针对 TCP 接收方收到数据时如何发送 ACK 报文段,RFC 5681 中推荐了一些操作规则,参见表 8.1。表中第一条是延迟确认规则,第二条为立即确认规则,后两条与选择重传机制的实现有关。这些规则不是强制要求,可作为 TCP 协议实现时的参考。

表 8.1 TCP 接收方可采用的一些 ACK 报文段发送规则

规则	事 件	行 为
1	收到具有期望序号的按序报文段,并且所有期望序号之前的数据都已发出 ACK	延迟发送 ACK,设置定时器,在下一个按序报文段到达前最多可等待 500ms
2	收到具有期望序号的按序报文段,并且前一个报文段正处于延迟发送 ACK 状态	立即发送单个累积 ACK,以确认最近按序到达(以及之前未确认过)的数据
3	收到比期望序号大的失序报文段,检测到接收的数据出现间隔	立即发送冗余 ACK,指明当前期待的数据序号,即当前数据间隔的低端序号
4	收到能填充数据间隔低端的按序报文段	立即发送 ACK,指明当前期待的数据序号,即更新后的数据间隔的低端序号

下面用一个具体的例子来说明序号和确认号的用法。假定主机 A 收到 2000 字节应用层数据需要发给主机 B,建立 TCP 连接时约定的 MSS 为 536,起始序号为 101,如图 8.16 所示。当主机 A 发出第一个数据报文段时,其序号值是 101,携带了 536 个字节的数据。显然这 536 字节中的首字节序号为 101,尾字节序号为 636。主机 B 发回的 ACK 报文段确认号是 637,表示"字节序号小于 636 的数据均已收到,正在等待字节序号为 637 的数据"。接下来,主机 A 依次发送了序号为 637 和 1173 的两个数据报文段,B 收到序号

为 637 的报文段时,按照延迟确认规则,没有立即发送 ACK 报文段。收到序号为 1173 的报文段时,立即发送 ACK。

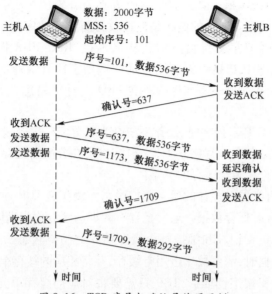

图 8.16　TCP 序号与确认号使用示例

对于上图可能会有些疑问:为什么主机 A 第一次只发出了一个数据报文段,直到收到 ACK 报文后却可以连续发两个数据报文段?为什么主机 B 收到第一个数据报文段时没有运用延迟确认规则,直到第三个报文段才延迟确认?这些问题涉及 TCP 的拥塞控制机制,将会在 8.2.4 节进行讨论。

8.2.3.2　滑动窗口与缓存

TCP 采用面向字节的滑动窗口机制来保证可靠且有效地双向传输数据,因此在 TCP 连接的任一端都有发送窗口和接收窗口,并且任一方向上的数据传输过程中,窗口操作要遵循 8.1.4 节所讨论的一般原则,比如,按序到达的数据报文段推动接收窗口向前滑动,按序到达的 ACK 报文段推动发送窗口向前滑动。不过,TCP 的滑动窗口机制也有其自身的特点。

(1) 窗口的单位是字节而不是分组(报文段)。TCP 发送窗口定义了在还没有收到确认的情况下最多可以发送的数据字节序号范围。接收窗口则定义了当前可以接收的数据字节序号范围。当然,相应的窗口滑动也是在字节序号基础上进行操作的。

(2) 窗口的大小是动态变化的,并且发送窗口的大小不能超过接收窗口。TCP 接收窗口的大小由当前接收缓存中剩余的可用空间决定,并且接收方需要通过报文段中的接收窗口字段和确认号字段,明确告诉发送方当前接收窗口的大小以及起始序号。发送方设置的发送窗口大小不能超过接收方当前通告的接收窗口值。因此,在数据传输过程中,随着接收缓存空闲容量的变化,TCP 两端的四个窗口大小时刻都在发生变化。TCP 接收窗口默认的最大值为 64KB,RFC 7323 中推荐了一种利用选项扩大接收窗口尺寸的方法,但最大不得超过 2^{31} 字节,因此接收窗口和发送窗口大小之和不会超过序号总数 2^{32},满足滑动窗口协议对窗口与序号取值范围的约束。

(3) TCP 标准未明确应该采用连续 ARQ 协议还是选择重传协议。连续 ARQ 协议和选择重传协议的区别主要在于对待未按序到达的数据以及确认的处理方式不同。连续ARQ不接收未按序到达的数据,并且采用累积确认策略。选择重传可接收未按序到达的数据,并且采用选择确认策略。TCP规定接收方必须有累积确认的功能,但没有规定如何处理未按序到达的数据。通常的做法是让接收方暂存未按序到达的数据,待后续填满其中的数据间隔时,再按序交付给应用进程。不过,RFC 2018 推荐了一种选择确认(SACK)实现机制,允许TCP接收方利用首部的选项字段有选择地确认失序的报文段。因此,TCP的差错恢复机制既不是纯粹的连续ARQ,也非严格意义上的选择重传,而应视为二者的结合。

在应用进程创建TCP套接字时,操作系统会为其分配一定容量的发送缓存和接收缓存。当客户机进程与服务器进程建立TCP连接时,会在分配的缓存基础上设置发送窗口和接收窗口。下面讨论窗口与缓存的关系。

在开始讨论前,有必要对缓存的概念稍加说明。缓存是TCP通过操作系统申请的一部分内存空间,用来暂时保存数据。通常把存有数据的缓存称为满缓存,没有数据的缓存称为空缓存。TCP要负责记录和维护每个缓存单元的满空状态。当应用进程通过TCP向发送缓存中写入数据时,需要按序占用空缓存,并将相应的缓存单元标记为满。当满缓存中的数据被应用进程按序读取后,TCP只需要将对应的缓存单元标记为空即可,并不需要真正去清除数据。另外,缓存单元的数量是有限的,必须循环使用。

窗口是定义在序号空间上的逻辑概念,而在TCP缓存中已经保存或将要保存的每个数据字节都有对应的序号,因此可以把窗口和缓存统一映射到序号空间,用一张图来说明二者的关系,参见图8.17。需要指出的是,循环使用的缓存单元更适合用首尾相接的环状图表示,不过为了画图方便,将缓存单元画成了长条形。

发送缓存和发送窗口的关系参见图8.17(a)。图中,发送缓存用来暂时存放应用程序交给发送方准备发送的数据,以及已经发送但尚未被确认的数据。发送缓存的后部(小序号端)是连续的满缓存,前部(大序号端)是连续的空缓存。发送缓存的大小控制着应用进程可以交付的数据量,当发送缓存全部被占满时,TCP将拒绝应用进程写入数据。发送窗口通常是发送缓存的一部分,其位置由窗口前沿和后沿的位置共同确定。发送窗口的后沿只能向前推移,并与发送缓存的后沿始终保持重合。这是因为当收到按序到达的ACK报文段时,发送窗口会向前滑动,同时已被确认的数据也会从发送缓存中清除,空闲缓存则被回收,使缓存的后沿和前沿都向前推进。需要注意的是发送窗口的前沿,通常情况下会维持不动或向前推进,当然也有可能在因对方通知的窗口变小而向后收缩。但是这有可能导致已发送的数据落到发送窗口之外而出现错误,因此TCP标准强烈反对这样做。

接收缓存和接收窗口的关系如图8.17(b)所示。接收缓存用来暂时存放按序到达但尚未被应用程序读取的数据,以及未按序到达的数据。接收窗口可以认为是接收缓存中的空闲部分,更准确地说,是从期望收到的字节到接收缓存的最前沿字节(中间可能会暂存有未按序到达的数据)。接收进程从接收缓存的后部(小序号端)按序读取一部分已确认的数据后,那部分缓存将被清空并回收,从而接收缓存和接收窗口的前沿会同时向前推进。

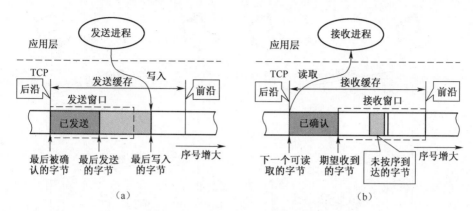

图 8.17 TCP 缓存与窗口的关系
(a)发送缓存与发送窗口;(b)接收缓存与接收窗口。

8.2.3.3 定时机制

定时机制对可靠传输协议非常重要。此处先用四个简单的例子来说明 TCP 定时机制的工作方式,如图 8.18 所示。

前两个例子分别是因为数据报文段和确认报文丢失而导致超时重传的例子,参见图 8.18(a)和图 8.18(b)。这两种情况主要差别在于主机 B 需要判断数据报文段是否重复接收,由于每个报文段都有序号,这个问题不难解决。

第三个例子说明了采用 TCP 的累积确认策略可以减少重传,如图 8.18(c)所示。主机 A 先后发出序号为 100 和 200 的报文段,主机 B 返回的确认号为 200 的报文段丢失了,但是由于重传时间 RTO 设置较长,在定时器超时事件发生之前,主机 A 收到了确认号为 300 的报文段,因此不必重传序号为 100 的报文段。

第四个例子是由于确认报文段滞后到达造成重传的例子,如图 8.18(d)所示。主机 A 先后发出了序号为 100 和 200 的报文段。也许是由于设置的 RTO 较小或者网络时延突然变大,主机 A 在收到确认报文段之前发生了超时,于是重传了序号为 100 的报文段。不过在序号为 200 的报文段超时之前,主机 A 收到了确认号为 300 的报文段,因此不必重传序号为 200 的报文段。

从上述这些例子可以看出,定时机制的关键在于如何选择重传时间 RTO。对于前两种情况,RTO 设置太长会使数据传输效率下降。对于后两种情况,如果 RTO 设置太短就无法发挥累积确认的优势并且会造成不必要的重传。直观来看,如果信道的往返时间 RTT 恒定,选择比 RTT 稍大一点的 RTO 值是比较合适的。然而,TCP 的通信双方中间连接的可能是十分复杂的网络,RTT 可能在一个较大的范围内动态变化,因此 RTO 值需要使用特定的算法进行合理地估算。

下面介绍 TCP 所采用的 RTT 均值和偏差估计算法,以及重传时间 RTO 的设置方法。

1. RTT 均值与偏差的估计算法

TCP 采用了指数加权移动平均(EWMA)算法来估计往返时间 RTT。具体方法是,TCP 对每一个报文段记录发送时刻和相应的确认时刻,并计算出该报文段的往返时间,称之为一个 RTT 样本(SRTT)。当得到第 i 个 RTT 样本值 $SRTT_i$ 时,可以用下列迭代公式计算出当前的 RTT 估计值($ERTT_i$),即

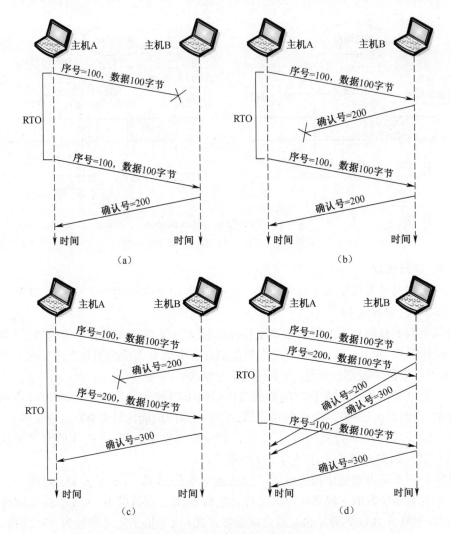

图 8.18 TCP 定时机制工作过程示例
(a)数据报文段丢失导致重传；(b)确认丢失导致重传；(c)累积确认避免重传；
(d)确认滞后导致重传。

$$\begin{aligned}\text{ERTT}_i &= (1-\alpha)\text{ERTT}_{i-1} + \alpha \times \text{SRTT}_i \\ \text{ERTT}_0 &= \text{SRTT}_0, 0 \leqslant \alpha \leqslant 1\end{aligned} \quad (8.4)$$

式中，如果 α 取值趋近于 1，则 ERTT 值受当前的 SRTT 影响更大，更新更快。如果 α 取值趋近于 0，则 ERTT 值受上一次的 ERTT 影响大，基本保持稳定。因此，α 的取值需要在快速跟踪网络延时的变化和维持平滑稳定之间寻求折中。在 RFC 6298 中推荐的 α 取值是 0.128。

图 8.19 用 ping 命令测量了到网址 www.stanford.edu 的往返时间，并用上述方法计算了 RTT 估计值。图中实线为测量样本值 SRTT，虚线为计算出的估计值 ERTT。可以看出，RTT 估计值既很好地平滑了 RTT 样本的起伏，又能够跟随 RTT 样本的变化趋势。不过，如果直接将计算出的 ERTT 作为重传时间 RTO 来设置定时器显然是不合适的，因为从图中可以直观地看出大约有 50% 的可能会发生超时。为此，还要估计出 SRTT 相对于

ERTT 偏离程度的量——RTT 偏差。

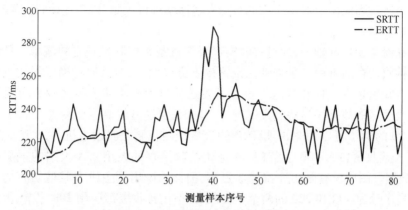

图 8.19 RTT 估计值与 RTT 样本的关系

TCP 仍然采用 EWMA 算法来估计 RTT 偏差。将第 i 个 RTT 偏差估计值记为 $DRTT_i$，RFC 6298 建议的计算式为

$$DRTT_i = (1-\beta)DRTT_{i-1} + \beta|SRTT_i - ERTT_i|$$
$$DRTT_0 = SRTT_0/2,\ 0 \leq \beta \leq 1 \tag{8.5}$$

从式(8.5)可以看出，如果 SRTT 的波动很小，DRTT 也会很小，如果波动变大，则 DRTT 会增大。DRTT 跟踪 SRTT 波动变化的快慢取决于 β 的取值，取值越大越能快速地反映当前的波动情况。RFC 6298 中推荐的 β 参考取值是 0.25。

需要指出的是，为了使 ERTT 和 DRTT 计算准确，TCP 规定发生过重传的报文段，不采用其往返时间样本。这一点可以结合图 8.18(a)和图 8.18(d)稍作解释。两图中序号为 100 的报文段都发生了重传，但主机 A 只收到了一次对该报文段的确认（确认号为 200）。对于图 8.18(a)中数据报文段丢失的情况，RTT 样本值应该等于收到确认报文段的时刻减去重传报文段的时刻。对于图 8.18(d)中确认报文段滞后到达的情况，RTT 样本值应为收到确认报文段的时刻减去第一次发送报文段的时刻。然而对于主机 A 来说，无从判断到底是发生了哪种状况。因此，不采用重传报文段的 RTT 样本是明智的选择。

2. 重传时间的设置方法

当计算出当前往返时延的均值 ERTT 和偏差 DRTT 之后，可以按照下式计算重传时间 RTO，即

$$RTO = ERTT + 4 \times DRTT \tag{8.6}$$

TCP 规定 RTO 初始时设置为 1s。当没有发生重传时，采用上式计算的 RTO。一旦发生重传，则将 RTO 加倍。直到收到报文段 RTT 的有效样本，更新 ERTT 和 DRTT 后，恢复使用上述公式计算出的 RTO。

为什么在发生重传之后要让 RTO 加倍呢？这是考虑到如果网络的端到端时延突然增大了很多，连续出现报文段重传，然而重传报文段的 RTT 样本会被忽略，从而造成超时重传时间将无法更新。

8.2.4 TCP 的流量控制

前面讲过，TCP 连接的接收方主机要设置接收缓存，按序到达的数据保存在其中等

待应用进程读取。如果应用进程读取数据的速度很慢，而发送方发送速率太快，就有可能造成缓存溢出。因此需要对发送方的数据发送速率进行控制，以防止接收方来不及处理，这就是流量控制。

TCP 在滑动窗口基础上，通过接收窗口反馈机制来控制发送方的流量。具体做法是接收方按接收缓存的可用容量来动态设置接收窗口大小，然后通过确认报文段将当前接收窗口值告知发送方。TCP 发送方设置的发送窗口大小不能大于接收方所反馈的接收窗口值。当发送的数据序号达到发送窗口上限时，发送方就要停止发送。

图 8.20 的例子可以用来说明 TCP 的流量控制机制。假设主机 A、B 建立连接时，B 已经告知 A 接收窗口为 400 字节（等于空闲接收缓存的大小），A 发送的报文段均携带 100 字节数据。图中没有画出连接建立过程，但详细画出了主机 B 接收缓存的变化。当 B 先后收到序号为 100 和 200 的两个报文段后，空闲接收缓存还剩 200 字节，因此发回的确认报文中确认序号为 300，接收窗口值为 200。当 B 收到序号为 300、400 的两个报文段后，由于应用进程一直未取走数据，导致接收缓存全部占满，因此发回的确认报文中确认序号为 500，接收窗口值为 0。习惯上把接收窗口为 0 的报文段叫零窗口通知。此后，A 将被迫停止发送。直到 B 的应用进程从接收缓存中取走 300 字节的数据后，B 发回确认报文，其确认序号仍然是 500，但接收窗口变为 300。A 收到确认报文后，重新设置发送窗口，可以继续发送数据报文。

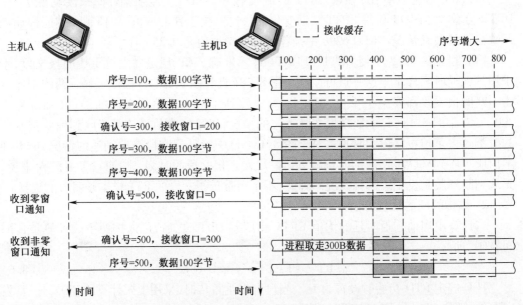

图 8.20 利用可变窗口进行流量控制的示例

上述过程中，有个小缺陷可能导致协议死锁。设想一下，如果 B 向 A 发送的确认号为 500，接收窗口为 300 的那个报文段丢失会发生什么？A 将一直等待 B 的非零窗口通知，而 B 也一直等待 A 发送数据，这种相互等待将使协议陷入死锁状态。

为了解决这个问题，TCP 为每个连接的发送方设有一个持续定时器，并确定了如下的两条规则：①即使接收方接收窗口为零，也必须能够接收单个字节的数据报文段。②只要发送方收到零窗口通知，就启动持续定时器。当持续定时器到期时，就发送一个仅携带一字节数据的零窗口探测报文段,对方在确认此报文段时通知当前的接收窗口值。如果窗口仍然是零,发送方重置持续定时器。如果窗口不是零,则恢复正常通信。有了这两条规则,就可以避免零窗口通知丢失造成的死锁。

8.2.5 TCP 的连接管理与有限状态机

TCP 是面向连接的协议。一个 TCP 传输连接的完整生命周期可以分为连接建立、数据传输和连接释放三个阶段。TCP 的连接管理主要关注连接建立和连接释放过程。

8.2.5.1 连接建立

TCP 协议采用了客户机-服务器模式,TCP 连接必须由客户机发起,并且服务器必须先于客户机运行并处于等待连接状态。当客户机应用进程想要与服务器应用进程进行通信时,客户机进程首先会通知客户机 TCP,向服务器中的 TCP 发出连接请求。

TCP 连接建立的过程常称为"三次握手"协议,如图 8.21 所示。

初始阶段:服务器和客户机 TCP 连接都处于 CLOSED(关闭)状态。服务器为了能够与客户机建立 TCP 连接,必须先让其 TCP 打开并处于 LISTEN(监听)状态,然后被动地等待客户机发出的连接请求。服务器进程的这一行为也称为"被动打开"。

第一步:客户机发出 SYN 报文段。当客户机进程通知 TCP 建立连接时,TCP 会主动向服务器中的 TCP 发出 SYN 报文段,请求建立 TCP 连接。通常把客户机进程发起的这一行为称为"主动打开"。SYN 报文段首部中的同步比特 SYN=1,序号 $seq=x$,表明客户机将要传送的第一个数据字节的序号是 x。需要注意,SYN 报文段不能携带数据,但是要消耗掉一个序号。此时,客户机的 TCP 进入 SYN-SEND(同步已发送)状态。

第二步:服务器返回 SYNACK 报文段。当服务器收到客户机的 SYN 报文段时,如果同意建立连接,则发回 SYNACK 报文段。该报文段同步比特 SYN=1,序号 $seq=y$,确认比特 ACK=1,确认号 $ack=x+1$。这些信息向客户机表明:"我同意与你建立连接,已知悉你的初始序号为 x,我选择的初始序号是 y。"同样的,SYNACK 报文段不能携带数据,但要消耗掉一个序号。这时服务器的 TCP 协议状态由 LISTEN 变为 SYN-RCVD(同步收到)。

第三步:客户机返回 ACK 报文段。该报文段是客户机对服务器 SYNACK 报文段的确认,确认比特 ACK=1,确认号 $ack=y+1$,表示"连接已建立,我正在等待序号为 $y+1$ 的数据报文段"。TCP 标准允许客户机在此 ACK 报文段中携带应用层数据,但如果不携带数据则不消耗序号。报文段序号 $seq=x+1$,也就是说如果没有携带数据的话,下一个数据报文段中第一个数据字节的序号仍然是 $x+1$。当发出 ACK 报文段之后,客户机的 TCP 可以通知上层应用进程连接已经建立,并进入 ESTABLISHED(连接已建立)状态。当服务器收到客户机的 ACK 报文段后,也会通知应用进程 TCP 连接已经建立,并进入 ESTABLISHED(连接已建立)状态。

从上面的叙述可以看出,"三次握手"(three-way handshake)实际是指经历三个报文段交互才能完成 TCP 连接建立过程(即所谓的握手)。有趣的是,上述第二步的 SYNACK 报文也可以拆成两个报文段来完成。也就是说客户机可以先发送一个 ACK 报文段,再发送一个 SYN 报文段,效果与一个 SYNACK 报文段相同。不过由于用了四个报文段才建立连接,整个过程变成了"四次握手"。

在图 8.21 所示的三次握手过程中,SYN 和 SYNACK 报文段显然是不可或缺的,因为

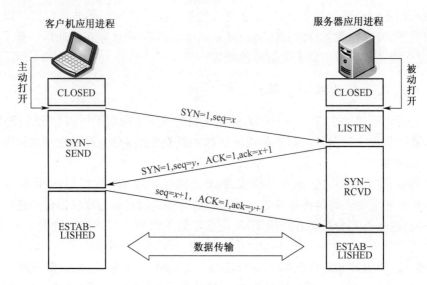

图 8.21 "三次握手"建立 TCP 连接

双方要约定数据传输的初始序号。那么第三个报文段是必要的吗？答案是肯定的,这主要是为了防止已经失效的连接请求报文段造成服务器资源的浪费。

举例来说,假如客户机发出的 SYN 报文段丢失,则经过一段时间后客户机会超时重传该 SYN 报文段,然后成功地建立连接、传输数据,最后释放连接。如果客户机发出的第一个 SYN 报文段没有丢失,而是在网络中滞留了很长时间才到达服务器,这个 SYN 报文段就是所谓的"失效的连接请求报文段"。对于这个失效的 SYN 报文段,如果到达服务器时本次连接已经释放了,那么服务器就会当成一次新的连接请求对待,并返回 SYNACK 报文段。可以想象客户机并不会理睬这个 SYNACK。此时,如果采用不要求客户机 ACK 的"二次握手"协议,则服务器会以为已经建立了连接,然后一直等待客户机的数据传输而白白浪费资源。而采用"三次握手"协议,服务器收不到客户机的 ACK,也就不会建立连接。当然,服务器处于 SYN-RCVD 状态也需要占用一定的资源,不过等待一段时间没有收到对方确认就会释放这些资源。更加巧妙的方法是 SYN cookie 技术,可以完全避免失效连接请求占用服务器资源,甚至防御恶意的 SYN 洪泛攻击。关于 SYN cookie 技术可参与相关资料,这里不再赘述。

8.2.5.2 连接释放

当数据传输结束后,客户机或服务器任何一方都可以主动关闭 TCP 连接,发起 TCP 连接的释放过程。TCP 连接释放过程比较复杂,下面结合一个具体的例子来加以说明。

图 8.22 是客户机发起释放 TCP 连接的例子,整个过程需要交换四个报文段:

第一步:客户机发出 FIN 报文段。当客户机应用进程的数据发送结束后,可以主动通知 TCP 关闭连接。此时,客户机 TCP 会向服务器发出终止连接的 FIN 报文段,其首部终止比特 FIN=1,序号 $seq=k$。然后客户机 TCP 由 ESTABLISHED 状态转入 FIN-WAIT-1 (终止等待 1)状态,等待对方的确认。TCP 规定 FIN 报文段可以携带数据也可以不携带数据,即便不携带数据也需要消耗一个序号。

第 8 章 Ad hoc 网络传输协议

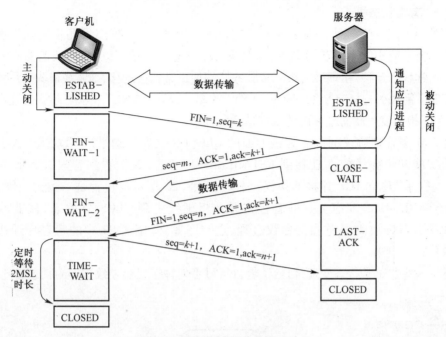

图 8.22 TCP 客户机连接释放过程

第二步:服务器返回 ACK 报文段。服务器 TCP 收到客户机的 FIN 报文段后,发出确认报文段,确认号 $ack=k+1$,然后由 ESTABLISHED 状态转入 CLOSE-WAIT(关闭等待)状态。此时,TCP 连接处于半关闭状态,即客户机到服务器这个方向上的数据传输已经关闭了,但服务器仍然可以向客户机发送数据。服务器 TCP 需要向本端的应用进程通知当前 TCP 处于半关闭状态。当客户机收到服务器的 ACK 报文段时,由 FIN-WAIT-1 状态转入 FIN-WAIT-2 状态,但仍然要继续接收服务器的数据。

第三步:服务器发出 FIN 报文段。当服务器进程的数据也传送完毕后,就可以通知 TCP 释放连接。此时,服务器 TCP 会向客户机发出终止连接的 FIN 报文段,其首部终止比特 $FIN=1$,序号 $seq=n$。然后服务器 TCP 由 CLOSE-WAIT 状态转入 LAST-ACK(最后确认)状态,等待对方的确认。

第四步:客户机返回 ACK 报文段。当客户机 TCP 收到来自服务器的 FIN 报文段后,必须对此发出确认。ACK 报文段首部的确认比特 $ACK=1$,确认序号 $ack=n+1$。当服务器 TCP 收到来自客户机的 ACK 报文段时,立即转入 CLOSED 状态,将 TCP 连接完全释放掉。然而,对于客户机 TCP 来说,发出 ACK 报文段并不意味着 TCP 连接就释放完了,而是转入 TIME-WAIT(时间等待)状态,直到等待 2 倍的最长报文段寿命(Maximum Sgement Lifetime,MSL)时间之后,才转入 CLOSED 状态。至此 TCP 连接才得以彻底释放。MSL 的典型取值可以是 30s、1min 或 2min。

为什么要有这个 TIME-WAIT 状态呢? 这主要为了确保客户机发出的最后一个 ACK 报文段能够到达服务器。如果这个 ACK 丢失,服务器会重传 FIN 报文段,当客户机再次发出 ACK 后会重启 2MSL 定时器。直到最后,客户机和服务器都能关闭连接。如果客户机不设置 TIME-WAIT 状态,则发出 ACK 的同时客户机就进入 CLOSED 状态,一旦 ACK 丢失,服务器将一直保持 LAST-ACK 状态得不到释放。

8.2.5.3 有限状态机

描述 TCP 连接管理协议的有限状态机如图 8.23 所示。图中,圆角框内的文字是相关协议标准中使用的 TCP 连接状态名,箭头表示状态的迁移,其中粗实线箭头表示客户机端的正常状态迁移,粗虚线箭头表示服务器端的正常状态迁移,细实线箭头表示非正常状态变迁。箭头旁边标有形如"XXX//YYY"的文字,其中"XXX"表示引起状态迁移的事件,"YYY"指明发生状态迁移时协议实体的行动。

TCP 连接管理协议的起点是最上面的 CLOSED 状态。如果从 CLOSED 状态分别顺着粗实线和粗虚线依次迁移到 ESTABLISHED 状态,就能看到客户机和服务器通过"三次握手"建立 TCP 连接的协议过程,与图 8.21 所示的过程是一致的。同样的,若从 ESTABLISHED 状态分别顺着粗实线和粗虚线走到 CLOSED 状态,就能看到客户机和服务器释放 TCP 连接的协议过程,这与图 8.22 图 8.21 中的状态变迁过程也是一致的。

还有一些非正常状态变迁,留给读者自行思考何种情况会导致这样的状态变迁。

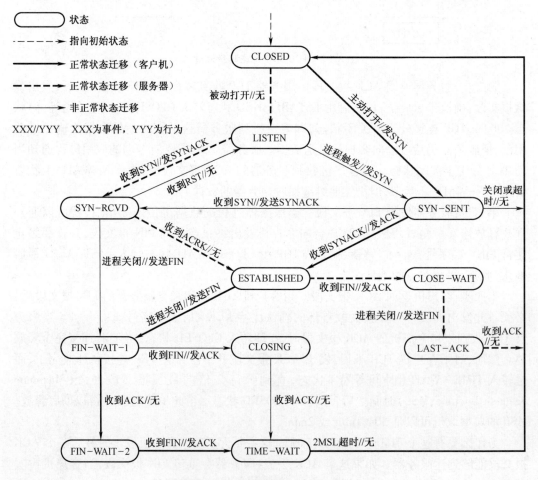

图 8.23 TCP 连接管理协议的有限状态机

8.3 拥塞控制原理与实现

在实际应用中,分组丢失往往是由于网络变得拥塞时路由器或交换机中的缓存溢出造成的。如果可靠传输协议只一味追求端到端的数据差错恢复,不考虑从根本上缓解网络的拥塞问题,结果往往事与愿违。因此拥塞控制是涉及整个网络的复杂问题。本小节先介绍拥塞控制的一般原理和方法,然后探讨 TCP 和 ATM 采用的拥塞控制机制。

8.3.1 拥塞控制原理与方法

在计算机网络中,链路带宽、节点的缓存和处理能力等都属于网络的资源。若在某段时间内进入网络的分组数量过多,对网络资源的需求超过了该资源的承受能力,就会导致网络的性能劣化。通常把这种现象称之为拥塞。出现网络拥塞的条件可以表述为

$$\sum 对资源的需求 > 可用资源 \tag{8.7}$$

网络一旦出现拥塞很容易陷入恶性循环。比如,当某些路径上出现资源不够用时,在这些路径上传输的分组就有可能丢失。而一旦出现分组丢失,源主机又会重传分组,甚至可能要重传多次。这样会引入更多的分组流入网络和被网络中的节点丢弃,从而加剧网络的拥塞。

为了避免网络拥塞的恶性循环导致严重的后果,需要引入干预手段——拥塞控制。所谓拥塞控制就是防止过多的数据注入到网络中,避免网络资源的使用出现过载。

考虑一个分组在网络中的传送情况。分组有可能一次就送达对端,也有可能要经过多次重传才能成功送达接收方。假如一个分组重传了 N 次才被成功接收,可以视为分组 N 次进入网络但是只有 1 次离开网络,并且前 $N-1$ 次进入网络所占用的资源都被白白浪费掉了。受此启发,可以定义网络负荷和吞吐量,用以讨论网络拥塞问题。

网络负荷定义为单位时间输入网络的总分组数量,吞吐量则是单位时间内成功从网络输出的总分组数量。显然,若不出现分组丢失,网络负荷就等于吞吐量,但不可能出现吞吐量大于负荷的情况。由于网络资源有限,吞吐量一定存在上限,而网络负荷则可能因重传次数增加而不断增大。

图 8.24 定性地描述了分组交换网络中拥塞情况以及拥塞控制所起的作用。对于完全没有拥塞控制的网络,当网络负荷非常轻时,几乎没有分组丢失,因此吞吐量曲线呈 45°斜线。随着网络负荷增加,丢包率会逐渐增大,吞吐量的增长速率则会随之减小。当出现网络吞吐量明显低于理想吞吐量时,表明网络已进入了轻度拥塞状态。当负荷达到一定程度时,网络的吞吐量反而随负荷增大而下降,此时网络就进入了拥塞状态。当负荷继续增大到某个数值时,网络的吞吐量将降为零,进入所谓的死锁状态,此时网络已陷入瘫痪。

对于具有理想拥塞控制的网络,吞吐量在未达到极大值时应等于网络负荷,即吞吐量曲线呈 45°斜线,直到吞吐量达到饱和,则不再增长而一直保持水平线。这可以理解为理想的拥塞控制机制能够提前预知每个进入网络的分组是否会成功到达接收端,对于能成功传输的分组则放行,否则在其刚进入网络时就丢弃,这样就避免了网络资源的浪费。

实际上,任何能够设计并实现的拥塞控制机制需要预测或者感知网络的状态,可能需

要在节点之间交换信息和命令，额外增加网络负荷，或者在网络尚未进入拥塞状态时就开始提前执行控制资源的使用方式、降低用户的发送速率等策略，因此吞吐量曲线无法达到理想拥塞控制的效果，甚至在初期还不如无拥塞控制的网络。但是，实际的拥塞控制可以避免网络陷入死锁，尽管其往往以网络资源使用效率下降为代价。

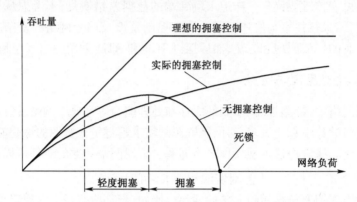

图 8.24　三种情况下分组交换网络吞吐量随负荷变化曲线

理论上说，拥塞控制就是要使不等式(8.7)不再成立的条件，可以考虑的措施无外乎增大某类资源的数量，或者减少用户对某类资源的需求。但是计算机网络是一个复杂系统，在设计拥塞控制策略时必须全面衡量得失。实践证明，拥塞控制是很难设计的，有时甚至正是拥塞控制机制本身导致了网络性能恶化乃至发生死锁。

对于传输层的拥塞控制方法，一般可根据网络层是否提供拥塞状态信息将其分为两类：端到端的拥塞控制和网络辅助的拥塞控制。前者网络层不会向传输层提供任何网络拥塞状态信息，端系统只能通过观测分组交互过程（如分组时延变化或者分组丢失）来推断网络是否发生拥塞。后者网络层会将当前网络的拥塞状态明确地反馈给传输层。显然，采用网络辅助的拥塞控制更加精准、高效，但是需要跨层综合设计。而采用端到端的拥塞控制可以保持传输层和网络层相对独立，更加符合因特网分层设计的基本思想。

TCP 处于传输层，其拥塞控制的基本思路是一旦发生拥塞，则减小发送方的分组发送速率，相当于降低了不等式(8.7)左边的资源需求。为此，TCP 在发送端设置了拥塞窗口，当判断网络出现拥塞时，通过减小拥塞窗口降低数据发送率以达到避免网络拥塞的目的。

关键是 TCP 如何知道网络发生了拥塞呢？传统的 IP 层不会向端系统提供网络拥塞的反馈信息，因此 TCP 只能采用端到端的拥塞控制方法。这种方法认为。当超时事件发生或者多次收到对同一序号的冗余确认时，可以推断是网络拥塞导致了报文段丢失。由于网络拥塞只是导致报文段丢失的原因之一，只要报文段丢失就判定为网络拥塞显然过于武断，不过在没有网络层的帮助下，准确地推断报文段丢失的原因是比较困难的，TCP 又采用了一些修正方法避免过度拥塞控制导致传输效率低下。

近年来，一些针对 IP 协议的修改建议提出了增加路由器的显式拥塞通告（Explicit Congestion Notification，ECN）功能。在此基础上，对 TCP 协议进行适当修改即可实现网络辅助的拥塞控制。

8.3.2 TCP 的端到端拥塞控制

前面讨论流量控制时已提到 TCP 的发送窗口 swnd 不能超过接收端通告的接收窗口 rwnd。为了实施拥塞控制,TCP 发送方需要维持一个叫作拥塞窗口 cwnd 的非负整数变量。该变量的单位是最大报文段长度 MSS。因此,实际上每个发送方可以设置的发送窗口大小不能超过流控窗口和拥塞窗口二者中的小者,也即要满足如下约束条件:

$$swnd \leqslant \min(rwnd, cwnd \times MSS) \tag{8.8}$$

为便于讨论,后续都假设 rwnd 足够大,这样发送窗口大小完全由 cwnd 决定。

TCP 端到端拥塞控制算法有四种:慢启动(slow start)、拥塞避免(congestion avoidance)、快重传(fast retransmit)和快恢复(fast recovery),在 RFC 5681 中加以定义。实际上这四种算法都是根据端系统观测到的相应事件推测网络状态,然后通过设置合适的 cwnd 值来实施拥塞控制的。另外,还有一个称为慢启动门限的参数(ssthresh)用来判断慢启动阶段向拥塞避免阶段转换时机。

慢启动算法的基本思想是在不知道网络状态的情况下,试探性地逐步由小到大增加数据发送速率,以便在不造成拥塞的前提下达到较高的数据吞吐率。按照这个思路,慢启动算法规定初始的拥塞窗口 cwnd 可以取 1~4,然后依次发送报文段后,每收到一个对新报文段的 ACK 时,则 cwnd 增加 1。当 cwnd 达到或超过 ssthresh 时,结束慢启动阶段,进入拥塞避免阶段。

实际上,慢启动算法拥塞窗口的增长速度并不慢。图 8.25 给出了经过 3 个往返轮次(近似为往返时间 RTT)之后 cwnd 从 1 增加到 8 的例子,显然在不发生报文段丢失时,cwnd 将随往返轮次呈指数级数增长!因此,慢启动算所称的"慢"实际上是指 cwnd 的初始值比较小,在刚启动时数据注入速度比较慢。

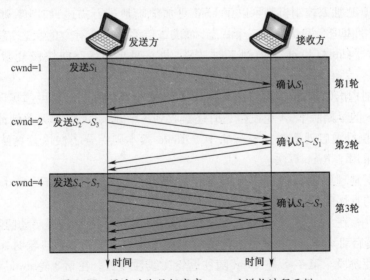

图 8.25 慢启动阶段拥塞窗口 cwnd 增长过程示例

当 cwnd ≥ ssthresh 时,慢启动阶段结束进入拥塞避免阶段。拥塞避免算法要求每经过一个往返时间 RTT,就将拥塞窗口 cwnd 增加 1,而不是像满启动那样成倍增长。

拥塞避免算法如何实现呢？已知端到端的 RTT 总在动态变化，采用定时器的方法并不合适。RFC2581 给出了一种变通方法：每收到一个新报文段的 ACK，则

$$cwnd = cwnd + 1/cwnd \tag{8.9}$$

采用上式方法可以近似地实现每经过一个 RTT 则 cwnd 增加 1。举例来说，假设当前 cwnd=10，如果忽略报文段的处理时间，当连续发送 10 个数据报文段并依次收到 10 个 ACK 时，正好经历一个 RTT，并且此时 cwnd 恰巧增加了 1。

当报文段确认超时事件发生时，TCP 协议规定立即结束拥塞避免阶段，将 ssthresh 设置为当前 cwnd 的一半，然后令 cwnd=1，进入慢启动阶段。

对于在网络畅通情况下偶然出现报文段丢失时，如果一直等到超时再执行慢启动算法则会降低 TCP 的传输效率。回顾 TCP 定时机制可知实际上重传时间 RTO 要比 RTT 大很多。因此在连续发送报文段的过程中，偶然发生报文段丢失时，发送方很可能会在发生超时前收到多个冗余 ACK，即对同一期望序号的多次确认。此时，发送方完全有理由推测数据报文段已丢失并且网络未发生拥塞（因为有多个数据报文段抵达对端），因此立即重传报文段显然要比执行拥塞控制更加合理。这就是快重传算法的基本思想。

快重传算法规定，当发送方连续收到 3 个冗余 ACK（也即收到第 4 个对同一期望序号的确认）时，将 ssthresh 设置为当前 cwnd 的一半，并令 cwnd=ssthresh+3（因为有 3 个报文段离开网络），然后不必等待超时立即重传报文段。使用快重传可以使整个网络的吞吐量提高约 20%。

一旦执行了快速重传算法，则进入快恢复阶段。在这个阶段，如果收到对重传报文段的确认，则令 cwnd=cwnd+1/cwnd，并转入拥塞避免阶段；如果收到冗余 ACK，则将 cwnd 加 1（因为有 1 个报文段离开网络）；如果出现超时，则先将 ssthresh 置为 cwnd/2，然后令 cwnd=1，转入慢启动阶段。

上述的 TCP 拥塞控制机制可以用 FSM 更加清晰地进行描述，如图 8.26 所示。FSM 只有慢启动、拥塞避免和快恢复三个状态，而快重传不是一个有效的状态，它体现在当冗余 ACK 计数器 dupACKcnt 累积到 3 时，慢启动或拥塞避状态向快恢复状态的迁移过程中。

需要特别指出的是，快恢复算法只是 RFC 5681 标准推荐的一种可选实现项。一种称为 TCP Tahoe 的早期版本，不论发生超时还是收到 3 个冗余 ACK，都无条件地将拥塞窗口减至 1，随后执行慢启动算法。较新的 TCP Reno 版本则综合了快恢复算法。目前许多 TCP 实现都采用了 Reno 算法。

为了更好地理解拥塞控制机制的工作过程，可用一个拥塞窗口 cwnd 随往返轮次 (RTT) 变化的具体例子来加以说明，如图 8.27 所示。

图 8.27 中，在 TCP 建立连接时，拥塞窗口 cwnd 被初始化为 1，慢启动门限 ssthresh 被置为 8。在慢启动阶段，cwnd 随往返轮次增加呈指数规律增长。第 4 轮时，cwnd 达到 8，转入拥塞避免阶段。第 4~8 轮 cwnd 随往返轮次线性增长。在第 8 轮 cwnd=12 时，发生报文段超时，发送方判断为网络拥塞，将 ssthresh 设置为 cwnd 的一半，即令 ssthersh=6，然后将 cwnd 置为 1，重新开始慢启动过程。当第 12 轮 cwnd 达到 6 时，TCP 再次进入拥塞避免阶段，随后 cwnd 线性增长。在第 16 轮时收到 3 个冗余 ACK，发送方判断为偶发的报文段丢失，执行快重传算法，ssthresh 被置为 5，cwnd 被置为 8，进入快恢复阶段。随后在

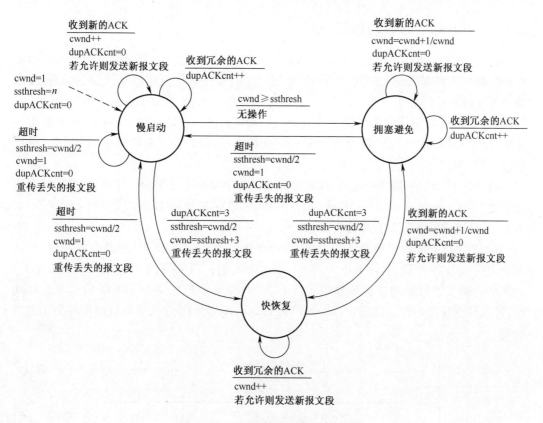

图 8.26 TCP 拥塞控制机制的 FSM

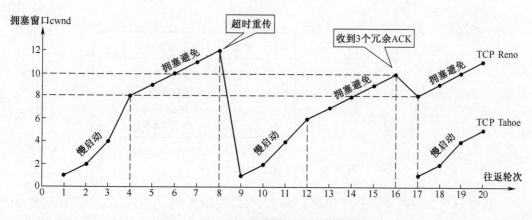

图 8.27 TCP 拥塞窗口的变化过程示例

第 17 轮收到重传报文段的 ACK,则第三次进入拥塞避免阶段。

图 8.27 中还标出了 Tahoe 版本的拥塞窗口变化曲线,以便与 Reno 版本进行对比。

从上述例子可以看出,在拥塞避免阶段,拥塞窗口线性增大,而一旦出现超时或者 3 个冗余 ACK,拥塞窗口就要减半(乘以 0.5)。对拥塞窗口的这一调整过程常常称为"加性增乘性减"算法,也即所谓的 AIMD(Additive Increase Multiplicative Decrease)算法。

173

8.3.3 TCP 的网络辅助拥塞控制

自从 1989 年 RFC 1122 成为正式标准后，TCP 一直采用上一节介绍过的端到端拥塞控制机制。这种方法最大的问题在于只能通过超时事件来推测网络是否发生拥塞，无法准确地掌握网络的真实状态。2001 年制定的标准 RFC 3168 提出了显式拥塞通告（ECN）机制，为 TCP 实现网络辅助的拥塞控制提供一种可行的方法。不过，实现 ECN 有赖于传输层与网络层的配合，因此需要对 TCP 协议进行扩展，同时还要对网络层的 IP 协议进行修改。

对 TCP 协议的扩展主要是在 TCP 报文段首部中增加定义了两个比特：拥塞窗口减少标志比特（Congestion Window Reduced，CWR）和显式拥塞通告响应比特（ECN-Echo，ECE）。具体详见 8.2.2 节的功能解释。

对 IP 协议的修改主要是借用了 IP 首部中服务类型字段（8bit）中最高的两位，将其重新定义为 ECN 字段，具体如图 8.28 所示。图中，助记符 ECT（ECN-Capable Transport）的含义是指发送数据的主机传输层支持 ECN，两种编码 ECT(0) 和 ECT(1) 含义是相同的，可以任意选用一种。助记符（Congestion Experienced，CE）含义是本数据报经历了网络拥塞。

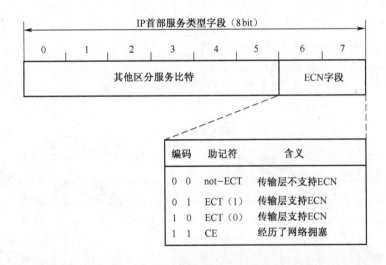

图 8.28 IP 首部中的 ECN 字段定义

利用 ECN 实现的 TCP 拥塞控制工作过程可以用图 8.29 来描述。为了简便起见，此处假定图中的主机和路由器都能够支持 ECN，并且主机 A 和 B 已经建立了支持 ECN 的 TCP 连接，处于数据传输阶段。首先，主机 A 发出一个首部 ECN 比特被置为 10 的 IP 数据报，表明本端传输层支持 ECN。当数据报经过网络中的某个发生拥塞的路由器时，该路由器并不丢弃数据报，而是将其 ECN 比特置为 11，表示当前网络处于拥塞状态。主机 B 收到 ECN=11 的数据报后，会向 TCP 报告网络发生了拥塞。接下来，主机 B 会把发往主机 A 的 TCP 报文段首部的 ECE 比特置为 1，通告对方网络发生了拥塞。当主机 A 收到 ECE=1 的报文段时，会启动拥塞控制算法，减小拥塞控制窗口，然后将发往主机 B 的报文段的 CWR 比特置 1，表明已经执行了拥塞控制算法。

第 8 章　Ad hoc 网络传输协议

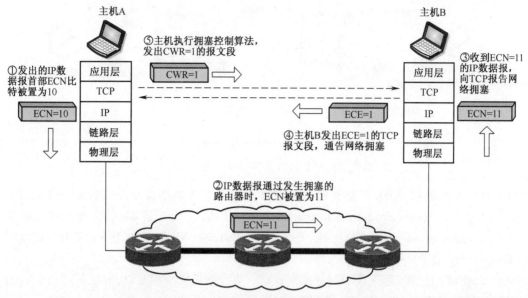

图 8.29　基于 ECN 的 TCP 拥塞控制工作过程

上述过程不难理解,不过还有一些技术细节值得深入探讨。比如,路由器如何判断网络发生了拥塞? 拥塞达到什么程度才将 ECN 置 11? 这涉及一种称为主动队列管理(Active Queue Management,AQM)的技术,详见 RFC 7567。另外,利用 ECN 也可以为类似 UDP 这样的不可靠传输业务提供低开销的拥塞控制机制,参见 RFC 4340。限于篇幅这里不再赘述。

8.3.4　ATM 的网络辅助拥塞控制

在 ATM 网络中,ABR 是唯一一种网络会向源端提供拥塞状态反馈的业务类型,当网络出现拥塞时会要求发送者降低发送速率。

ABR 是一种弹性数据传输业务。在建立 ABR 业务连接时,源终端系统需要描述该业务的特性参数,例如峰值信元速率(Peak Cell Rate,PCR)、最小信元速率(Minimum Cell Rate,MCR)、允许的信元速率(Allowed Cell Rate,ACR)等等。其中,ACR 需要网络节点一起协商,也就是说网络提供的带宽是可以变化的,但不能小于 MCR(MCR 可以为 0)。ABR 业务对时延和时延变化没有边界限制,因此不支持实时应用。

ABR 拥塞控制机制可以用图 8.30 来加以说明。在一个 ABR 连接上,从源端发出的数据信元通常需要经过一系列交换机,才能到达目的端。而在数据信元流中混合有资源管理(RM)信元。RM 信元的产生频率可以设定,默认为每 32 个数据信元插入一个 RM 信元。交换机也可以根据需要产生 RM 信元。这些 RM 信元用来在主机和交换机之间传递业务特性参数以及与拥塞相关的信息。抵达目的端的 RM 信元将被发回源主机。与数据信元方向一致的 RM 信元称为前向 RM 信元,方向相反的称为后向 RM 信元。需要提醒注意的是,数据信元工作在业务平面,交换机只能识别和修改其首部信息。而 RM 信元工作在管理平面,终端和交换机上的管理协议实体都能对其内容进行修改。

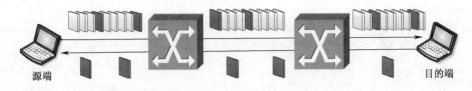

图例： ▭ 数据信元，其首部中的EFCI字段可用于拥塞指示

▭ RM信元，其净荷中的CI、NI和ER字段可用于拥塞控制

图 8.30　ATM 网络 ABR 业务拥塞控制模型

ABR 业务提供了四种机制实现拥塞控制，分别是位于数据信元首部的显式前向拥塞指示(Explicit Forword Congestion Indication, EFCI)比特，以及位于 RM 信元净荷中的拥塞指示(Congestion Indication, CI)比特、无增长(No Increase, NI)比特和 2 个字节的显式速率(Explicit Rate, ER)字段。

(1) EFCI 比特。用于指示网络拥塞状态。当交换机发生拥塞时，可以把经过的数据信元首部的 EFCI 比特置 1。以此通知目的端网络发生了拥塞。

(2) CI 比特。用于指示网络拥塞状态。当源端收到 CI=1 的后向 RM 信元时，则需要降低 ACR。当目的端发现最近收到的多数数据信元的 EFCI 比特均为 1 时，需要将收到的前向 RM 信元的 CI 比特置 1 并发回源端，向源端通告网络发生了拥塞。

(3) NI 比特。用于阻止源端增加 ACR。源端必须在前向 RM 中给 NI 比特置初值，如果 NI 为 0 表示本端可能会增加 ACR，为 1 则表明不会增加 ACR。当网络节点预判可能会出现拥塞时，可以将 NI 置为 1。源端收到后向 RM 信元时，如果 NI=1 则不得增加 ACR。

(4) ER 比特。由 2 个字节组成，用于将源端的 ACR 限定在一个指定值。源端可以利用 RM 中的 ER 字段请求一个速率(例如 PCR)的初始值。当 RM 信元通过网络节点时，节点可以根据自身情况减小这个值，以此达到控制源端发送速率的目的。

从上面的叙述可以看出 ATM ABR 的拥塞控制比 TCP 的拥塞控制要精细得多，当然算法也更加复杂，感兴趣的读者可以参考 ATM 论坛制定的《流量管理规范 V4.1》。

8.4　主动队列管理(AQM)

TCP 端到端的拥塞控制并不能完全避免拥塞的发生，这就涉及出现拥塞的网络节点如何丢弃分组的问题。最简单的方法是完全被动地等待分组队列被占满，此后再到达的所有分组将被丢弃，这就是所谓的队尾丢弃策略(tail-drop policy)。队尾丢弃策略的问题在于可能会导致 TCP 全局同步：当缓冲区被填满后，所有新到达的数据包都会被丢弃，所有 TCP 发送方会同时降低发送速率，当拥塞消除后，发送方的通信量又会同时增大，从而降低网络的利用率。

为了避免网络中出现全局同步现象，1998 年 IETF 建议路由器使用主动队列管理(Active Queue Management, AQM)机制，也即在队列长度超过一定警戒阈值时，就主动开始丢弃到达的分组，以适当降低发送方的发送速率。AQM 有多种实现方法，其中随机早期检测(Random Early Detection, RED)是曾流行多年的典型算法。

RED 算法需要路由器维持队列长度最小门限 T_{min} 和最大门限 T_{max}。当一个分组到达时,RED 先计算当前的平均队列长度 T_{avg},然后执行下列步骤:

(1) 若 $T_{avg}<T_{min}$,则把新到达的分组放入队列进行排队;

(2) 若 $T_{avg}>T_{max}$,则把新到达的分组丢弃;

(3) 若 $T_{min} \leqslant T_{avg} \leqslant T_{max}$,则按照某一概率 p 把新到达的分组丢弃。

与上面队尾丢弃算法相比,RED 算法在出现拥塞的早期征兆时(路由器中平均队列长度达到一定门限),就以概率 p 随机丢弃个别分组,对个别 TCP 连接先进行拥塞控制,从而避免发生全局性拥塞控制。

在 RED 算法的操作中,对参数设置很敏感,两个阈值 T_{min}、T_{max} 和丢弃概率 p 的细微变化经常会对网络性能造成很大影响,如何根据具体业务环境选择最合适的参数是 RED 应用的一个重要问题。另外,一组参数可能会获得较高的吞吐量,但是可能也会造成较高的丢包率和较长的时间延迟。如何配置参数,使得算法在吞吐量、时间延迟和丢包率等各方面均获得较好的性能也有待解决。

AQM 算法有很多,除了 RED 这种基于队列长度的算法以外,还有基于网络负载的算法,以及同时基于队列长度和网络符合的算法。

8.5 无线 TCP

当前的 TCP 拥塞控制算法把丢包视为网络拥塞的预兆,只要发生丢包,就降低发送率来减轻网络负荷。对于有线网络来说,这样处理有其合理性,因为绝大部分丢包的确是由于路由器中分组队列溢出引起的。但是在无线网络中,大多数丢包其实是由于传输信道特有的问题所造成的,倘若 TCP 拥塞控制算法仍然简单地降低发送方的发送速率,将会严重影响网络性能。

根据节点是否移动,可以将 Ad hoc 网络分为移动自组织网络(MANET)和固定自组织网络(SANET)。本节重点讨论 MANET 应用环境中应用 TCP 所面临的挑战以及改进方法。

8.5.1 无线 TCP 面临的挑战

在 MANET 应用环境中,下列因素会导致 TCP 的传输性能下降:

(1) 信道丢包。无线信道丢包率比有线信道大很多,主要原因是信号衰减、多普勒频偏和多径衰落等效应造成的传输差错。

(2) 隐藏终端和暴露终端。Ad hoc 网络利用载波侦听检测空闲信道,并不能完全解决无线环境下的隐藏终端和暴露终端问题。

(3) 非对称路径。无线网络的路径常常具有非对称性,具体体现在收发双向传输通路的带宽不对称、丢包率不对称以及路由不对称。

(4) 选路失败。选路失败在 MANET 网络中很常见,节点移动和竞争信道是导致选路失败的主要原因。

(5) 功率限制。由于移动节点电源供给功率有限,TCP 协议运行应尽量高效,也即传输层和链路层都应尽量减少不必要的重传。

目前,学术界针对 MANET 环境下 TCP 性能劣化问题进行了较深入的研究,提出了许多改进方法,参见表 8.4。这些改进方法根据其设计思路,大致可以归纳为两大类:区分路由失败与拥塞丢包的方法,及减少路由失败的方法。当然,从具体实现角度看,这些改进方法也可分为跨层改进方法和非跨层改进方法两大类。

表 8.2 针对 MANET 环境的 TCP 改进方案

改进方法	是否跨层	涉及层次	设计思路	说 明
TCP-F	是	TCP 层/网络层	区分路由失败与拥塞丢包	中间节点向源节点显式地发送路由失败 RFN 和路由重建 RRN 消息
ELEN	是	TCP 层/网络层	区分路由失败与拥塞丢包	在路由协议的路由失败消息中捎带显式链路失败通告(ELFN)消息,并反馈给源节点
ATCP	是	TCP 层/网络层	区分路由失败与拥塞丢包	在传输层与网络层之间增加 ATCP 层,通过监听 ICMP 报文和显式拥塞通告 ECN 报文获取网络状态
Split-TCP	是	TCP 层/网络层	减少路由失败	将长的 TCP 连接分裂成若干局部 TCP 段,通过局部确认提高端到端传输交付率
Fixed-RTO	否	TCP 层	区分路由失败与拥塞丢包	将连续出现的超时重传事件视为发生了路由故障,固定 RTO 并避免进入拥塞控制
TCP-DOOR	否	TCP 层	区分路由失败与拥塞丢包	将失序事件视为发生了路由故障,避免进入拥塞控制过程
BPR	否	网络层	减少路由失败	为 TCP 连接维持多条从源节点到目的节点的传输路径,提高端到端传输交付率

8.5.2 Ad hoc 网络 TCP 跨层改进方法

本节介绍四个较典型的 TCP 层/网络层跨层改进方法,分别是 TCP-F、ELEN、ATCP 和 Split-TCP。其中,前三种方法都是区分路由丢包和拥塞丢包的设计,需要依赖网络层的路由失败或拥塞状态反馈,而 Split-TCP 则是将减少路由失败的方法。

(1) TCP-F。TCP-F(TCP Feedback)利用网络层路由失败的反馈信息来区分路由失败和拥塞丢包。具体做法是:当中间节点的路由进程检测到路由中断,显式地发送一个路由失败通告(Route Failure Notification,RFN)给源节点。TCP 源端收到 RFN 后停止数据发送并进入冻结状态,直到收到路由重建通告(Route Re-establishment Notification,RRN),才回到正常状态,恢复数据传输。为了避免一直处于冻结状态造成死锁,在收到 RFN 包时源端触发计时器,若计时器超时就进入正常的拥塞控制算法。该方法通过路由失败消息的及时反馈,使得 TCP 源端可以有效地避免不必要的拥塞控制操作,进而改善 TCP 的性能。

(2) ELFN。显式链路失败通告(Explict Link Failure Notification,ELFN)方法和 TCP-F 相似,也是一种利用网络层的反馈机制来对网络中的路由失败和拥塞丢包进行区分的技术。其实现过程如下:在路由协议的路由失败消息中捎带 ELFN 消息(包括收发双方的地址和端口号,以及 TCP 报文段的序号),并发送到源节点。一旦收到该 ELFN 消息,源节点停止重传定时器,进入等待模式。与 TCP-F 不同的是,源节点并不一直消极等待路由重建消息,而是主动地、周期性地发出探测分组以确定是否有新的路由建立。一旦检测到路由建立,源节点马上退出等待模式,继续正常工作。

(3) ATCP。ATCP(Ad Hoc TCP)也是一种基于网络反馈区分路由失败和拥塞丢包的改进方案,不过实现 ATCP 需要在传输层与网络层之间嵌入一个中间层——ATCP 层。ATCP 通过监听 ICMP 报文和显式拥塞通告 ECN 报文来获取网络状态信息,并根据不同网络状况(网络拥塞、信道误码、网络分割等)采取合适的策略,把 TCP 代理分别置于坚持、拥塞控制、重传三种模式之一。当 ATCP 检测到 ICMP 目的节点不可达报文,则使 TCP 进入坚持模式,冻结状态停止发送,直到新的路由建立为止。如果 ATCP 收到 ECN,则通知 TCP 立即进入拥塞控制模式而不必等定时器超时。为了检测信道差错导致的丢包,ATCP 要监视 ACK 报文段。当检测到三个重复的 ACK 时,ATCP 拦截第三个重复 ACK 不转发给 TCP,并把 TCP 置于坚持模式,然后立即重传丢失的分组。直到收到新的 ACK 后,ATCP 才将 TCP 恢复到正常状态。

(4) Split-TCP。因节点移动导致的路由失败严重影响了多跳 TCP 连接的传输性能。为了解决这个问题,Split-TCP 把一个长的 TCP 连接分裂成若干个首尾相接的局部 TCP 段,通过局部确认机制提高数据交付率。两个 TCP 段之间的节点称为段代理(Proxy),路由代理根据路径距离参数决定节点是否承担段代理任务。如图 8.31 所示,从源节点 S 到目的节点 D 的 TCP 连接被分成了三个局部 TCP 段,P_1 和 P_2 是段代理节点。段代理拦截并缓存 TCP 分组,然后向源节点或前一段代理发送该 TCP 分组的本地确认分组 LACK(LOCAL ACK)。此外,段代理还负责以合适的速率向下一局部 TCP 段发送 TCP 分组。若段代理收到 LACK 分组就从缓存中清除相应的 TCP 分组。为了确保 TCP 端到端连接的可靠性,目标节点仍然需要像标准 TCP 那样,收到数据分组后向源节点发送 ACK 分组。仿真结果显示,当代理间距离为 3~5 时,Split-TCP 吞吐量比标准 TCP 提高 30%。但该技术使段代理节点变得复杂并需要相当大的缓存。另外,如果源节点与目的节点之间分组传输的往返路径不对称的话则可能导致该技术不可行。

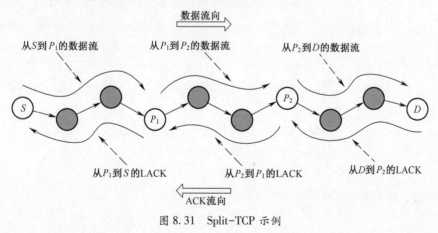

图 8.31 Split-TCP 示例

8.5.3 Ad hoc 网络 TCP 非跨层改进方法

本节介绍三个较典型的非跨层改进方法,分别是 Fixed-RTO、TCP-DOOR 和 BPR。

其中,Fixed-RTO 和 TCP-DOOR 都是在 TCP 层进行改进以区分路由丢包和拥塞丢包的方法,而 BPR 则是在网络层进行改进以减少路由失败的方法。

(1) Fixed-RTO。固定重传超时技术(Fixed-RTO)是通过在 TCP 发送方实现一种启发式算法来区分路由失败和网络拥塞。其基本思想是当发送端连续出现超时,也即第二次 RTO 超时之前仍未收到 ACK,就认为是发生了路由故障。此时,重传未确认的数据分组,当 RTO 保持原值不再加倍,直到路由重建并且收到重传分组的 ACK。Fixed-RTO 问题发现和问题解决过程都在发送端完成,实现比较简单。不过,两次连续超时很可能并非路由失败造成的,尤其是当网络出现拥塞时,实际效果值得商榷。

(2) TCP-DOOR。TCP 失序检测与响应(TCP Detection of Out-of-Order and Response,TCP-DOOR)改进策略主要是针对失序包的检测和处理。对失序包的检测可以在两端进行,通常在发送端进行。通过在 TCP 层的 ACK 分组头中增加一字节的 ADSN(ACK Duplication Sequence Number)选项字段,每发送一次重复的 ACK,ADSN 都加 1,发送端就可以利用 ADSN 判断是否发生了失序事件。一旦认定发生了失序事件,发送端将执行下列两步操作:第一步将拥塞控制算法暂停一段时间(T_1);第二步如果在之前的一段时间(T_2)内拥塞控制算法被触发,则发送方应立刻恢复到拥塞避免被触发前的状态。仿真实验证明这一策略是有效的。不过,失序事件不一定都是路由失败造成的,这一问题还需要深入分析。

(3) BPR。备份路径选路(Backup Path Routing,BPR)采用多路径路由提高 TCP 连接路径的可用性。BPR 为 TCP 连接维持多条从源节点到目的节点的路径,当任意时刻只使用其中一条。推荐的路径选择准则有两个:一是以最短路径为主,最少延迟路由为备选;二是以最少延迟路由为主,最多不相交路由为备选。实验表明,前者优于后者,并且 BPR 较之 DSR 路由算法 TCP 业务的吞吐量提高了 30%。

第 9 章 应用层无连接可靠传输协议

在战场环境下,要求战术互联网能够及时准确传输指挥控制信息和态势感知等战场信息。战术互联网是一种无线分组网,而传统商用 TCP 协议是针对固定有线网络开发的协议,在大时延、高误码率的无线信道环境下将大大降低 TCP 的传输效率。另一方面,UDP 协议又是一种不可靠的数据包传输协议,无法满足战场信息端到端可靠传输的需要。为此,美军提出了一种应用于战术互联网环境的应用层无连接可靠传输协议标准 MIL-STD-2045-47001C,为无线分组网提供了一种端到端可靠传输机制。需要说明的是,MIL-STD-2045-47001B 以前的版本都只支持基于 UDP 的数据报传输,2002 年推出的 MIL-STD-2045-47001C 不仅支持基于 UDP 的数据报传输,也可以跨越 UDP 和 IP 层,直接调用 MIL-STD-188-220C 标准的 Intranet 层提供的数据报服务。

9.1 TCP 应用于无线链路时的缺陷

在以光纤传输为主的有线网络中,通常认为信道传输具有较高的可靠性,消息的丢失都是由于网络拥塞造成的。而在无线网络中,除了网络拥塞外,还有其他多种因素可能导致分组丢失,如突发传输错误(无线链路易受干扰,多径衰落)、信道时变和节点的移动与频繁切换。同时,无线信道过大的传输延时也可能导致 TCP 分组的丢失。因此,在无线分组网中,即使在网络不拥塞的情况下也可能存在较大的分组丢失率。而目前的 TCP 拥塞控制机制认为包的丢失是由拥塞引起的,这导致 TCP 超时并启动拥塞控制算法,并采取如下措施来进行网络恢复:

(1) 降低传输窗口的大小,减小发送分组的数目。
(2) 激活 Slow-Start 算法,限制窗口的增大速率。
(3) 采用二进制指数后退策略,重新设定重传定时器。

上述网络恢复措施都无谓地压制了传输,降低了网络的传输效率。因此当 TCP 协议应用于移动环境下时,网络通信的性能将严重下降,通常认为 TCP 协议不适合用于无线分组网络。另一个方面,大量的战场信息(如指挥控制命令)又需要保证可靠的端到端传输,而 UDP 协议又无法保证可靠的端到端传输。为此,美军制定了应用层无连接可靠传输协议标准,即 MIL-STD-2045-47001C 标准,在 UDP 协议层之上增加了一个端到端可靠传输和分段重组机制。

9.2 应用层无连接可靠传输协议简介

应用层无连接可靠传输协议通过在应用层增加可靠传输和分段/重组(S/R)机制,实现无线分组网中战场信息的可靠传输。

9.2.1 S/R 协议发送端处理

发送端将所有从应用层接收的长度超过 MSS 的数据包进行分段,并给每个段加上一个分段/重组首部,给该次数据传输分配一个序列号,并将之复制到各段首部中,然后各信息段从段号为 1 的段开始依次发送,同时根据消息的长度(划分的段数)设立重定时器。当一个消息的所有段完全发送完毕后,在正常的情况下,应该在一定的时间内收到确认消息。确认消息又分为完全确认和部分确认。如果接收端正确接收到一个消息的所有段,则发送一个完全确认,表示以正确接收这个消息的所有段;否则,则发送一个部分确认,指示哪些段已被正确接收。如果发送端收到一个部分确认消息,则说明消息的部分段丢失,发送段根据确认的内容,重传丢失的段。若发送端重传定时器超时还未收到一个确认消息,则可能是确认消息丢失了(也可能是所有的消息段都丢失了,但全部丢失的概率应该很小),发送端将发送确认请求给接收端,询问段确认状态。接收端在收到确认请求后会重发确认消息(部分确认或完全确认)。若确认请求没有得到响应,则源端将重发确认请求。若 N 次发确认请求都没有得到响应,则源端将放弃本次数据传输并给上层进程或应用送一个错误指示。

9.2.2 S/R 协议接收端处理

当接收到一个数据报的第一个段后,接收端根据第一个段所携带的消息段数,可以估计出接收完所有数据段所需的时间,设立接收定时器,并根据所正确接收的消息段情况向发送端发送完全确认或部分确认。

(1) 如果在接收定时器超时之前接收完所有的段,则接收端给发送端发送一个完全确认,告诉发送端已正确接收所有数据段。

(2) 如果接收定时器超时,还没有接收完所有的段,则接收端将给发送端发送一个部分确认,告诉发送端哪些段已被正确接收,发送端将根据部分确认消息重传丢失的段。

(3) 如果在接收完所有数据段之前接收到发送端发出的确认请求,则表明发送端已发完所有数据段,数据段在传输过程中丢失,则接收端应该发送部分确认,请求发送端重传丢失的数据段。

在发送确认消息后,如果确认消息丢失,接收端还有可能会收到发送端发出的确认请求消息。此时,应该根据接收情况发送完全确认或部分确认。

9.2.3 协议消息首部格式

应用层的 PDU(协议数据单元)结构如表 9.1 所列。

表 9.1 应用层 PDU 结构

S/R 协议首部	可变长应用层首部	用户数据

应用层无连接可靠传输协议首部由 S/R(分段/重组)协议首部和可变长应用层首部组成。S/R 协议首部主要用于提供端到端的可靠传输和分段重组功能,保证应用层数据透明、可靠地传输。可变长应用层首部包括以下字段:版本号、报头长度、数据压缩类型、发信者地址、接收者地址、用户消息格式、功能区域指示器、消息编号、消息子类型、文件名

第9章 应用层无连接可靠传输协议

称、消息长度、系统状态、重发标志、消息优先权、密级、发信者日期-时间组(DTG)、DTG扩展、有效期时间、机器确认请求指示器、操作员确认请求指示器、操作员回复请求指示器、消息确认DTG、收到/处理(R/C)、无法处理原因、无法处理原因、详细回执、消息相关数据组等字段。

应用层无连接可靠传输协议标准的应用层首部也是一个长度可变的结构,大量字段都是以可选项的形式出现。此外,很多选项还可以多次重复,如最多可以出现16个接收者地址。为了实现可变长度的报头结构,应用层无连接可靠传输协议标准采用了VMF消息类似的指示器字段,如FPI(字段出现指示器)为1表示该字段出现,GPI(分组出现指示器)为1表示该组出现。同样,采用FRI(字段重复指示器)和GRI(分组重复指示器)表示该字段或组是否重复出现(多个字段或组),这四个指示器字段均占1bit。

可变长应用层首部的结构如表9.2所列。其中[·]表示可选字段或组,在相应的字段或组前面有一个比特的指示器。表9.2给出的各个字段的长度不包括各个指示器比特。

表9.2 可变长应用层首部

字段名称			说 明
	版本信息		4bit,表示协议所用的版本
	[应用层报头长度]		9bit,应用层报头长度
	[数据压缩类型]		2bit,表示消息数据部分的压缩算法。目前支持LZW、zip、LZSS
	[作战单元编号]		32bit,源端地址/作战单元编号
	[作战单元编号]		32bit,接收作战单元编号,可以有16个接收者地址,如果没有接收者地址则广播发送
一个或多个消息处理组(最多16个)	用户消息格式		4bit,指示用户传输的信息类型。目前支持S、Z、VMF、二进制文件、QDB消息等格式,可进一步扩展
	[消息标准版本]		4bit,指示相应标准的版本号
	[*消息标识]	功能域分类	4bit,用于标识VMF消息的功能域
		消息编号	7bit,标识VMF消息功能域中的消息编号。功能域分类字段与消息编号联合起来可唯一标识了一种VMF消息的格式
	消息子类型		8bit,标识了一条VMF消息内的一个特定的情况(CASE)
	[文件名称]		字符串,可变长,最多可达64个8位的GB/T1988字符。它说明了包含在应用协议数据单元中的数据部分的计算机文件或者数据块的名称。GB/T1988中的字符0(00000000)可作为文本结束标记
	[消息长度]		20bit,所传输消息的字节数。消息消息部分长度必须是8比特的整数倍,不足的补0。当存在一个以上的消息处理组时,必须使用该字段
	系统状态		2bit,用于说明消息的用途,包括:平时/作战、模拟训练和测试
	重发标志		1bit,用于指示消息是否为重传的消息
	消息优先级		3bit,指示一条消息的相对优先权,按优先权的大小依次为限时、特提、特急、加急、紧急、急、普通
	密级		3bit,用于指示消息的密级,分别为公开、内部秘密、机密和绝密和核心机密

(续)

字段名称			说明
一个或多个消息处理组（最多16个）	[发送时间]	日	5bit
		时	5bit
		分	6bit
		秒	6bit
		[时间扩展]	8bit,消息编号,用于唯一标识一条消息。当多个消息使用相同源端地址、相同的发文日期时间组时,该字段必须使用
	[失效期]	日	5bit
		时	5bit
		分	6bit
		秒	6bit
			表示消息的失效时间
	[回执要求]	[机器确认标志]	1bit,指示是否要求接收方机器确认
		[操作员确认标志]	1bit,指示是否要求接收方操作员确认
		[操作员回执标志]	1bit,指示是否要求接收方操作员给回执
	[回执数据]	日	5bit
		时	5bit
		分	6bit
		秒	6bit
		[日期时间扩展]	8bit,消息编号。在同一时刻发送多个消息时,必须用该字段区分消息
		回执及执行情况	3bit,回执的类型和执行情况
		[无法执行的理由]	3bit,指示接收方无法处理某一特定消息的原因。无法执行主要指由于客观原因无法执行消息要求的操作,如通信、弹药、燃料、人员、地形/环境、装备等问题
		[无法处理原因]	6bit,指示接收方无法处理某一特定消息的原因。无法处理是指由于消息本身出现编码错误（消息生成或传输错误）而无法解释或无法做相关的处理
		[详细回执]	最大长度可达400bit,50个字符的字符串,可变长。在必要的情况下,提供字符型数据作为收信方对一条消息回复的扩充
	[消息相关数据]	[作战单元编号]	32bit
		日	5bit
		时	5bit
		分	6bit
		秒	6bit
			这组数据用于唯一地识别与本身用户数据段相关的一个已存在的消息。例如,如果该消息是对先前已接收的请求消息的响应,那么相关消息数据组可能包含该请求消息的源端地址组和源消息的日期时间组
		[日期时间扩展]	8bit,消息编号
		消息功能域分类	4bit
		消息编号	7bit
	[消息安全]		1bit	标志信息,消息内容待扩充

9.2.4 S/R 协议首部格式及其 PDU

1. S/R 协议首部格式(表 9.3)

表 9.3 S/R 协议通用首部格式

源端口			目的端口	
类型	HLEN	P/F	序列号	

(1) 源端口号:16bit,标识了源端高层进程。
(2) 目的端口号:16bit,标识了收端的高层进程,该端口号固定为 1624。
(3) 类型:3bit,标识了首部类型,即收端确认的类型。其编码如表 9.4 所列。其中放弃请求/放弃确认用于终止当前的数据传输。

表 9.4 首部类型

Bit	000	010	100	110	001	101	011	111
二进制值	0	2	4	6	1	5	3	7
解释	端到端确认请求	不要求端到端确认	部分确认	完全确认	放弃请求	放弃确认	确认请求	未定义

(4) HELN:12bit,以 32bit 字为单位,用于标识 S/R 首部总长。
(5) P/F:要求接收端立即响应,1bit。
(6) 序列号:由发端分配的 16bit 二进制码用于标识该段所在的一次数据传输。

2. 分段后的数据段格式(表 9.5)

表 9.5 分段后的数据段格式

源端口			目的端口	
类型	HLEN	P/F	序列号	
段号			末段号	
数据部分				

(1) 段号:用于标识该段在序列号所指定的数据传输中的位置。
(2) 末段号:用于标识总段数。

3. 端到端确认请求 PDU 格式(表 9.6)

表 9.6　确认请求段格式

源端口			目的端口	
类型	HLEN	P/F	序列号	
最近发送段号			填充	

4. 部分确认 PDU 格式(表 9.7)

表 9.7　部分确认段格式

源端口			目地端口	
类型	HLEN	P/F	序列号	
起始段号			比特映射	填充

比特映射:该字段中的各比特是用于标识一次数据传输中的哪些段已被接收单元正确收到。一个比特位为 1 表示该段已被正确接收。二进制"0"表示该段尚未被正确收到。这些比特位都与起始段号相关。该字段的第一(最高位)比特对应着起始段号,将总是置为"0"(起始段号以前的段已正确接收,"起始段号"是第一个尚未正确接收的段)。该字段的末(最低位)比特应置为二进制"1"以表示末段已正确收到(最后一个正确接收的段)。该字段可以 32 比为增量进行扩充。那些为将该字段填充到 32bit 的整数倍而增加的未用比特位应置为"0"。

5. 完全确认 PDU 格式(表 9.8)

表 9.8　完全确认段格式

源端口			目的端口
类型	HLEN	P/F	序列号

9.2.5　S/R 协议 MSS(最大段长)

跨多个子网传输的 IP 数据报长最好是小于 576 个字节,这样便可保证中间的路由节点或网关进行 IP 分段。因此传输的最大段长 MSS 可定义为

$$MSS = MMTU - (SH + UDP + IP)$$

式中:MMTU 为最大消息传输单元的大小;SH(12)为分段/重组协议首部长;UDP(8)为 UDP 首部长;IP(60)为 IP 报文首部长。MSS 取值 496 个字节。

第 10 章 可变消息格式

10.1 可变消息格式提出的背景

众所周知,无论是在海、陆、空、天、电磁哪个战场,都有一套自己的命令和术语。如果把这些命令和术语进行整理和归类,并且在整个战斗过程中使用标准的命令和术语,不仅可以保证指挥态势的无二义性,还可以将命令和术语通过编码的方式实现,从而提高指挥控制命令的传输效率,提高信息传输的安全性和可靠性。这种将战场所有命令术语用统一的编码表示来取代自由度和模糊性很强的口语的行为,也被称为"代码化指挥"。可变消息格式(Variable Message Format,VMF)和固定消息格式(Fixed Message Format,FMF)都是实现"代码化指挥"的实现形式。其中,固定消息格式 FMF 在空军、海军等通信信道带宽较宽的军兵种里应用较多。受篇幅所限,FMF 不在本书探讨范围内,感兴趣的读者可参考美军数据链相关标准。可变消息格式则主要用于传输信道带宽受限、拓扑情况易变的陆战场。

VMF 这一概念最早出现在美军数据链系统建设中。美军使用 16 号数据链支持各武器平台之间的横向综合通信,导航和敌我识别。16 号链使用战术数字信息链 J 系列消息作为数据格式,它是一种用于交换面向比特信息的数据链。一开始设计战术数字信息链 J 时,预想消息标准由 FMF 和 VMF 组成,而美国陆军是 VMF 的唯一用户。但是,随着 VMF 概念的发展,交换信息量和潜在用户数比开始预想要大得多,同时,为了满足各系统之间信息共享的要求,VMF 作为一个子集脱离了 TADIL J TIDP 并发展成为一个独立的信息格式标准。图 10.1 表示的是 VMF 与 J 系列消息之间的关系图。VMF 是美军旅及旅以下作战指挥系统(FBCB2)系统完成作战指挥控制的关键,随着美军 FBCB2 系统在部队的部署,基于 VMF 的陆军信息系统已初步形成。

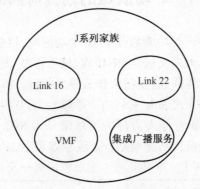

图 10.1 VMF 与 J 系列其他数据链消息的关系

VMF标准是一种应用于陆军指挥控制系统中的信息格式标准,包括信息编码和消息格式两大部分,它是为带宽受限的战场环境近实时传输指挥控制代码信息而制定的一种可变长度的分组消息格式。具有消息长度可变、计算机可自动识别与处理、消息传输近实时性、适用于网络资源受限的战场环境等特点。VMF标准目前主要应用于陆军战术指挥控制系统,主要的传输媒介为战术互联网。战术互联网无线链路的特点一是带宽窄,传输时延大;二是错误突发(无线链路易受干扰,存在多径衰落);三是信道时变,通信行为随时间地点的变化而变化。因此,一方面要求传输尽可能少的二进制代码,提高无线信道的信息传输效率,并要保证信息的近实时性与可靠性;另一方面,要求所传输的信息内容应能满足多军兵种协同作战的需要,能够与其他军兵种战术数据链实现信息的转发,实现各军兵种之间的战场信息共享。为了适应战场网络带宽受限及无线链路的特点,VMF标准采用了如下措施:

(1) VMF消息使用灵活的语法(主要为指示器字段)规定了消息文本的格式,这些语法(指示器字段)对于每个用户都是透明的。指示器字段允许用户只发送那些包含必要信息的字段,使消息的长度随有用信息的大小而改变,减小发送的数据量。

(2) 将消息所有字段编为二进制代码,一方面可以减少发送的数据量,另一方面也便于机器对消息的识别。消息中的所有数据元素都由数据元素字典中的两个索引唯一地标识,这样消息数据单元便与一组由两个索引组成的数组一一对应起来,给用户提供了一个对数据元素字典的快速索引。编码方式及数据元素字典对于用户也是透明的。

(3) 采用UDP协议传输,由应用层无连接可靠传输协议中的分段/重组协议保证消息数据的可靠传输。

由于VMF消息传递的是机器可识别的二进制代码信息,并能在实际应用中根据消息内容调整消息具体格式和消息长度,因此不仅有效利用了网络资源,同时也便于计算机的自动识别与处理,可以广泛应用于战术数字电台子网。

未来的数字化战争是以信息为主要手段、以信息技术为基础、以数字化部队为主体的作战。VMF将是未来数字化部队在数字化战场作战中的重要依托。VMF消息标准在完成实时地传输战场指挥控制代码和态势感知信息中起到了关键的作用。

10.2 VMF功能域的划分与消息编号

可变消息格式根据其不同的功能划分了16个功能域,目前暂使用其中11个功能域,即网络控制、通用信息交换、火力支援、空中作战、情报作战、地面作战、海上作战、战斗支援保障、特种作战、联合特遣作战、防空防天作战等功能域。每个功能域包含多条消息,每条可变消息的编号为K$n.m$;n代表K系列的功能域号,为0~15的整数;m代表K系列的消息号,为0~127的整数。如暂停火力打击消息编号为K02.1,表示火力支援功能域中编号为1的消息。可变消息格式功能域划分及编号如表10.1所列。

表10.1 可变消息格式功能域划分及编号

功能区域指示器(FAD)
K00-网络控制
K01-通用信息交换

(续)

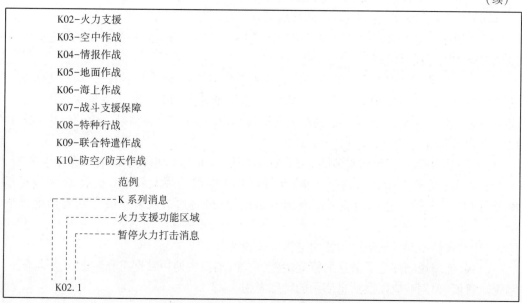

10.3 消息格式

为了满足各类信息的传输需要,同时,又尽可能减少报文的长度,VMF 报文采用可选参数的方式根据不同的传输要求构造不同长度的报文。如暂停火力命令可以表示成:

暂停火力=暂停类型,命令,[目标号,]URN,[有效时间,[发射台消息序号,]]
[URN,实体 ID 序号,时间]

式中,[·]中的内容表示是可选项,在 VMF 中利用特定的"出现指示"比特来表示相应的字段是否出现。

与固定消息格式不同,可变消息格式各个消息为非定长,根据需要发送相应的字段,提高了消息类型的灵活性、适应性和信道利用率。

10.3.1 消息描述通用格式

K 系列消息由一个 FAD(功能区域指示器)编号和消息编号唯一标识。可变消息格式使用消息标题、消息功能、索引编号、DFI/DUI(数据域标识符/数据使用标识符)、DUI 名称、比特长度、数据类型、分组码、重复码和解释等描述了可变消息的通用格式。表 10.2 描述了可变消息格式的通用格式。消息编号用功能域号和消息号表示,如暂停火力打击消息编号为 K02.1。

(1) 消息标题给出了消息的名称。

(2) 消息功能描述了消息的用途以及达到的目的。

(3) 索引编号是对消息中出现字段的编号,采用多级编号的方式表示字段所属的组和组的嵌套。

(4) DFI(数据字段标识符)/DUI(数据使用标识符)的数值用来唯一确定该字段对应的数据元素。这些数值提供了对数据元素字典的一个快速索引。

(5) DUI 名称是该字段对应的数据元素名称。

(6) 比特长度标识该字段对应的数据元素长度。

(7) 数据类型用来标识该字段是强制字段还是可选字段,用 M 表示该字段是强制字段,X 表示该字段是可选字段。

(8) 两个及两个以上连续的有一定关联关系的字段可被定义成组。分组码表示该字段属于的组,用符号 GN 来表示。G 表示组,N 表示组编号(如 G1 表示消息中的第一个 G 组等);组也可以嵌套(如 G3/G4,最左边的组表示嵌套组的最高层,最右边的组表示嵌套组的当前最低层)。

(9) 重复码表示了组的重复码,用 RN(M) 表示。R 组是相关字段的可重复性组合,N 表示消息中的第 N 个 R 组,括号内的 M 表示相关字段的最大可重复次数;R 组也可以嵌套(如 R2/R3,最左边的组表示嵌套组的最高层,最右边的组表示嵌套组的当前最低层)。

(10) 解释用来对该字段的使用进行具体说明。

(11) 处理规则规定了消息的特定功能、用途、消息内使用数据组和数据元素的条件、系统缺省值、预期响应以及消息使用的特殊考虑。

表 10.2　VMF 消息描述的通用格式

消息编号:							
消息名称:							
消息目的:							
索引编号	DFI/DUI	DUI 名称	比特长度	数据类型	分组码	重复码	解释
处理规则(消息处理方法):							

10.3.2　可变长度消息描述方法

消息描述具体给出了每个 VMF 消息格式的语法。VMF 消息是一种长度可变的消息,并非在一个消息中所有的字段都要出现。因此,VMF 消息的格式就区分了必须出现的字段和可选字段(或字段组)。在 VMF 消息描述中,某个字段或字段组是否出现(包含在消息中),由 FPI(字段出现指示器)、FRI(字段重复指示器)、GPI(组出现指示器)和 GRI(组重复指示器)四个指示器(1bit)来确定。其中,FPI 和 GPI 为 1 表示相应的字段和组在消息中出现,否则,该字段或组不出现;FRI 和 GRI 分别表示字段或组是否重复出现,主要用于标识多个同一类型的数据(如多个目标批号),FRI 和 GRI 为 1 表示后面仍是相同的字段或字段组。在每一个 VMF 消息中,指示器字段都是强制出现的(除非其所在的组整体不出现),但指示器的值却是可变的(如表 10.3 中 4014 001 GPI 的值为可为 0 或 1,在实例中取值为 1)。因此可变消息格式消息在实际传输过程中其可变性体现在以下方面:一是消息参数可变,既不同功能区域和不同类型的消息其指示器的个数和位置都是不一样的,不同的消息描述定义了不同的消息格式;二是参数的内容是可变的,指示器取不同的值便决定了其后继字段是否出现,同时也决定了各字段在消息数据中的位置;三是消息长度可变,由于上述两方面的影响,VMF 消息可以只传输携带了有用信息的字段,因此对于不同的信息,同一条 VMF 消息描述的消息格式在传输中可以有不同的长度。

表 10.3 给出了暂停火力打击消息编号 K02.1 的消息描述。K02.1 消息描述对于收发信双方都是已知的,当接收到消息数据后,一旦确定消息功能区域和消息类型后,消息中各数据字段的位置和所占比特数便可以确定,接收方便可以根据消息数据内容,通过 DFI/DUI 快速索引查数据元素字典找到相对应的数据元素,完成消息的解码。

表中消息编号为 K02.1;消息标题为火力校验;消息用途为按照目标号实施开火或停火。

表 10.3 VMF 报文字段描述举例(火力校验报文 K02.1)

索引编号	参考数据字段标识符/数据使用标识符(DFI/DUI)、DUI 名字	比特	类型	分组码	重复码	判决、解释等
1.	4057 001 暂停火力类型	3	M			
2.	4001 001 暂停火力/继续打击命令	3	M			
3.	4014 002 FPI(字段出现指示器)	1	M			
3.1	4003 001 目标号码	28	X			
4.	4014 002 FPI(字段出现指示器)	1	M			
4.1	4004 012 URN(单元参照号)	24	X			观察员 ID
5.	4014 001 GPI	1	M			G1 的 GPI,暂停火力有效时间
5.1	792 404 有效 时	5		G1		
5.2	797 403 有效 分	6		G1		
5.3	380 403 有效 秒	6		G1		
5.4	4014 002 FPI(字段出现指示器)	1	M	G1		
5.4.1	4085 027 发射者报文序列号	7		G1		
6.	4014 001 GPI	1	M			G2 的 GPI,单位 ID 参照分组
6.1	4004 012 URN	24		G2		发送方 ID
6.2	4046 004 单位 ID 序列号	32		G2		
6.3	4019 001 月 日	5		G2		
6.4	792 001 时	5		G2		
6.5	797 004 分	6		G2		
6.6	380 001 秒	6		G2		

10.4 消息处理规则

消息处理规则采用 CASE 和条件语句定义了每个消息收发准备的规则,包括消息的特定功能,消息的用途,以及在那个消息内使用数据组和数据元素的条件。为了更加清楚,系统缺省值、接收系统的预期应答以及消息使用的特定考虑可能也应指出。

CASE 和条件包括每一个消息使用的 CASE 以及消息内有关基础处理、默认、合理的行为、特殊事项等内部元素间关联条件。有些消息是设计用来完成多个目的。这种情况下,CASE 和条件语句应清楚地定义每一个消息的合理架构,完成各自特定的目的。为了实现可变消息结构的一致性,在消息的处理规则中使用分支(case)和条件(condition)语句对消息的识别和数据元素、数据组的出现条件进行严格的描述,以防止产生不合法的消息。在处理规则中规定了每条消息的具体功能、使用目的以及消息中数据组和数据元素的使用条件。另外,还对系统的缺省值、预期响应和特殊考虑等进行说明。主要包括以下内容:

(1) CASE 和条件语句:指定报文出现的条件和构造规则,主要作用包括:

① 严格地清晰地定义每个可变消息的构造规则。

② 包括每一个消息使用的 CASE 以及消息内有关基础处理、默认、合理的行为、特殊事项等内部元素间关联条件。

③ 有些消息是设计用来完成多个目的,这种情况下,CASE 和条件语句应清楚地定义每一个消息的合理架构,完成各自特定的目的。

(2) 默认:接收系统在处理消息时必要的缺省值。

(3) 预期的响应:说明预期的回答,与这个消息的 CASE 及条件语句有关。

(4) 特殊考虑:前3项无法定义的例外情况。

(5) 最小实现:说明是最小实现。

10.5　VMF 消息的构造

消息格式实际上就是定义了消息的构造过程。构造时按照消息格式表中的字段顺序将字段值(转换成二进制)由底位向高位依次填入;可选的字段如果不出现,则用一个比特(值为零)标识其不出现;如果有重复组,先将第一组的各字段值依次填入,再填充第二组的各字段,一直到最后一组数据中的各字段填充完毕;要注意的是,每组数据前有一个比特的重复组标识位,用于标识本组数据是否是重复组的最后一组数据,0 表示该组数据是,1 表示该组数据后至少还有一组数据。整个消息的比特流长应为 8 的整数倍,若不足,最后一个八位组中任何剩余的未编码比特位应使用 0 来填充。

表 10.4 中的前四栏给出了各字段的描述,字段所占比特数和字段的值。最后三栏给出了 VMF 报文数据的物理编码。在第五栏字段分段中,将每个字段的二进制值用八位组表示出来。每个字段的每一比特被放在特定的位置,而字段的最低有效位(LSB)位于八位组中尚未编码的最低有效位上。字段的下一个 LSB 位于八位组中下一个尚未编码的 LSB 上,如此重复,直到字段中的所有比特都被编码为止。在字段的所有比特编码完成之前,若一个八位组被填满,将继续对剩余比特进行下一个八位组的编码,从第一个字段和八位组开始,不断重复,直到对所有字段的编码完成。字段分段中的 x 用来表示与正在编码的字段无关的比特。八位组值是将后继字段的比特合成后用二进制表示的完整的八位组。最后一栏从 0 开始对所有八位组进行了编号。

第10章 可变消息格式

表10.4 VMF报文数据的结构举例

字段名	长度/bit	值/Dec	值/Bin	字段分段	八位组值/bin	八位组值/hex	字节编号
暂停火力类型	3	0	000	xxxxx000			
暂停火力/继续打击命令	3	1	001	xx001xxx			
FPI	1	1	1	x1xxxxxx			
目标号码(AB0031)	28	65(A)	1000001	1xxxxxxx xx100000	11001000	C8	0
		66(B)	1000010	10xxxxxx xxx10000	10100000	A0	1
		31	0000000 0011111	111xxxxx 11000000 xxxxx000	11110000 11000000	F0 C0	2 3
FPI(观察员ID)	1	0	0	xxxx0xxx			
URN(单元参照号ID)	24	NA	0				
GPI(有效时间)	1	0	0	xxx0xxxx			
FPI	1	0	0	xx0xxxxx			
GPI(单位ID参照分组)	1	0	0	x0xxxxxx			
(零填充)	1	0	0	0xxxxxxx	00000000	00	4

根据VMF报文语法,当FPI或是GPI的值为0时,其后续的字段不出现,因此在表10.4 VMF报文数据结构举例中,后面的FPI及GPI的值为0,其后续的字段没有在表中列出来。

10.6 VMF消息的传输

在战场无线链路环境下,对信息的实时性和准确性要求比较高,VMF消息承载的主要是指挥控制信息和态势感知信息,因此VMF消息传输既要保证实时性,又要保证可靠性。参照ISO OSI模型,本书采用一个分层通信模型来说明VMF消息的传输交换。VMF消息服务与其他通信层的交互如图10.2所示,VMF消息服务的用户通过VMF消息服务层来发送和接收消息内容,以实现与其他节点上对等实体间的消息内容交换。VMF消息服务通过将VMF消息内容转变成VMF消息数据并与其他对等实体进行消息数据的交换,来实现消息内容的发送和接收。VMF消息数据经由低层通过各种传输媒介实现对VMF消息数据的透明发送和接收。VMF消息业务通常使用由低层提供的应用层服务来接收和发送消息数据,消息数据就在应用层协议数据单元(PDU)的VMF消息中。

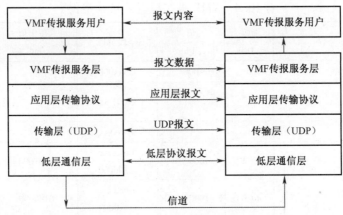

图 10.2 VMF 消息的传输交换

VMF 传报服务层的主要功能是将消息内容按照 VMF 语法及数据构造程序转换成 VMF 消息数据,并将数据交给应用层的"应用层无连接可靠传输协议"协议层封装成应用层 PDU;接收端传报服务层接收到去除应用层首部后的消息数据,将其转换成 VMF 消息内容。

VMF 消息服务层相对于用户来说,看到的是具体的消息内容,而对于应用层传输协议,则表现为已编码后的二进制代码序列。

10.7 VMF 消息数据的识别

10.7.1 消息数据元素字典

消息数据元素字典采用两级索引方式实现,主要由 DFI(数据域标识符)和 DUI(数据使用标识符)以及数据元素组成。每个数据元素由一组由 DFI 和 DUI 号码组成的数字唯一标识。DFI 是数据字典的一级分类索引,在它的下面有多个 DUI 组,DUI 包含多个用来组成数据元素的 DIs(数据项目)。数据元素给出了消息内容的二进制编码。数据元素字典的一般数据结构如图 10.3 所示。

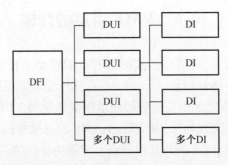

图 10.3 数据元素字典的一般数据结构

例如,攻击武器类型的 DFI 编码为 6237,DUI 编码为 001,其数据项有 8 个,用 3 个比特进行编码。其数据元素结构如图 10.4 所示。

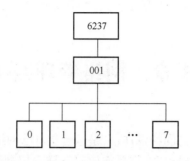

图 10.4 攻击武器类型数据元素结构

具体编码内容及意义如表 10.5 所列。

表 10.5 攻击武器类型编码

编码	意 义	说 明
0	无报告	表示不发送具体数据
1	未知	表示不了解攻击武器类型
2	空对地导弹	
3	核生化武器	
4	地对水面导弹	
5	地对空导弹	
6	空空导弹	
7	飞机	

10.7.2 消息数据的发送与识别

VMF 标准用分支(case)语句和条件(condition)语句定义的规则处理消息。具体识别要依据消息数据的构造和消息描述的格式。消息数据的发送与识别由消息处理软件来完成。在消息的应用层首部中有"消息标识"可选字段组,它包含 4bit 的功能域指示器 FAD、消息编号和消息子类型三个字段。利用"消息标识"字段组即可唯一地标识 VMF 消息的类型。当接收到一个应用层消息后,应用层协议去除消息的应用层首部后交给消息处理软件处理。由于消息描述和数据元素字典对于用户来说都是透明的,消息处理软件首先根据应用层首部中的"消息标识"可选字段组识别出是属于哪个功能区域中的哪一个消息,这样该消息的格式便确定了,消息处理软件再根据消息数据元素字典将二进制代码转换成消息内容。

例如,接收到一个 K02.1 消息,消息处理软件根据应用层首部的"消息标识"字段组的前 4bit 代码识别出来消息为火力支援功能区域(K02),再由接下来的 7bit 数据判断为 K02.1 暂停火力消息,然后根据消息描述的 K02.1 消息格式进行 K02.1 的处理。

第 11 章　网络管理与 XNP

计算机网络管理存在自己的特殊性:它是运行在自己网络上的管理工具,与应用和路由协议相类似也有一套协议栈存在,与具体应用一样占用网络带宽。在基于高速有线或无线技术构建的民用互联网上,网络管理协议占据的流量可以被用户承受,甚至忽略不计。而对于网络环境相对恶劣的战术互联网而言,与前述讨论路由协议的场景类似,完全照搬民用网络的管理模型将会使得网络效率大打折扣,甚至使得网络不可用。

战术互联网的核心组网技术是 TCP/IP。但是在战术互联网出现之前,原有的电台设备和网络设备都有自己固有的运行方式以满足当时的通信或组网的需求,所以从网络管理和规划的角度而言,不仅要考虑典型的 TCP/IP 网络,而且要考虑原有电台、原有网络设备参数的规划、配置和运行管理。例如,EPLRS 电台有自己的网络运行和维护的固有模式,向用户提供 CSMA、SVC 或 PVC 等多种服务。基于 TCP/IP 组成战术互联网时,原有网络成了典型的承载网络,IP 数据传输成了一个承载业务;从网络管理的角度而言,原有网络管理数据一方面正常传输处理,另一方面将通过代理服务转换成 TCP/IP 联网域的标准格式,统一地呈现在标准网络管理界面上。

基于以上缘由,本章介绍战术互联网管理时,将重点探讨其管理的特殊性,与民用互联网管理相同的部分不在本书讨论范围内。

11.1　网络管理概述

网络管理的分类方法有很多,如果从工作流程方面来说,网络管理在工作流程上可以分为典型的三个阶段:网络规划阶段、网络初始化和网络监控。从功能方面来说,网络管理可以分为:配置管理、性能管理、计账管理、安全与保密管理和故障管理等五个方面。从协议层次上分,可以把网络管理作为三维协议模型中的一个平面,在物理层、数据链路层、内联网层、网络层和运输层等不同的层次都有对应的网络管理信息在交互。

11.2　网络管理的功能

战术互联网是战场上的互联网,所以从网络管理的框架和功能方面而言都与常规的计算机网络有相似之处。主要功能包括以下四个方面:

(1) 配置管理。它根据网络运行要求,管理网络中各个设备的功能、相互间连接关系和工作参数。通过配置管理将达成两方面的目的,对于网络而言为预期的服务需求提供恰当的资源,对终端用户而言提供满足服务质量的服务。配置形成之后不是一成不变的,网络管理者会根据不同的服务需求进行修改,也可能因为设备或线路发生故障,进行动态的调整。

(2) 性能管理。它评估和报告网络性能,确保网络极限性能和信息的交付率。通过性能管理,可持续地评测网络运行中的主要性能指标,检验网络服务是否达到了预定的水平。通过进一步的数据分析,还可以找出潜在的瓶颈或已经发生的故障,报告网络性能的变化趋势。

(3) 计账管理。它对用户使用网络资源的情况进行记录(带宽的耗费)。战术互联网作为军事用途的网络不需要向用户收取费用,所以计账管理功能本来可以不用实现。但计账管理的运行模式对网络管理有很重要的意义,网络层面可以收集网络资源使用情况数据,用户层面可以收集用户使用网络情况的数据,分析其行为。通过计账管理,可以评估和报告作战单元或群体网络使用情况,配合配置管理,合理分配网络资源,计算数据传输的网络成本。进一步还可以设置使用配额,为网络优化配置提供依据。

(4) 安全与保密管理。它负责保护网络资源的安全,保证保密设备的正常运行。其中,安全管理负责控制用户对网络资源的使用,保护网络和网络管理系统,防止有意和无意的滥用、非授权的使用和对通信系统的破坏,主要工作包括设备技术状态的监控。而保密管理主要指保密设备的管理和密钥的管理。主要工作包括密钥的产生、分发、更换以及有效期控制等。

(5) 故障管理。它负责发现和定位故障,维持网络的正常运行。主要工作包括根据告警信息,确定服务或资源的故障,启动测试,通过系统诊断,将故障定位到可更换单元,采取更换或修理等必要的行动修复故障,进而恢复服务。此外还包括一系列预防性维护措施。

值得注意的是,美军对其通信军官提出了很高的要求,在战术互联网管理中为他们定义了明确的职责:

(1) 通过规划、配置/安装、监控和维护等手段,优化网络性能。

(2) 控制网络运行,通过有效地利用网络设施,诊断和定位网络故障,在网络用户发现问题前排除网络故障。

(3) 保证网络性能,在网络出现故障时保障不间断的用户服务。

(4) 判别可能发生的网络通信问题,提出相应的行动建议,保障部队作战行动。

(5) 防止计算机网络攻击行为。

11.3 基于 SNMP 的网络管理模型

战术互联网是基于 TCP/IP 的网络,SNMP 是目前 TCP/IP 网络管理的事实标准,如图 11.1 所示,所以在战术互联网中使用 SNMP 进行网络管理是无可争议的选择。通过 SNMP 的查询和陷阱操作可以获取网络设备上软硬件等物理资源的状态,完成网络性能、故障管理中的种种信息采集工作,达到监控的目的。通过 SNMP 设置操作,可以更改网络配置等多种参数。

11.3.1 网络管理模型的部件

基于 SNMP 的网络管理模型主要包含以下四种基本部件:管理代理、管理进程、管理协议和管理信息库。它们在管理系统和被管理系统上共同作用,以完成网络管理功能。

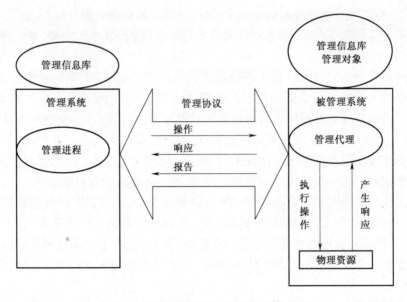

图 11.1 基于 SNMP 的网络管理模型

（1）管理代理（SNMP agent）运行在被管理系统之上，维护一个本地管理信息库，描述本系统的状态和历史，并影响本系统的运行。

（2）管理进程（manager）运行在管理系统之上，使用管理协议与被管理系统上的 SNMP 管理代理通信，维护网络的管理信息库。

（3）管理协议（SNMP）用于管理系统查询和修改被管理系统的状态，被管理系统也可以使用管理协议向管理系统产生"陷阱（trap）"报告。在两个系统上实际进行协议交互的是管理进程和管理代理。

（4）管理信息库（Management Information Base，MIB）是网络中所有可能的管理对象的集合，管理对象（MO）定义为一个或多个变量描述被管理系统的状态，这些变量称为"对象（objects）"，所有的对象组成管理信息库。管理系统上的管理进程通过使用 SNMP 协议，向被管理系统中的管理代理发出操作请求，查询这些管理对象的值。一般而言，每个对象包括四个属性：对象类型（object type）定义了对象的名字；语法（syntax）指定了数据类型；存取（access）表示了对象的存取级别，合法的值包括只读、只写、读写和不可存取；状态（status）定义了对象的实现需要，必备状态说明被管理系统必须实现该对象，可选状态说明被管理系统可能实现该对象，已经废弃状态说明被管理系统不需要实现该对象。

由于技术、商业和历史沿革等多方面的原因，在互联网组网过程中存在设备不能直接支持基于 SNMP 的标准网络管理操作，为此在网络模型中又设立了管理委托代理（Proxy agent），如图 11.2 所示，以便于在标准网络管理软件和不直接支持该标准协议的系统之间建立桥梁作用。通过代理服务器的信息转换间接地保障网络管理软件，实现对全网的管理和监控。同样，战术互联网使用的部分电台设备也是在战术互联网这一个概念出现之前就能够组网使用的，所以在网络管理中必然会应用代理服务器这个概念满足进行全局性网络管理的需求。

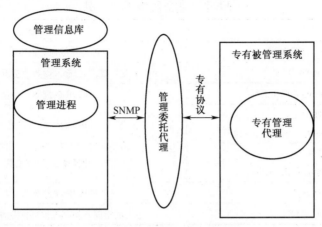

图 11.2　管理委托代理模型

11.3.2　SNMP 协议

如图 11.1 和图 11.2 所示,SNMP 协议的内容主要定义了管理系统中管理进程和被管系统中管理代理之间的通信过程和协议数据单元。典型的协议操作包括以下四种:

(1) 管理进程发往 SNMP 管理代理的数据请求:Get-request,Get-next-request,Get-bulk-request。

(2) 管理进程发往 SNMP 管理代理的数据更新请求:Set-request。

(3) 管理系统与管理系统之间的 MIB 交换:Inform-request。

(4) SNMP 管理代理发往管理进程的陷阱报告:SnmpV2-trap。

其中 get 操作用来提取特定的网络管理信息;get-next 操作通过遍历活动来提供强大的管理信息提取能力;set 操作用来对管理信息进行控制(修改、设置);而陷阱操作用来报告重要的事件。

11.3.2.1　网络规划

前期网络规划在很大程度上决定了战术互联网的网络结构,对网络服务质量起着决定性作用,也是将来网络发展的基础。战术互联网的规划与民用网络规划的区别来源于其军事应用的两个特点:一是规划周期短,民用网络可用数月的时间规划网络,战术互联网的规划属于作战部署的一部分,规划时间可能只有几天或一周;二是网络配置变化快,民用网络的配置基本不变,战术互联网的规划一定随作战任务而变。

11.3.2.2　规划过程

战术互联网的规划过程主要是基于作战命令(Operations Order,OPORD)的规划,主要有以下五步:

(1) 师作战参谋在作战命令中提供部队组成。

(2) 师通信参谋在作战命令中提供通信组织要求。

(3) 作战命令下发旅和营,旅和营依次制定本级作战命令。

(4) 通信部队依据作战命令编制配置参数。

(5) 配置参数上报机关审核,然后下发执行。

规划和管理中常用的管理工具如表 11.1 所列。

表 11.1 典型网络管理工具

工具名称	功能说明
MCS（机动控制系统）	形成作战命令（OPORD）
ISYSCON(V)1	ACUS 的规划，主要输入参数包括 IP 和自治域号等
NMT（NTDR 网络管理工具）	NTDR 的规划和管理
TIC/TID （战术互联网的配置和设计工具）	基于 FBCB2 的战术互联网规划工具
RBECS （改进的战场电子 CEOI 系统）	网络标识生成工具
NCS-E	EPLRS 规划管理工具
TOC 规划器	生成指挥所路由器和交换机的配置文件

11.3.2.3 SINCGARS SIP/ASIP 电台的规划

由于 SINCGARS SIP/ASIP 电台能够支持话音和数据两种工作模式，所以针对两种网络的规划内容有所不同。对于话音网络而言，需要设置通信联络方式（呼叫信号、标识信息）、跳频参数（包括网络标识）和密钥等参数；对于数据网络而言，需要设置跳频参数、密钥和互联网控制器配置参数（MIB 参数）。

在规划步骤方面，首先通过 RBECS（改进的战场电子 CEOI 系统）产生网络标识、跳频参数、密钥等网络参数，并通过数据传输设备（DTD）加载电台；其次 TIC/TID 根据 RBECS 刚产生的网络标识，生成与 SINCGARS SIP/ASIP 组建战术互联网相关的 MIB 参数，并将参数传送到 FBCB2 主机，经由主机加载到互联网控制器（INC），如图 11.3 所示。

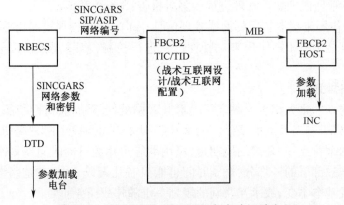

图 11.3 SINCGARS SIP/ASIP 电台的规划流程

11.3.2.4 EPLRS 电台的规划

与 SINCGARS SIP/ASIP 电台组网相比，EPLRS 电台只支持数据组网传输，所以它的规划主要是建立好自己的数据承载网络，便于上层据此进一步构建基于 TCP/IP 的骨干网络。但复杂的方面在于，EPLRS 电台在战术互联网组网体系中承上启下，覆盖面广，需要解决很多骨干网面临的问题。

从规划内容方面来说，EPLRS 的规划分为两个方面，一个是电台本身的参数包括，包括电台标识、跳频参数和密钥等；另一类是虚电路和网络结构方面的参数，包括逻辑通道的分配、IP 子网地址、自治域号和命名约定等。

规划中主要依托的工具还是原来 EPLRS 组网中的 NCS-E,规划步骤上首先使用 ISYSCON(V)1 分配 IP 子网地址、自治域号和电台标识,并向 NCS-E 输入频率参数(跳频或不跳频);其次 TIC/TID 依据 ISYSCON(V)1 所给参数进行规划,进一步向 NCS-E 输入命名约定、电台标识与电台对应关系、部队组织机构关系、主机名及所需的服务;再次 NCS-E 根据前两步得到的参数形成网络管理所需 MIB,进而加载到各个电台,如图 11.4 所示。

组网所需的密钥由 NCS-E 单独产生,经由数据传输设备直接加载到各个电台。

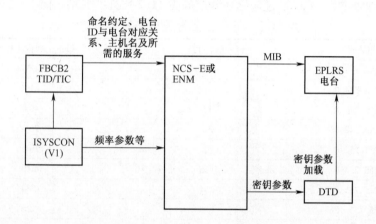

图 11.4　EPLRS 电台的规划

为了降低规划成本、提高规划效率,美军设计了新型的 ENM 作为规划工具。它除了不能管理 EPLRS 原有的导航和定位功能之外,几乎可以完全替代原有的 NCS-E。基于 ENM 可以更快地生成便于 SNMP 管理的配置信息。当然,无论是否使用 SNMP 进行管理,EPLRS 网络都还可以正常运行。

11.3.2.5　指挥所规划

指挥所(TOC)在战术互联网中是指控和态势信息交互的中心,网络设备较多,组网工作显得比较繁杂,但与下层网络的规划内容相比,指挥所规划的内容更加接近民用网络,很多工作可借助标准工具完成。主要的规划内容包括两大方面:一个是子网划分与 IP 地址分配;另一个是路由器及交换机配置。

指挥所规划步骤主要分为以下五个阶段:

(1) 机动控制系统(MCS)产生作战命令及部队任务组成。

(2) 若 ISYSCON(V)4 没有相关部队数据,则通过指控的注册表获取相关部队数据(包括符号、部队标识号、番号、主机名)。

(3) 师 ISYSCON(V)1 提供 IP 地址块、电台标识块和自治域号。

(4) ISYSCON(V)4 分配 IP 地址、指定指挥所服务器和 VMF 转发器的 IP 地址,并以 VMF 格式提供给 TIC。

(5) 最后在 ISYSCON(V)4 上运行 TOC 网络规划工具,产生具体的规划。

具体的规划内容可以体现为如下规划参数:

(1) 指挥所内固定设置的一些 IP 地址,如 GBS、战场视频会议等设施的 IP 地址。

(2) 指挥所路由器、交换机、无线局域网、EPLRS 电台、内嵌的网络加密设备等配置参数。

(3) DHCP 服务器配置参数。

(4) DNS 配置参数。

11.3.2.6 子网与 IP 地址分配

师级指挥所将使用师 ISYSCON(V)1 为下级分配 IP 地址块,而通常一个师旅内需要构成 230 个左右的子网,这就要求利用子网掩码进行子网划分。如果一个师旅的 IP 地址范围是 B 类地址的话,可以通过掩码划分成如表 11.2 所列的典型子网。

表 11.2 子网数目与掩码关系对应表

子网掩码	子网数目	每个子网内主机数目
255.255.192.0	2	16382
255.255.224.0	6	8190
255.255.240.0	14	4094
255.255.248.0	30	2046
255.255.252.0	62	1022
255.255.254.0	126	510
255.255.255.0	254	254
255.255.255.128	510	126
255.255.255.192	1022	62
255.255.255.224	2046	30
255.255.255.240	4094	14
255.255.255.248	8190	6
255.255.255.252	16382	2

如果以一个师旅级 IP 地址划分需求为例,那么军指挥所可能包含指挥、作战、情报、后勤、维修保障和综合通信等部门,其下属单位包含多达 9 个营。这样,它的 IP 地址分配就可以用 4 位子网地址区分 16 个子网,掩码长度 20。

对于下属的每个营而言,其地址范围为 12 位,营指挥所及营连网络占据 4 位,掩码长度 24 位;以此类推,每个连 IP 地址范围可以是 8 位。

这种逐级分配的方式与军队的管理体制相匹配,不仅管理方便而且具有一定的移动支持能力,但是从网络技术层面来说浪费了较多的 IP 地址资源。

11.3.2.7 路由器配置

路由器是构成战术互联网的关键网络设备,它的配置参数有四类:子网和 IP 地址;路由协议和组播协议;SNMP 网络管理配置和安全性参数等。

子网和 IP 地址参数指路由器各个子网和端口的 IP 地址。每个路由器端口需分配一个 IP 地址和相应子网掩码;每个路由器应分配一个环回地址,用于设备测试;静态路由需指定路由表的子网和"下一跳"。

路由协议是组网的核心协议,在域内一般采用 OSPF 或 RIP 协议,域间路由一般采用 BGP-4。OSPF 相对于 BGP 而言,动态性更强一些,而 BGP-4 需要为边界路由器设置静态地址。

路由协议的典型规划如图 11.5 所示。

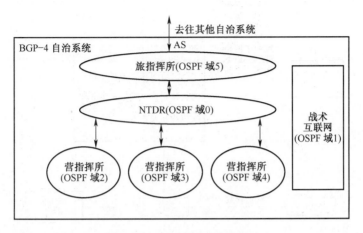

图 11.5　路由协议的典型规划

依据组播的需求,在路由器上按模板配置组播协议,如 IGMP 或 PIM,同时在 INC 或 NTDR 上配置相应的组播代理,完成无线域的组播扩展。

SNMP 网络管理配置在管理系统和被管理系统之间配置管理关系,如管理/被管系统的 IP 地址,允许进行管理的读/写共同体(community)关系等参数。

安全性参数主要通过设置接入控制表(ACL)来形成初步的安全控制。ACL 可以限制对指定网络资源的访问,也可作为流量控制的手段。比较简单的控制参数可表达为源节点和目的节点对,比较复杂的控制参数可表达为协议多元组参数。

11.3.2.8　NTDR 规划

与 SINCGARS 和 EPLRS 电台不一样,NTDR 是一种伴随战术互联网概念发展而研发的电台,它甚至内置了 OSPF 路由协议。在战术互联网中主要作为指挥所到指挥所之间的广域组网手段,地位类似于美军以前的战术分组网络(TPN)或者野战 ATM 网络。

在师旅一级构建的 NTDR 网络一般有 20~25 个节点,最多 6 跳。规划内容包括两方面,一个是网络参数主要指 IP/MAC 地址和 OSPF 协议参数描述;另一个是电台参数包括工作参数、转发关系和簇首/成员关系等。如图 11.6 所示,由于没有内置 BGP-4 的路由协议,所以在自治域间的路由工作还需依靠其他路由器完成。

规划步骤首先由 ISYSCON(V)1/4 来产生设备名、无线信道的 IP 地址块/掩码、局域网端口的地址/掩码、OSPF 区域和邻居信息;然后把这些信息输入到 NMT(NTDR 网络管理工具),并由它负责产生无线信道的 MAC 地址、电台的地位(簇首/成员)、机构从属关系、所需的静态路由、OSPF 配置参数、电台参数和转发关系;最后经由串行口把这些参数输入到专用的 DTD 设备中,同时经由 RBECS 产生的密钥参数也输入到专用的 DTD 设备中;至此所有参数完成规划。NTDR 的初始化就是经由这个专用的 DTD 设备加载网络和密钥参数。

11.3.2.9　其他配置

战术互联网在组网过程中也必须配置一些典型的民用组网服务,如通过建立域名服务 DNS 便于用户访问网络,通过 DHCP 服务快速进行网络配置和有效利用 IP 地址资源,在局域网交换机上通过配置虚拟局域网满足不同网络实体的组网需要。

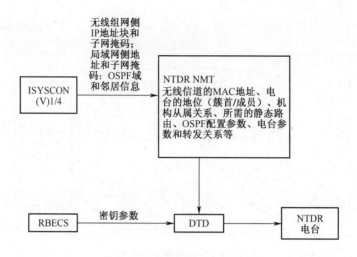

图 11.6　NTDR 的规划流程

此外,还需要一些特殊的安全与保密设备保障战术互联网的通信。

11.4　网络初始化

网络初始化的功能是将网络规划产生的配置参数(配置文件)加载到相应的电台或网络设备,通常的加载方式可参用专用传输设备(DTD)、优盘、磁盘、密钥枪或参数注入器进行手工加载,也可用利用地面传输网实现配置参数的分发。

对于 SINCGARS 网络而言,构成话音网络这一步需要通过人工使用 DTD 设备加载,而构成数据网络时,对应的 INC 所需参数还须经由相连的本地计算机完成加载。

对于 EPLRS 网络而言,参数加载需要联合使用 DTD 或 NCS-E 管理工具,当然也可以使用新开发的 ENM 工具,它能直接支持 SNMP 的数据集。

对于指挥所网络而言,一般是使用笔记本电脑,经由串行口或控制口对路由器和交换机加载相应的网络参数。作为备份的方式,也可以在指挥所的服务器上存储一些路由器的配置文件。如果路由器和交换机已经正常运行起来,可以通过网络访问它们的话,那么还可以使用 TFTP 或者 Telnet 的手段对这些网络设备加载配置文件。值得注意的是,配置文件一旦加载就会启作用,原有网络参数立刻失效,所以配置文件加载中的步骤协同很重要,否则会影响网络的正常工作。

11.5　网络运行监控

11.5.1　概述

在前述规划和初始化阶段,都不能较多地使用商用的工具包开展网络管理工作。但进入网络运行监控阶段后,只要管理的系统运行了 SNMP 的管理代理,就可以用 ISYSCON(V)4 上标准的 SNMP 工具对其进行运行监控。

整个监视范围包括旅以下指挥所及电台网络,运行监控是故障管理的基础,可用于发现网络故障,同时也是性能管理的重要手段,可以获知网络带宽利用率、流量、吞吐量、网络瓶颈和系统响应时间。网络主要的性能指标如表 11.3 所列。

表 11.3　网络性能指标

指　标	定　　　　义
面向用户应用的性能指标	
可用性	对用户而言,网络系统、网元或应用程序可供使用的时间(以百分比计算)
响应时间	用户发出请求后,在终端上获得响应的时间
精确性	信息无差错地传输或交付的时间(以百分比计算)
面向网络效率的性能指标	
吞吐量	网络中文件传输、事务交互等应用能达到的速率
利用率	网络资源(线路速率或交换能力等)的利用情况(以百分比计算)

运行和监控的实施来自标准的 SNMP 网管模型,采用周期性查询与事件报告(陷阱)相结合的方法。其中查询是指管理系统上的管理进程通过被管系统上的管理代理查询被管系统软硬件资源状态,而陷阱是指特定的事件发生时,管理代理主动向管理进程报告。

管理者可以依据可用带宽、效率和响应时间等因素设定事件报告的门限和周期性查询的时间。

11.5.2　各级运行监控

原有的 SINCGARS 话音网络没有运行监控手段,就是通或不通两种状态。一旦不通,无非采用增大功率、调整时间同步或者切换网络等故障管理手段。现在基于数据模式构建数据网络后,局域网一侧的本地计算机可通过 SNMP 获取 INC 各个端口的状态,而网管平台(ISYCON(V)4)通过 SNMP 获取全网各设备的状态。

EPLRS 电台网中,对于查询类信息而言,ENM/NCS-E 可直接采用 SNMP 查询本地设备状态,在查询远端设备状态时,可能要利用 EPLRS 的交换式虚电路承载查询信息以提供一定的可靠性;对于陷阱信息,由于不太需要较高的可靠性,所以网管代理可通过带外信道(EPLRS 协调网)报告陷阱信息;也可依据重要程度,将陷阱信息只报送给本地的主机或网管平台。对于不支持 SNMP 协议的情况,通过 Proxy(管理委托代理)进行转换。

NTDR 在无线信道上使用 SNMP 进行交互,所以 NMT 用带内信道查询或报告陷阱,获取整个网络状态,任何站点可以查询电台状态,但是陷阱仅根据配置信息送往特定的站点。

指挥所内的监控完全使用标准的 SNMP 模型,根据网络规划信息显示网络拓扑,通过 SNMP 监控(查询和陷阱报告)本地网络设备状态。对于指挥所外的远程设备而言,一般通过 Web 查询状态,进行交互。

在 FBCB2 终端上,使用 SNMP 监控直接相连的本地互联网控制器(INC),而尽可能少用 SNMP 查询无线网络中的设备,效率更高的办法是根据应用交互的信息(如态势信息)间接判定网络状态。

总之,运行监控的方法可采用标准的定期查询和陷阱报告的方式,也可经由应用程序数据交互。一般而言用 SNMP 查询或陷阱报告来获知同一个局域网内的设备状态,在无线信道上,尽可能少用 SNMP 查询或陷阱报告,在数据交互过程中,可以经由交互过程获取部分网络状态信息,仅在必要时(如网络异常)用 SNMP 查询。

11.6 故障管理

故障管理需要完成如下功能：
(1) 将故障定位到可更换/可修复部件,尽可能达到板级。
(2) 设备层面启动备份手段(如断开或绕过故障单元),尽量不中断用户的服务。
(3) 网络层面修改配置,减少故障影响面。
(4) 通过修复/更换故障单元,恢复系统状态。
故障处理的流程包括：故障检测、故障诊断和故障修复三个阶段。
首先是故障检测,运行监控过程可以通过直接特征来判断故障：一是收到陷阱信息报告故障,二是发现设备不响应网络管理查询。也可间接地由网络性能参数异常而启动故障管理。
其次是故障诊断,利用前述故障检测信息,发现故障单元(管理对象)。在故障单元上分析故障、再现故障并收取相应管理对象的故障报告。
最后是故障修复,利用各种工具修复或更换故障单元。

11.7 XNP 协议

如前所述,网络初始化和参数配置工作中很多环节都由手工静态配置,不仅效率低下,而且缺乏灵活性。
一方面,在网络初始化以及管理参数配置的过程之中,DHCP 协议在民用组网技术中简化了网络管理员的工作,显示了很大的灵活性和优越性。对于网络成员动态变化、地址空间资源有限的战术互联网而言,同样也需要类似的协议动态配置地址和网络参数。
另一方面,由于无线电台通信范围的限制,战术互联网可能不是一个全连通网络,同时网络要求所有节点必须配置全网统一的工作参数。为维护网络的正常通信、管理节点的加入与撤离网络,MIL-STD-188-220 定义 XNP 协议实现对无线电台加入和撤离网络的动态管理、动态更新网络参数并保证全网工作参数的统一配置。
虽然美军仅在战术互联网 SINCGARS 系统中使用了 MIL-STD-188-220,但其中的XNP 协议的动态配置过程与下层协议无关。因此 XNP 协议不仅可以应用于采用 MIL-STD-188-220 协议栈的 SINCGARS 系统中,也可以通过部分的修改而应用于其他的电台子网中(如 EPLRS、NTDR 等)。不过,如果确定网络中所有的节点均采用静态配置方式来设置数据链路层地址和工作参数后,网络就不必使用 XNP 协议。

11.8 MIL-STD-188-220C XNP 协议

在采用 MIL-STD-188-220C XNP 协议的网络中,所有的节点都具有网络控制节点的功能,但全网在同一时间有且仅有一个节点可作为网络控制节点,其他节点的无线网络工作参数均通过 XNP 协议网络控制节点处获得,从而使得全网的节点工作参数可以保持一致。

11.8.1 分布式和集中式 XNP 协议

在分布式 XNP 协议中,网络存在多个控制节点可以为其他节点配置地址和网络参数,控制节点间的地址分配表需要保持同步。图 11.7 为分布式 XNP 协议的简单工作过程,为了简化过程,图中没有考虑加入拒绝和参数更新过程。

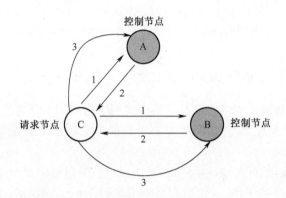

图 11.7　分布式 XNP 协议简单工作过程
1—Join Request 消息;2—Join Accept 消息;3—Hello 消息。

请求节点通过 Join Request 消息发送加入网络请求,控制节点通过 Join Accept 消息给请求节点发送地址映射表,让请求节点自己从映射表中选择一个地址。请求节点从地址映射表中选择的地址可能已被其他节点选择,因此需要通过全网可靠广播 Hello 消息来检测所选择地址是否已分配给其他节点。如果请求节点收到 Join Reject 消息,则表示节点选择的地址已经分配给其他某个节点,因而需要从地址映射表中重新选择一个地址,并执行地址检测过程。如果请求节点没有收到 Join Reject 消息,则表示节点选择的地址还没有被其他任何节点使用,请求节点可以配置所选择的地址。

而在集中式 XNP 协议中,同一时间,网络有且仅有一个节点可以作为控制节点,负责为其他所有节点配置地址和网络参数。如图 11.8 为集中式 XNP 协议的简单工作过程,为简化过程,也不考虑加入拒绝和参数更新过程。集中式 XNP 协议和分布式 XNP 协议的控制过程基本相同,集中式 XNP 协议更加类似于民用组网技术中的 DHCP 协议。但存在以下几个方面的区别:

(1) 网络中仅有一个控制节点。
(2) 控制节点直接给请求节点分配地址,而不是发送地址映射表。
(3) 控制节点分配给请求节点的地址是全网唯一的,不需要进行地址检测。
(4) 请求节点不需要对 Hello 消息进行可靠的全网广播。
(5) Hello 消息的作用仅是通告其他节点本节点将要加入网络的信息,其他节点不需要响应任何 XNP 消息,仅执行 Hello 消息的处理过程。

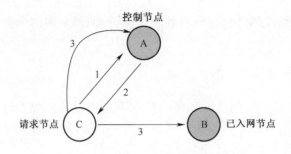

图 11.8 集中式 XNP 协议简单过程
1—Join Request 消息;2—Join Accept 消息;3—Hello 消息。

11.8.2 MIL-STD-188-220C XNP 采用集中式的分析

从技术上分析,分布式网络协议具有集中式网络协议所不具有的高抗毁性和可靠性,因此网络的实际需求便成为决定 XNP 协议从分布式控制方式发展到集中式控制方式的主要因素。

首先,战术互联网的自身特点决定 XNP 协议可以采用集中式动态配置方式。战术互联网虽然具有 MANET 的无中心、自组织、可移动等特性,但同时战术互联网又是和部队编制、作战意图相联系的,因而具有如下区别于 MANET 的特点。这些特点使得网络动态配置方式更适合采用集中式的工作方式:

(1) 战术互联网不是完全对等式网络。战术互联网中的节点是和作战部队编制相对应的,不同的节点代表了不同的作战单位。在战斗指挥中,往往仅有一个单位可以对网络的参数进行动态配置,因此网络中可以启用控制节点功能的节点也只有一个或两个,其他节点只能作为普通的网络节点。

(2) 战术互联网是分层结构而不是扁平结构网络。每个采用 MIL-STD-188-220C 协议的战术互联网的节点数一般不会超过 16 个节点,这种小规模的网络更适合采用集中式的动态配置方式。

(3) 战术互联网中节点移动更多的是一种受限的移动。节点的移动、加入网络和撤离网络都依据指挥部或上级的命令,因而网络成员的动态变化并不那么明显。

(4) 战术互联网的无线电台具有比一般移动无线终端更大的通信范围,节点间的通信距离一般保持在一跳到三跳,很少超过三跳的距离,网络可以保持所有节点到控制节点的一直可达。这样,集中式动态配置协议中的控制节点将不需要进行动态选择。

其次,集中式 XNP 协议的特点使其更能满足战术互联网的实际需求。表 11.4 是分布式 XNP 和集中式 XNP 特点的比较。由图可见,较好的抗毁性和不存在网络瓶颈问题是分布式 XNP 协议相对于集中式 XNP 协议的优点,但带来的却是较高的协议复杂性、较低的执行效率和比较大的网络额外开销。战术互联网是无线电台网络,有限的网络传输带宽是其特点之一,要求网络协议能够具有简单、高效、额外开销小的特点。因此,如果集中式 XNP 协议可以提供相对接近的抗毁性,同时能够降低网络瓶颈问题的影响,那么简单、高效的集中式 XNP 协议更能适应战术互联网的实际应用。

表 11.4 分布式 XNP 和集中式 XNP 特点的比较

项　目	分布式 XNP 协议	集中式 XNP 协议
地址分配	存在地址冲突	不存在地址冲突
地址冲突检测	Hello 进行冲突检测，如不能全网广播，则网络可能存在地址冲突	不需要冲突检测，Hello 仅通告本节点将入网消息，不需要全网广播
抗毁性	较好，当有节点不能工作时，不影响协议的正常工作	较差，通过设置备份控制节点可以提高协议的抗毁性
复杂性	复杂性较高	简单
执行效率	需要地址表的同步、冲突检测，效率较低	仅一个节点维护一个地址表，没有地址表同步和冲突检测，效率较高
额外开销	较多的全网可靠广播带来比较大的额外开销	不需要全网可靠的广播
网络瓶颈	不存在网络瓶颈问题	存在网络瓶颈问题

MIL-STD-188-220C XNP 协议中，协议采用了备份控制节点的机制来提高 XNP 协议的抗毁性。战术互联网中，网络控制节点通过周期的 Status Notification 消息来通告网络控制节点的两个备份节点，当控制节点出故障或者被摧毁而不能正常工作的时候，其备份节点将启动控制节点功能。

战术互联网中，当控制节点和两个备份节点同时都不能工作时，网络就需要重新指派控制节点来继续对网络的参数进行动态配置。同时，这种情况的发生意味着这个网络所在的作战部队已失去了战斗能力，部队的重新整编需要建立新的网络并指派新的控制节点。在采用 MIL-STD-188-220B XNP 协议的战术互联网中，通常当三个控制节点被摧毁或出现故障而不能工作的时候，部队人员和力量就需要进行调整并建立新的网络。因此，采用备份控制节点机制的 MIL-STD-188-220C XNP 协议，虽然抗毁性在理论上比 MIL-STD-188-220B XNP 协议略差，但可以满足战术互联网实际情况的需要。

与有线网络集中式网络管理方式中的网络瓶颈问题不同，战术互联网是一个共享信道的多跳无线网络，在同一时间或一段时间中，控制节点只能接收一个邻节点的数据。由于运行 MIL-STD-188-220C 协议的战术互联网的规模较小，因此控制节点处的网络瓶颈问题并不如有线网络那么明显。同时，MIL-STD-188-220C XNP 协议也采用了相应的机制来降低瓶颈问题的影响，主要体现在以下两个方面：

（1）控制全网洪泛广播数据。MIL-STD-188-220C XNP 协议不再提供可靠的全网洪泛广播，而是利用无线信道的广播特性，采用 Intranet 层源点选路的多目地址传送方式实现网络广播，控制了由于洪泛广播引入的网络额外开销。

（2）减少所有节点同时向控制节点发数据的机会。XNP 协议中，控制节点采用周期 Status Notification 消息主动通告其他节点网络的更新情况，需要更新网络参数的节点才与控制节点进行消息交互。

11.9 XNP 消息

11.9.1 XNP 消息格式

如图 11.9 所示的结构称为 XNP 消息格式,是 XNP 协议实现参数动态配置的信息载体,是不同节点 XNP 进程数据交互的消息封装格式。节点间 XNP 消息的交互还需要进行下层协议的封装,最终以 UI 帧(Unnumbered Information frame)的格式进行发送和接收。XNP 消息格式包含一个长度为一字节的版本号(设为 0)、一个可选择的转发头、XNP 消息和一个或多个 XNP 数据块组成。

图 11.9 XNP 消息格式

11.9.2 XNP 转发头

XNP 转发头是 XNP 消息的选择项。请求加入网络的节点可能由于不了解网络的拓扑,而不能与网络控制节点直接建立通信连接(如被障碍物阻挡或出于无线覆盖范围之外等情况)。XNP 转发头给请求加入网络的节点提供了通过邻居节点的转发来完成加入网络的方法。如图 11.10 所示,转发头由转发头标识、源节点链路地址、转发节点链路地址和目的节点链路地址四个域组成。

| 转发头标识 | 源节点链路地址 | 转发节点链路地址 | 目的节点链路地址 |

图 11.10 XNP 转发头结构

如表 11.5 所列为各域的作用描述及值的定义。转发头标识域的值为 0,此值不会和后面的 XNP 消息和数据块编号值相同,用于区别 XNP 消息是否带有图 11.10 结构的 XNP 转发头。源节点链路地址为 1、2,分别表示了请求节点和控制节点,当节点预先配置好地址的时候,该值又可能为 4~95 范围内的某个数。转发节点地址为 0,表示未知;4~95 表示某个确定的转发节点。目的节点链路地址和源节点链路地址有所不同,其值可能为 127 广播地址,表示本 XNP 消息是广播消息。

表 11.5 XNP 转发头域

域 名	描 述	值
转发头标识	用于识别转发头	0
源节点链路地址	识别 XNP 消息的源节点	1,2,4~95
转发节点链路地址	识别 XNP 消息的转发节点	0,4~95
目的节点链路地址	识别 XNP 信息的目的节点	1,2,4~95,127

当请求加入网络的节点需要邻节点转发的时候,该节点将构造转发头要求链路地址为"转发站链路地址"(XNP 有获得该地址的过程定义)的节点进行 XNP 消息转发。转发节点负责将链路地址为"源链路地址"的节点的消息转发到链路地址为"目的链路地址"的节点,并将从目的地址来的消息转发给请求加入网络的节点。

11.9.3　XNP 消息类型

MIL-STD-188-220C XNP 定义了 9 个 XNP 消息,如表 11.6 所列。其中有 7 个 XNP 消息用于节点加入网络过程或更新检验网络设备工作参数操作过程,这 7 个消息是 Join Request、Join Accept、Join Reject、Parameter Update Request、Parameter Update、Delay Time、Status Notification。Hello 消息的作用是让已经收到 Join Accept 信息的节点向网络其他节点通告此节点将要加入网络的信息。Goodbye 消息用于节点向控制节点发送撤离网络请求,同时也向网络通告本节点将要撤离网络的信息。每个 XNP 消息可以附加一个或多个 XNP 数据块以详细地描述本节点的网络参数。

表 11.6　XNP 消息

编号	名称	描述
20	Join Request	加入请求,请求控制节点配置参数或进行参数合法性认证
21	Join Accept	应答 Join Request 消息,接受加入,提供参数更新
22	Join Reject	应答 Join Request 消息,拒绝加入,指定参数的错误
23	Hello	通告此节点将要加入网络
24	Goodbye	通告和请求此节点将要离开网络
25	Parameter Update Request	请求进行网络接入及其他参数的更新
26	Parameter Update	应答 Parameter Update Request 消息,提供参数的更新
27	Delay Time	通告一个延时,提供定时器信息
28	Status Notification	通告最新更新消息的标识和网络控制节点的标识

11.9.4　XNP 数据块

XNP 数据块的作用是详细描述请求配置或已配置的网络参数,是 XNP 协议实现网络参数动态配置的关键。XNP 协议定义了 15 个 XNP 数据块,如表 11.7 所列。不同的 XNP 消息根据需要附加不同的 XNP 数据块。附加在 XNP 消息后面的一个或多个数据块的位置必须在 Terminator 数据块之前,这些数据块或者提供网络参数,或者请求配置网络参数。

表 11.7　XNP 数据块

编号	名称	描述
1	节点标识	为节点提供网络范围内唯一的标识
2	基本网络参数	提供一系列基本的网络参数
3	配置参数	提供与该节点相关的配置参数
4	Type3 参数	提供用于计算 RHD_i 和 TP 所需的 Type3 参数

(续)

编号	名称	描述
5	确定性 NAD 参数	提供用于计算接入时隙的 DAP-NAD 和 P-NAD 参数
6	随机 NAD 参数	提供用于计算接入时隙的 R-NAD 和 H-NAD 参数
7	RE-NAD 参数	提供 RE-NAD 参数
8	等待时间	通告接收节点完成更新前需要等待的时间
9	Type2 参数	提供 Type2 的一系列性能参数
10	Type4 参数	提供 Type4 的一系列性能参数
11	NAD 级别	确定性 NAD 计算中使用的系统级别
12	Intranet 参数	维持 Intranet 正常工作的参数列表
13	Error	指定不可接受的错误参数列表
14	地址配置参数	列出节点的唯一标识、链路层地址和 IP 地址
15~254	未定义	—
255	Terminator	XNP 消息结构的结束标识

11.10 XNP 动态配置过程

11.10.1 网络初始化

XNP 协议网络初始化过程主要是初始化节点的基本必要参数,使节点可以完成 XNP 参数配置过程,包括链路地址和 NAD 接入方式。MIL-STD-188-220C 数据链路层地址(MAC 地址)采用 8bit 长度的地址,各地址及其含义如表 11.8 所列。

表 11.8 MIL-STD-188-220C 链路地址编址

地址	说明
0	保留地址,表示节点地址未知
1	特殊地址,作为请求节点的默认临时链路地址
2	特殊地址,为控制节点所用,目的地址为 2 的节点是控制节点
3	特殊地址,用于 Type1 确认重传中
4~95	专有地址可分配的地址范围,每个节点分配到的地址是不同的
96~125	组播地址(组成员的加入和删除不属于本协议的范畴)
127	广播地址

如果节点没有预先配置链路地址,则网络初始化过程将地址 1 作为本节点的默认临时链路地址。当节点请求加入网络时,该节点将利用特殊链路地址 1 来完成加入网络的过程,直到从控制节点处分配到一个链路地址。如果在同一时间存在多个节点试图请求加入网络,XNP 协议采用节点的唯一标识号来区分每个节点,因为节点的标识号是全网唯一的,明确地指明了某个节点。

地址 2 是保留给网络控制节点使用的,利用该地址,请求节点、转发节点和中继节点可以实现到网络控制节点的正确路由。

网络初始化过程还执行节点的 NAD 参数的初始化,使节点可以以默认地址接入网络并完成地址和其他参数的配置。MIL-STD-188-220C 允许网络节点从 R-NAD、H-NAD、P-NAD、DAP-NAD 和 RE-NAD 中选择网络接入方式,网络中的所有节点都应当工作在相同的网络接入方式下。在请求加入网络的时候,节点如果不了解网络目前的接入方式,则应当采用随机的 NAD 接入方式(如 R-NAD 或者 RE-NAD)来发送 Join Request 消息,并通过控制节点的响应消息 Join Accept 或 Join Reject 消息来获得网络当前接入方式的信息。这样,当存在控制节点的多个邻居节点同时请求加入网络的时候,协议仍可以正常工作。当请求加入网络的节点采用 R-NAD 接入方式时,网络中的节点数应当设置为默认值 7,直到收到网络当前节点数的信息。

11.10.2　加入网络

节点加入网络的过程就是分配地址、配置网络参数和更新网络参数的过程。根据请求节点和网络控制节点在网络拓扑中位置关系的不同,XNP 协议将节点加入网络的过程总体分为两种情况来处理;①请求节点和控制节点一跳可达;②请求节点和控制节点不能一跳可达。

11.10.2.1　请求节点和控制节点一跳可达

在此种拓扑下,请求节点和控制节点在各自的无线通信距离内,请求节点与控制节点间的消息发送和接收不需要经过其他节点的中间转发,节点加入网络的基本过程如图 11.11 所示。

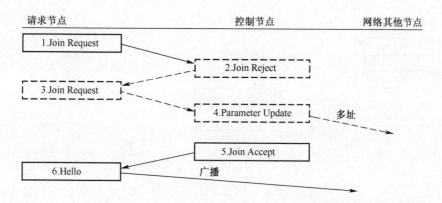

图 11.11　加入网络过程:请求节点和控制节点一跳可达(图中虚线表示有条件执行)

请求节点以特殊地址 1 作为源地址,地址 2 作为目的地址向控制节点发送 Join Request 消息。网络控制节点收到 Join Request 消息,将对该消息提供的参数(如果提供了部分参数的话)与当前网络的工作参数进行比较,根据比较结果网络控制节点进行两种处理:

如果 Join Request 消息存在与网络不能兼容的参数错误,控制节点将响应 Join Reject 消息。利用 Error 数据块,Join Reject 消息可以向请求节点指出那些错误的参数,并提供网络当前正确的参数。

如果 Join Request 消息不存在与网络不能兼容的参数错误,控制节点将直接响应 Join

Accept 消息。控制节点通过 Join Accept 消息给请求节点配置链路地址和网络当前工作参数。同时,如果网络中增加一个节点会导致网络工作参数的变化(例如网络节点数导致 NAD Rank 的变化等),在发送 Join Accept 消息前,控制节点还需要利用 Parameter Update 消息更新网络的参数。

当请求节点收到网络控制节点的 Join Reject 消息,如果请求节点可以对错误的参数进行纠正,则发送新的 Join Request 消息,执行新一轮请求加入网络过程;如果请求节点不能纠正错误的参数,则向本地控制台发送加入网络失败的信息,表示节点不能通过 XNP 协议配置地址和网络参数。

当请求节点收到网络控制节点的 Join Accept 消息,节点根据控制节点分配的链路地址和网络参数来设置本节点相应的参数值。在节点可以正式加入到网络节点间的数据通信前,节点需要发送 Hello 消息来通告网络其他节点,本节点将要加入网络的信息。在 MIL-STD-188-220C XNP 协议中,Hello 消息采用一跳广播方式,即仅有相邻的节点可以收到该 Hello 消息。收到 Hello 消息的节点需要更新本节点的地址分配表和拓扑表。

11.10.2.2 请求节点和控制节点不能一跳可达

在这种网络拓扑情况下,请求节点和控制节点不在各自的无线通信覆盖范围内,请求节点与控制节点间的 XNP 消息发送和接收需要经过邻居节点的中间转发。邻居节点的转发是对 XNP 消息的转发,如果邻居节点与控制节点也不在各自的无线通信覆盖范围内,邻居节点的转发还将利用其他节点的 Intranet 层中继功能实现消息的发送和接收。请求节点和控制节点不能一跳可达拓扑情况下,节点加入网络的基本过程如图 11.12 所示。

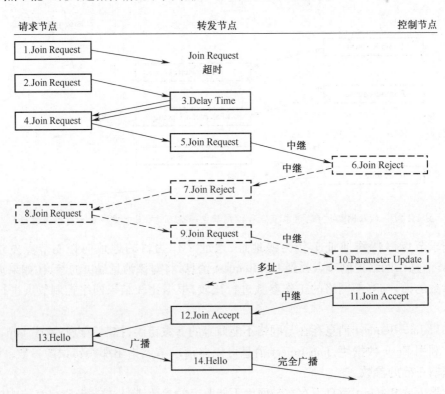

图 11.12 加入网络过程:节点和控制节点不能一跳可达(图中虚线表示有条件执行)

请求节点以特殊地址 1 作为源地址,地址 2 作为目的地址向控制节点发送不带转发头的 Join Request 消息。由于请求节点和控制节点不在一跳范围内,控制节点并不能收到请求节点的 Join Request 消息,请求节点也不能收到来自控制节点的任何响应消息。此时,请求节点根据设定的时间,超时重传 Join Request 消息直到重传次数超过最大重传次数或收到控制节点的 Join Reject 消息或 Join Accept 消息。

当重传次数超过最大重传次数时,请求节点将发送带转发头的 Join Request 消息,且转发头源地址为特殊地址 1、转发地址为 0(表示转发节点未知)、目的地址为特殊地址 2。请求节点超时重传该带转发头的 Join Request 消息直到收到其他节点的 Delay Time 消息或控制节点的 Join Reject 消息或 Join Accept 消息。

对于请求节点的邻居节点,当收到带转发头的 Join Request 消息,且源地址为特殊地址 1、转发地址为 0、目的地址为特殊地址 2,节点将响应 Delay Time 消息,但转发头的源地址和转发地址均为本节点的专有地址、目的地址为特殊地址 1。通过 Delay Time 消息,邻居节点可提供本节点地址及转发 XNP 消息的延时信息。该延时信息表示了转发节点从收到请求节点的信息到收到控制节点的响应信息的时间,根据此时间,请求节点可以重新设置加入请求定时器(Joiner 定时器)的值。

请求节点收到网络中邻居节点的 Delay Time 消息(一个或多个),将从中选择一个邻居节点作为本节点的 XNP 消息转发节点,并根据 Delay Time 消息提供的延时值设置 Joiner 定时器的值。请求节点再次发送带转发头的 Join Request 消息,但转发头源地址为特殊地址 1、转发地址为转发节点地址、目的地址为特殊地址 2。在请求节点通过转发节点请求加入网络的过程中,当 Joiner 定时器超时,请求节点将选择另一个邻居节点作为转发节点并重新发送 Join Request 消息。在请求加入网络过程中,转发节点的作用是负责转发请求节点到控制节点的 XNP 消息(Join Request 和 Hello 消息)和控制节点到请求节点的 XNP 消息(Join Reject 或 Join Accept 消息)。

通过转发节点的转发,请求节点的 XNP 消息可以被发送到网络控制节点。网络控制节点收到 Join Request 消息,将对该消息提供的各种参数(如果提供了参数)与本节点配置的网络当前工作参数进行比较,根据比较结果网络控制节点可以进行两种处理:

(1)如果 Join Request 消息存在与网络不能兼容的参数错误,控制节点将响应带转发头的 Join Reject 消息。Join Reject 消息利用 Error 数据块可以向请求节点指示那些错误的参数,并提供网络正确的配置参数。

(2)如果 Join Request 消息不存在与网络不能兼容的参数错误,控制节点将直接响应 Join Accept 消息。通过 Join Accept 消息,控制节点可以给请求节点配置链路地址和网络当前工作参数。同时,如果网络中增加一个节点会导致网络工作参数的变化(例如网络节点数导致 NAD Rank 的变化等),在发送 Join Accept 消息前,控制节点还需要利用 Parameter Update 消息更新网络所有节点的参数配置。

当请求节点收到 Join Reject 消息,如果能够对错误的参数进行改正,则发送新的 Join Request 消息,重新执行请求加入网络的过程;如果不能改正错误的参数,则向控制台发送加入网络失败的信息,表示节点不能通过 XNP 协议配置地址和网络参数。

当请求节点收到来自控制节点的 Join Accept 消息,节点将根据消息中控制节点分配的链路地址和网络参数来设置本节点链路地址和相应的参数值。在节点可以正式加入到网络的数据通信前,节点通过 Hello 消息来通告网络其他节点该节点将要加入网络的信息。

在 MIL-STD-188-220C XNP 协议中,Hello 消息采用一跳广播方式,即仅有邻居节点可以收到该 Hello 消息。网络中收到 Hello 消息的节点需要更新本节点的地址分配表和拓扑表,如果需要更新网络参数,节点还要执行参数更新的过程。为了尽可能使多的节点收到 Hello 消息,转发节点还要负责将 Hello 消息完全广播到全网,而这种广播是通过 Intranet 层源点选路的多目地址方式来实现的,并不采用洪泛广播。

11.10.3 撤离网络

在 MIL-STD-188-220C XNP 协议中,网络节点撤离网络的过程就是网络回收地址资源并更新网络参数的过程,如图 11.13 所示。

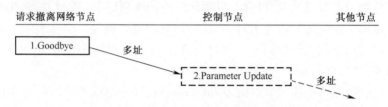

图 11.13 节点撤离网络过程(图中虚线表示有条件执行)

请求撤离网络的节点发送 Goodbye 消息通告网络控制节点和其他节点,本节点将要撤离网络。收到 Goodbye 消息的节点需要更新本节点拓扑表,控制节点还需要更新地址分配表,以回收分配给撤离网络节点的地址资源。如果某节点的撤离网络会引起网络参数(如网络节点数导致 NAD Rank 的变化等)的变化,则控制节点需要发送 Parameter Update 消息来更新当前网络的工作参数。

在发送 Goodbye 消息前,请求撤离网络的节点应当中断所有链路层的 Type 2 连接,并广播 URNR(Unnumbered Receive Not Ready)PDU 来通告网络本节点链路层将不再接收来自其他任何节点的数据帧。

11.10.4 参数更新

与 DHCP 协议不同,XNP 协议不仅负责网络节点链路地址的动态分配,而且可以根据战术互联网通信需求动态配置和更新网络参数。XNP 协议参数更新过程是动态更新网络参数和统一网络参数的过程。

MIL-STD-188-220C XNP 协议进行网络参数更新的过程主要通过两种方式:

(1) 网络控制节点周期发送 Status Notification 消息,通告网络现在的网络参数更新 ID 号。收到 Status Notification 消息的节点需要将消息中的网络参数更新 ID 号与本节点网络参数 ID 号进行比较,如果本节点的网络参数 ID 号比消息中的 ID 号旧,则发送 Parameter Update Request 消息,请求从控制节点处获得网络最新的参数配置。当控制节点收到 Parameter Update Request 消息,控制节点需要响应 Parameter Update 消息。XNP 协议的 Parameter Update 消息可以提供网络当前的最新参数配置,从而可以保持网络所有节点配置参数的统一。

（2）网络控制节点确认参数变化（如节点加入网、节点撤离网络及改变参数等），主动发送 Parameter Update 消息以更新网络所有节点的配置参数。Parameter Update 消息的发送采用 Intranet 层源点选路的多目地址方式，地址可以是专有地址，也可以是专有地址和组播地址的组合（如果网络中设置了组的话）。收到 Parameter Update 消息的节点，将根据 Parameter Update 消息提供的参数更新本节点的相关配置参数。

战术互联网在应用过程中，必须要建立一套网络管理机制，以便规划网络参数、监控网络运行、及时进行性能分析和故障管理。本章试图结合军事应用背景下网络规划和初始化的特殊性，比较全面地介绍基于 SNMP 的战术互联网的网管模型。

随着互联网的普及、发展，网络管理牵涉到的领域越来越多。限于篇幅有限和相关知识匮乏，在此抛砖引玉，不作赘述。

网络安全管理方面，仅使用 ACL 的网络安全管理远远不够；对于存在的网络攻击可能需要更加完整的网络安全工具集和网络安全职责分配。网络及其资源的访问权限应当如何设置，业已成为一项繁杂的规划设计工作，需要作战部门、自动化部门、通信部门、情报部门和机要部门等共同协商，其复杂程度不亚于网络规划本身。

网络是病毒产生和传播的温床，虽然战术互联网是相对封闭的军事应用网络，但是其防护手段可能也因此而显得匮乏，使用者也会因此掉以轻心，进而铸成大错。所以病毒的防护不仅是终端用户的职责，也将成为指挥和通信军官构建网络时必须考虑的重要职责之一。

第 12 章 战术数据链

严格地说,战术数据链(Tactical Data Link,TDL)并不是战术互联网的组成部分之一。然而,战术互联网与战术数据链这两个概念又具有一定关联性,在日常工作中常常相互混淆,两者的内涵和外延即便是在很多多年从事信息系统建设的专家之间也存在不同的理解。作者认为,正是因为两个概念具有关联性,因而如果能够对战术数据链的概念加以介绍,并将其与战术互联网加以比较,反而有利于加深读者对战术互联网本质的理解。因此本书在讨论完战术互联网各层后,将战术数据链作为独立的章节加以介绍。

12.1 什么是战术数据链

随着喷气式飞机、导弹等高机动武器的出现和雷达等各种传感器的迅速发展和广泛应用,使得作战节奏加快,战场信息的种类不断增加,规模不断扩大,对信息的实时性要求日益迫切,传统的话音通信手段已无法满足战场态势感知信息共享和对作战平台指挥引导的信息传输与交换的要求,需要采用数据通信和信息自动化处理的方式,实现指控系统、武器平台和传感器的无缝连接。

数据链是适应现代战争的需要和信息技术的发展而产生的一种用于在传感器平台、指挥平台和武器平台之间进行数据传输与交换的战术信息系统。它是一种以无线信道为主,以格式化信息的传输、处理为主要目的,在指挥控制系统、传感器、武器平台之间完成特定战役/战术协同所需的信息系统;是实现指挥控制系统与武器平台无缝隙连接的纽带,又是保障联合指挥的重要手段,对提高联合作战指挥能力、发挥武器平台效能具有重要作用。

通常所说的数据链都是指战术数据链(TDL),美军称之为战术数字信息链(Tactical Digital Information Link,TADIL),北约组织和美国海军简称为链路(Link)。例如,4号链可简称为 TADIL-C 或 Link 4,11 号链可简称为 TADIL-A 或 Link 11,16 号链可简称为 TADIL-J 或 Link 16,22 号链可简称为 TADIL-FJ 或 Link 22 等。

从整体上看,战术互联网是战场上的通信网,它并不考虑信息系统的端系统,也不限制具体的应用,因而在战术互联网上只要带宽足够,就可以传输数据、话音或者是视频。而数据链所涉及的范围则比战术互联网更广,它为了满足战场上信息交互的时空一致性要求,不仅限定了传输信道,也限定了端系统和其上的应用,因而战术数据链实际上是战场上网络和端系统、应用软件一体化设计的专用信息系统。有专家把战术互联网形象地比喻成高速公路,它主要关心的是网络的通联,而网络上跑什么样的车(各种信息)都可以;而把战术数据链形象地比喻成高铁,战术数据链像高铁那样,在设计和建设时就不仅要考虑网络之间的铁路怎么建,还要考虑上面跑的具体车辆(信息)的特性和需求,从而保证信息传输的实时性与准确性。正如高铁和高速公路都是国家交通体系里不可或缺的重要组成部分那样,战术互联网和战术数据链也都是战场网络信息体系里不可或缺的两个重要组成部分,共同承担着支撑战场指挥控制、情报侦察、战场协同和后勤保障等信息交互的光荣使命。

12.1.1 数据链定义

美军参联会主席令(CJCSI6610.01B,2003-11-30)的定义为:战术数字信息链路通过单网或多网结构和通信介质,将两个或两个以上的指控系统和/或武器系统链接在一起,是一种适合于传输标准化数字信息的通信链路,简称为 TADIL。

近年来,我军的相关研究人员从不同的角度,对"什么是数据链"进行过多种表述。比较一致的认为:数据链是一种采用标准化通信链路,专用于数据传输与交换的战术信息系统;它以无线传输为主,在传感器平台、指挥平台和武器平台之间,按照统一规定的消息格式和通信协议,实时传输战场态势、指挥引导、战术协同、武器控制等数据;主要包括传输信道、通信协议和格式化信息。

根据数据链的定义可以看出,数据链是一种专用于数据传输交换的战术信息系统,主要用于实时传输战场态势、指挥引导、战术协同、武器控制等数据;数据链以无线传输为主,采用标准化通信链路,实现传感器平台、指挥平台和武器平台之间的无缝连接;为了保证系统的互联互通,各种数据链都规定了其消息格式和通信协议,不同的数据链其消息格式和通信协议不同。

数据链系统所传输的内容是战场态势、指挥引导、战术协同、武器控制等战场信息的编码数据,也就是格式化信息,是便于计算机自动识别与处理,但人不易识别的"数据代码"。终端计算机收到这些"数据"之后,需要进行进一步的加工处理,并以声、光、电等形式表示出来,成为便于人们理解的"信息",才能供指挥员/平台操作员决策使用。采用代码化的指控信息和战场态势信息传输,不仅可以高效地利用有限的带宽资源,更重要的是便于计算机的自动识别与处理,实现指控系统、传感器和武器平台的无缝连接。为了实现系统的互操作性,在数据链内部必须统一信息的编码方式和传输的报文格式。另一方面,有限的带宽资源不可能传输所有需要的信息,必须根据作战需求和可能的带宽资源,规定所传输的信息类型。数据链消息格式标准主要规范了传输的信息类型、编码方式和报文格式,是数据链系统的核心。

标准化是一切通信系统实现互联互通的基础,因特网从物理层到应用层都制定了相应的通信协议标准。但是,因特网是一个开放的系统,不限定所传输的信息类型,可用于传输各类业务,其传输层以下的协议并不关心高层所传输的内容,各种不同的应用业务由相应的应用层标准确定。而数据链是用于带宽受限的战场环境下实时或近实时传输战场态势、指挥引导、战术协同、武器控制等数据,其消息格式标准规定了系统传输和处理的信息类型、编码方式和报文格式,传输信道和通信协议都可以针对特定的消息格式实现系统的优化设计。因此强调它是一个标准化通信链路。与一般数字通信系统不同的是,它不仅具有标准化的传输信道和通信协议,而且传输的信息类型、信息编码和报文格式都是基于特定的标准,通常用消息格式标准和传输信道来区分不同的数据链。如美军 Link 4(战术数字信息链 C,TADIL C)传输的是 V 和 R 系列消息(美军标准 MIL-STD-6004,北约标准 STANAG 5504)，其传输系统标准 MIL-STD-188-203-3 规定了无线传输设备的调制方式、纠错编码、数据帧结构、传输控制协议及设备接口特性；Link 11(TADIL A)传输的是 M 系列消息(美军标准 MIL-STD-6011，北约标准 STANAG 5511)，其传输系统标准为 MIL-STD-188-203-1A 和 MIL-STD-188-212；Link 16 传输的是 J 系列标准(美军标准 MIL-STD-6016，北约标准 STANAG 5516)，其传输系统统一采用联合战术信息分发系统(Joint Tactical Information Distribution System，JTIDS)或多功能信息分发系统(Multifunctional Information Distribution System，MIDS)。值得一提的是 Link 11B 数据链，这是一个与具体传输信道无关的点到点传输数据链，传输信道可以是数字信道，也可以是模拟信道(外加标准的调制解调器)，其传输标准仅定义了模拟信道的调制解调体制和数字信道的接口，将它归属于 Link 11 系列，是因为它传输的内容是 M 系列消息。通常都是用所传输的消息标准和传输信道特性来区分不同的数据链。

随着数据链的发展和各种不同用途的数据链系统的出现，人们对数据链的认识也在不断地发展和深入，在不同的时期、不同的文献中出现了多种不同的定义，给读者理解数据链的概念带来了一定的困难，造成人们在对数据链概念的理解上出现了一定的混乱。下面简要分析一下外军几种典型的数据链的定义。

按照美国国防部的标准军事术语词典的定义，"数据链是为了发送和接收数据而在点与点之间建立连接的设施"。按照这个定义，任何用于传输数据的设施都可以称之为数据链，无法体现战术数据链的特点，可以将这个定义看作广义上的数据链。而通常提及的数据链都是特指"战术数据链"，在美国也称之为战术数字信息链(TADIL)。美国国防部的标准军事术语词典同时给出了数据链和战术数字信息链的定义。对于战术数据链或者战术数字信息链，目前存在多种定义，主要有以下四种：

(1) 美国国防部的标准军事术语词典：战术数字信息链是经参谋长联席会议批准的、适合于传输数字信息的一种标准化通信链路。战术数字信息链采用一种或多种网络体系结构及多种通信手段，连接两个以上指控或武器系统，用于交换战术信息。

(2) 美军 Link 16 消息格式标准 MIL-STD-6016B：战术数字信息链是经参谋长联席会议批准的、适合于传输数字信息的一种标准化通信链路。不同的标准化消息格式和传输特性反映了不同数据链的特点。

(3) 美国国家电信术语标准：战术数字信息链是经参谋长联席会议批准的、适合于传输数字信息的一种标准化通信链路，不同的标准化消息格式和传输特性反映了不同数据链的特点。

(4) 英国联合条令与概念中心的联合条令手册(JDP2/01)：战术数据链是一种采用格式化消息集和通信设施，适合于为指挥控制和武器引导而连接两个以上不同位置的相同或不同的计算机化战术数据系统，传输数字信息的标准化信息交互系统。

以上四种定义，尽管在文字表述上有些差异，但基本含义是相同的。战术数据链是一种适合于传输数字信息的标准化通信链路，或者说是传输数字信息的标准化信息交互系统；美军强调必须是经过参谋长联席会议批准的，突出了标准化在数据链中的地位和参谋长联席会议的权威性；美国国家电信术语标准和美军 Link 16 消息格式标准的定义中强调了不同的数据链差异主要表现在其消息格式标准和传输特性的不同；美国国防部的标准军事术语词典的定义则强调了数据链可以采用一种或多种网络体系结构及多种通信手段,连接两个以上指控或武器系统,用于交换战术信息;英国联合条令手册将数据链定义为一种传输数字信息的标准化信息交互系统,强调了格式化消息集合,为指挥控制和武器导引而连接两个以上的战术数据系统,而且可以是不同的战术数据系统。

需要说明的是,美军2002年颁布的 Link 16 消息格式标准 MIL-STD-6016B 中,其标准名称中已经将 MIL-STD-6016A 的战术数字信息链(TADIL)改为战术数据链(TDL)。但是,MIL-STD-6016B 中并没有对"战术数据链"给出明确的定义,而是沿用原来的战术数字信息链的定义,并且将战术数字信息链和战术数据链混用,在战术数字信息链定义中又出现了术语"数据链"。从美军 Link 16 消息标准名称的变化来看,尽管目前在名称上还存在一定混乱,将来会逐步用"战术数据链"来代替"战术数字信息链"。

在美军的《联合战术数据链管理规划(JTDLMP)》中,没有重新给出战术数据链的定义,却定义了 C4I 战术数据链(C4I TDL)。"C4I 战术数据链是一种用于发送和接收战术数据而连接多个 C4I 系统的链路,它由用于数据传输的不同单元所组成,包括构成通信设备/媒体的物理层硬件或设备(如无线电台、数据通信协议)、数据处理器、消息标准(如消息格式、数据元素、协议)和用于数字信息端到端传输、接收及使用的操作规程"。可以看出,这个定义与前面的四个定义并不矛盾,更多的是强调了数据链的组成。按照这个定义,C4I 战术数据链是一种连接 C4I 系统的链路,所发送和接收的数据都是战术数据,其组成包括通信设备、消息处理器、消息标准和操作规程。为了强调消息标准和操作规程的重要性,将消息标准和操作规程也纳入了数据链组成部分。

12.1.2 数据链特点

作为一种采用标准化通信链路、专用于数据传输交换的战术信息系统,数据链的特点主要体现在计算机与计算机之间的数据交互、基于数字编码的信息结构和实时或近实时的信息交互三个方面。

(1) 计算机与计算机之间的数据交互。为了实现指控系统、传感器和武器平台的无缝连接,数据链采用计算机可自动识别和处理的信息格式,使战术信息数据的采集、加工、传输、处理能自动完成,无须人工干预,从而形成信息处理的自动化,使"从传感器到射手的链路"成为现实。数据链所传输的数据主要是计算机可自动识别和处理的采用面向比特的信息编码,这些编码人难以直接识别。终端计算机收到这些"数据"之后,需要进行进一步的加工处理,并以声、光、电等形式表示出来,才能成为便于人们理解的"信息"。因此,数据链的数据交互主要表现为计算机与计算机之间的数据交互。

(2) 基于数字编码的信息结构。为了便于计算机自动识别和处理,数据链的消息格式主要采用面向比特的信息编码,由数据元素字典统一定义各种不同编码的含义,由计算机自动完成编码的识别与翻译。采用基于编码的指控信息和战场态势信息传输,有利于计算机的自动识别与处理,实现指控系统、传感器和武器平台的无缝连接。

(3) 实时或近实时的信息交互。数据链所传输的战场信息大部分都有时效性的要求,这是由于紧密的战术链接关系需要时效性很强的战术数据交换来建立,如果不在规定的时间内完成传输,许多战术数据将失去其意义。常见的因特网采用"尽力而为"的工作方式为用户提供服务,用户之间竞争地使用网络传输资源,数据传输的时延难以保证。而数据链网络一般都采用传输资源预分配的方式实现各节点、各类信息的有序传输,确保在规定的时限内完成信息的传输。

对于运动目标,目标的位置和状态(航向、航速)总是与时间相关联。因此,运动目标的位置与状态报告(航迹)信息的传输与处理必须确保信息的时空一致性,通过精确测定传输和处理延时,准确地估计目标的当前位置和状态。这要求数据链系统不仅要控制传输延时,还要能够精确地估计传输和处理延时,根据与目标发现时刻的时间差推算目标的当前位置和状态。保证时敏信息时空关联的一致性也是数据链系统的重要特征,在竞争使用网络资源的环境下难以保证时敏信息时空关联的一致性。

由于数据链采用统一制定的格式化消息标准,其传输的内容和数据格式都是确定的,为传输系统的优化设计提供了明确的设计需求。数据链系统传输信道的设计,通常是根据所传输的消息格式,综合考虑实际信道的传输特性、采用的信号波形、传输控制协议、组网方式等因素,实现系统的最优化设计,提高信息传输效率和频谱资源的利用率。在组网协议设计上通常也采用网络传输资源预分配的方式保证各类信息的有效传输,实现数据的有序传输,避免由于竞争传输资源而带来的传输时延的不确定性。

12.1.3 数据链系统功能组成

为了实现端到端的信息传输与处理,数据链系统从功能上主要由数据传输、组网控制、消息处理、网络管理、安全、保密和指控应用等设备或子系统组成,如图12.1所示。

根据不同作战平台的数据处理要求,数据链装备的形态可能会有所不同,如数据链组网控制设备可以和数据传输设备集成在一起,也可以将组网控制与数据链消息处理集成为单一设备。但是,为了实现端到端的信息传输与处理,任何数据链系统都必须具备数据传输、组网控制、消息处理、网络管理和指控应用等基本功能。数据链网络规划与设计系统用于生成数据链系统运行所必需的系统配置参数。为了保证传输信息的安全与保密,数据链系统还必须配置完善的传输加密机制和安全防护系统。

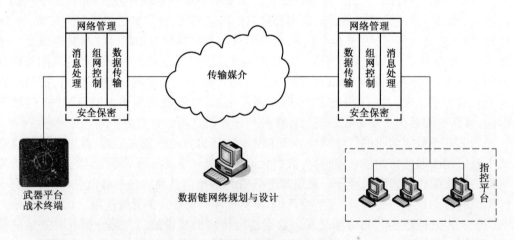

图 12.1 数据链系统功能组成

(1) 数据传输。数据链的数据传输设备以无线数据传输信道为主,完成数字信息的远距离传输。数据链传输设备可以是传统的模拟信道通过外接数字调制/解调器构成,如美军Link 11的数据传输使用已有的模拟无线信道上,增加一个用于数据传输的数据终端设备(DTS);也可以是专门用于传输数据链格式化消息的设备,如美军的 Link 16 设备联合战术信息分发系统(JTIDS)。专门用于传输数据链格式化消息的设备(数据链专用端机)可以根据所传输的消息格式的特点,有针对性地实现传输系统的优化设计,有效地提高信道传输效率。

(2) 组网控制。数据链组网控制设备根据统一制定的组网控制协议,完成数据链的组网控制,实现数据链信息的有序传输。

(3) 消息处理。数据链消息处理设备完成数据链消息的编解码和消息的处理。在发送端,消息处理设备将非格式化的作战信息按照数据链消息格式标准转换为数据链格式化消息。在接收端,消息处理设备将接收到的数据链格式化消息根据应用平台的接口要求,转化为非格式化的数据。同时,消息处理设备还要根据数据链消息处理要求,完成消息的合法性检验、应答等处理。不同类型数据链之间交互信息,消息处理设备还需要完成消息的编码转换。

为了保证监视类消息的时空一致性和航迹统一,消息处理设备需要完成监视类消息的时空一致性处理、航迹相关/解相关等处理。

(4) 网络管理。为了保证数据链网络的正常运行,安装数据链设备的各种指控或非指控平台上,都需要具备数据链网络管理功能,用于完成数据链设备的参数配置和网络运行情况监测,及时发现和隔离网络故障,并提供网络拓扑视图、事件告警和动态配置网络等功能。

(5) 应用系统。数据链应用系统是数据链系统作战应用的最终体现,外军也通常称之为战术数据系统(TDS),用户通过数据链应用系统来使用数据链系统。根据不同平台的作战需求,数据链应用系统可以是独立的计算机系统,也可以在现有的指控平台中嵌入数据链应用相关的软件。

(6) 网络规划与设计。为了保证数据链信息的实时、可靠、有序的传输,数据链系统通过预先分配传输资源,避免了由于竞争传输资源而导致传输时延的不确定性,其组网协议一般采用轮询协议和 TDMA 协议。这要求数据链网络在运行前就要根据作战使用要求,为每个参与节点分配传输资源,指定各个节点的数据发送时机。数据链网络规划与设计系统主要用于将数据链信息传输需求转化为数据链网络运行所需要的网络运行参数。

(7) 保密。数据链系统以无线数据传输为主,是整个作战系统中"裸露"在空间的环节,最易暴露,最易遭受攻击。因此,数据链应该采取高可靠的保密措施,保障信息不被敌方截获、破译。

(8) 安全。现代信息系统的安全要求不仅包括保证信息的保密性、完整性、可认证、可授权、可审计和不可抵赖等要求,还包括保护信息系统自身的安全要求。通过加密防止信息泄露只是信息系统安全性的一个基本要求,是信息系统保证信息保密性的一种手段。除此之外,为了保证信息的保密性、完整性、可认证、可授权、可审计、不可抵赖性和信息系统安全,系统必须建立用户认证、访问控制、审计追踪等安全防护机制,保证信息系统的安全可靠运行。

12.2 外军战术数据链系统概况

外军战术数据链的建设始于 20 世纪 50 年代,并首先装备于地面防空系统、海军舰艇,而后逐步扩展到飞机。美军20世纪50年代中期启用的"赛其"防空预警系统,率先在雷达站与指挥控制中心间建立了点对点的数据链,使防空预警反应时间从10min缩短为15s。随后,北约为"纳其"防空预警系统研制了点对点的Link-1数据链,使遍布欧洲的84座大型地面雷达站形成整体预警能力。

20世纪50年代末期,为解决空对空、地(舰)对空的空管数据传送问题,北约还研制了点对多点、可进行单向数据传输的Link 4数据链。随后,美军又相继发展了Link-4A和Link-4C。Link-4A是一种半双工或全双工飞机控制链路,供所有航空母舰上的舰载飞机使用。Link-4C是一种机对机数据链,是对Link-4A的补充,但这两种链路互相之间不能进行信息交互。

为了实现多平台之间的情报信息交换,美国海军20世纪60年代开发了可在多舰、多机之间完成数据交换的Link 11数据链,并得到广泛应用。越南战争后,针对战时各军种数据链无法互通,从而造成协同作战能力差的问题,美军开始开发Link 16数据链,实现了战术数据链从单一军种到三军通用的一次跃升。

针对现代战争各种作战方式的不同需要,产生了多种类型的数据链,各种数据链都有其特定的用途和服务对象。美国和西方各国在不同的历史时期,根据当时的技术水平和不同的作战用途开发了种类繁多的战术数据链,如用于传输格式化消息信息的战术数字信息链(TADIL)、用于传输图像情报和信号情报的公共数据链/战术公共数据链(CDL/TCDL)及传输导弹修正指令用于武器引导的精确制导武器用数据链等。常用的战术数据链主要包括美军使用的战术数字信息链(TADIL)系列(北约称之为Link系列)。自20世纪50年代以来,世界各国发展的数据链不下百种,仅北约曾发展并赋予编号的数据链就有10余种,详见表12.1。但由于政治、经济等各种因素,能普遍使用并沿用至今的数据链系统却为数不多。除了上面介绍的数据链以外,还有一些用户较少或由上述数据链衍生的数据链现仍在某些国家使用着。

表12.1 美国/北约主要数据链系统

编号	用途	说明	使用国家和地区
Link 1	地-地	北约用于NADGE(北约地面防空系统)系统的雷达情报数据传输	美军、北约
Link 2	地-地	功能类似Link 1,用于北约陆基雷达站间数据传输,停止发展	无
Link 3	地-地	类似Link 14的低速电报数据链,用于某些防空预警单位	北约
Link 4	空-地/空	北约标准空对地/空单向数据链	美军、北约
Link 4A	空-地/海	美军称为TADIL C,标准空对空、空对地双向数据链	美军、北约
Link 4B	地-地	地对地单位间通过地面线路进行通信的数据链	美军、北约
Link 4C	空-空	F-14战斗机间空对空数据通信用数据链	美军
Link 5	海-地	与Link 11特性相似的舰对岸通信数据链,Link 11曾被称为Link 5A,北约已放弃发展	无
Link 6	地-地	陆基指管中心、武器系统等连接用,现主要用于导弹系统管制	北约

第 12 章 战术数据链

(续)

编号	用途	说　明	使用国家和地区
Link 7	地-空	空中交通管制	法国
Link 8	舰-地	与 Link 13 相似的舰对岸通信数据链,Link 13 曾被称为 Link 8A,北约已放弃发展	无
Link 9	地-地	防空管制中心/空军基地指挥拦截机紧急起飞用,北约已放弃发展	无
Link 10	海-海/地	北约部分国家海军舰船用数据链,功能类似 Link 11	英国、比利时、荷兰、希腊
Link 11	海-海/地 空-海/地	北约标准舰对舰用数据链。也可用于舰对空连接,美军称为 TADIL A	美军、北约、日本、韩国、以色列、埃及、新加坡、澳大利亚、新西兰等
Link 11B	地-地	陆地单元使用的 Link 11,美军称为 TADIL B	美军、北约
Link 12	海-海	美国海军 20 世纪 60 年代早期发展的 UHF 数据链,速率为 9600b/s,1965 放弃发展	无
Link 13	海-海	由法、德、比三国于 1962—1964 年间发展的舰对舰数据链,作为 Link 11 外的另一种选择,但 Link 13 于 1965 年海上测试成功后放弃,Link 10 即以 Link 13 为基础发展	无
Link 14	海-海	低速单向电报数据链	美军、北约、日本等
Link 15	海-海	低速单向电报数据链,将数据从非 Link 11 装备舰艇送至 Link 11 数据链,速率 75bit/s,北约已放弃发展	无
Link 16	海-空-地	多用途保密抗干扰数据链,美军称 TADILJ	美军、北约、日本、澳大利亚、新西兰等
Link 22	海-海	由 Link 16 衍生的数据链	美军、北约
Link ES	海-海	Link 11 的意大利版本	意大利
Link G	空-地	类似 Link 4 的空对地数据链,由英国 Farrant 公司开发,能以 VHF/UHF 频段传输数据和以 HF 频段传输话音,速率 1200bit/s	英国
Link R	海-地	用于英国皇家海军司令部与海上单位间的数据连接	英国
Link W	海-海	Link 11 的法国版本	法国、中国台湾
Link X	海-海	北约国家用的 Link 10 别名	英国、比利时、荷兰、希腊
Link Y	海-海	外销给非北约国家用的 Link 10	埃及、沙特、科威特、巴基斯坦、阿根廷、巴西等
Link Z	海-海	外销版 Link 14	
ATDL-1	地-地	陆基雷达站与防空导弹单位间传输战术数据用	美军、所有霍克与爱国者导弹使用国
SADL	地-空	态势感知数据链,主要用于地空协同,采用 EPLRS 电台作为传输信道	美军

12.2.1 Link 4(TADIL C)

Link 4 数据链是北约组织(NATO)的称呼,指的是符合 MIL-STD-6004(北约标准为 STANAG 5504)标准的战术数据链,而美军称之为 TADIL C。Link-4 是一个非保密的数据链,用于引导作战飞机。这是一个采用时分操作的网络,工作在 UHF 频段,速率为 5000b/s,其主要特性如表 12.2 所列。Link 4 系列有两种不同的数据链,Link 4A 和 Link 4C。

Link-4A(TADIL C)是美军和北约现役的几种战术数据链的一种,在地-空、空-地以及空-空战术数字通信中起着重要的作用。最初设计的 Link-4 是为了取代作战飞机引导中的话音通信。后来,对 Link-4 的功能做了进一步扩展,包括地空间的数字数据通信。20 世纪 50 年代后期开始装备,Link-4A 易于操作和维护,其可靠性也得到广泛地认可,从未出现过严重的问题和长时间的通信中断。但是 Link-4A 的传输没有保密和抗干扰措施。

Link 4C 是一个战斗机与战斗机之间的数据链路,尽管与 Link 4A 并不能直接互通,但它可以作为 Link 4A 的补充,美军仅装备了 F-14 战机。但是,F-14 战机无法同时使用 Link 4A 和 Link 4C 进行通信。Link 4C 使用 F 系列报文并且具有一定电子对抗能力,一个 Link 4C 网络最多可以包括 4 架战机。

根据美军计划,Link 16 将替代 Link 4A 空中拦截控制(AIC)和空中交通管制(ATC)的功能及 Link 4C 的战斗机间操作功能。然而,目前 Link 16 尚不能取代 Link 4A 的自动控制和着陆(ACLS)功能,将继续使用 Link 4A 实施飞机着陆控制。

表 12.2 Link 4 主要特性

用途	飞机控制、飞机状态和目标数据
链路特性	单工、无加密、按址访问 单向或双向链路 数据率 1364bit/s 或 2250bit/s
报文标准	MIL-STD-6004 或 STANAG 5504(NATO C) "V"和"R"序列报文
通信标准	MIL-Std-188-203-3
传输格式	开销比特 / 数据比特 / 开销比特 $V=33/R=17$ $V=34/R=37$ $V=3/R=2$ "V"报文:70bit/34 条信息 "R"报文:56bit/37 条信息
传输信道	UHF 无线电台
操作模式	①精确航向指示 ②空中交通管制 ③空中拦截控制 Link 4A 或 Link 4C ④攻击控制 ⑤舰载机自动着舰

(续)

用途	飞机控制、飞机状态和目标数据
主要用户	①美海军陆战队:战术空中作战中心(TAOC)、F/A-18、EA-6B、海上空中交通管制和着陆系统(MAT-CALS) ②美海军:航空母舰(CV)、导弹巡洋舰(CG)、导弹驱逐舰(DDG)、两栖通用攻击舰/N 栖攻击船坞(LHA/LHD)、两栖指挥控制舰(LCC)、E-2C、F-14、F/A-18、EA-6B、ES-3、S-3 和 C2(注美海军 TADIL C 的空中拦截控制(AIC)功能到 2005 年将由 TADIL J 替代) ③美空军:控制报告中心/控制报告单元(CRC/CRE)、E-3 空中预警与控制系统(AWACS)(注空中预警与控制系统的 TADIL C 只有发送功能)

12.2.2 Link 11(TADIL A/B)

Link 11 数据链是北约组织(NATO)的称呼,指的是符合 MIL-STD-6011(北约标准为 STANAG 5511)标准的战术数据链,而美军称之为 TADIL A。因此"Link 11"与 TADIL A 是同义词。此外,美军还有专门点到点传输的 11 号 B 数据链 TADIL B。TADIL B 没有专门的信道设备,可以利用话音通道(外加调制解调器)或数据通道建立点到点连接。

TADIL A/B(Link 11)能够在 HF 或 UHF 频段上完成数据通信,使用网络化通信和标准信息格式在飞机(TADIL-A)、陆基及舰艇(TADIL-B)战术数据系统(TDS)间交互数字信息,在大量的情报平台上用以搜集情报,包括通信情报系统和电子情报系统,其主要特性如表 12.3 和表 12.4 所列。

Link 11 利用 HF 和 UHF 频段,为装备了 TDS 的舰艇、战斗机和岸基指挥所提供计算机间无线数据通信。舰队目前使用大量不同的数据终端(DTS)来提供 Link 11 的功能,包括 AN/USQ-74、AN/USQ83、AN/USQ-120、AN/USQ-125 和其他的一些数据终端。新型通用舰载终端(CSDTS)的插卡可以提供所有旧的 Link 11 数据终端的功能,包括动态滤波多路、单音和卫星传输能力等。同时,也改进了多音 Link 11,可以在参与者之间同时运行 4 个并行通道。

表 12.3 Link 11 主要特性

用途	实时交换电子战数据、空中、水上和水下的轨迹和点;传输命令、告警和指令	
链路特性	单工,并行 网络中带有一个网络控制站 加密(KG-40) 数据率1364bit/s 或 2250bit/s	
报文标准	MIL-Std-6011 或 STANAG 5511 M 序列报文	
通信标准	MIL-Std-188-203-1A	
传输格式	每个报文 60 比特	
	6 个 EDC 比特	6 个 EDC 比特
	24 个数据比特	24 个数据比特
	两帧中的每一帧都包括 6 个控制开销比特(检错 & 纠错)和 24 个信息比特	

(续)

波形	常规 Link 11 波形(CLEW) 单音串行 Link 11 波形(sIEw) 多频 Link 11(MFL)
通信媒介	HF 或 UHF
数据终端设备	AN/USQ-111(常规 Link 11 波形) MX512P(常规 Link 11 波形) AN/USQ-125(单音 Link 11 波形) AN/LIsQ-120(多频率 Link 11)
北约名称	Link11
用户	①美海军陆战队:战术对空指挥中心(TACC)、战术对空作战中心(TAOC)、战术电子侦察处理和评估系统(TERPES) ②美空军:空军对空作战中心(AOC)、空军控制和报告中心/控制和报告单元(CRC/CRE)、E-3 机载预警与控制系统(AWACS)、RC-135"联合铆钉"、C-130E Senior Scout、Senior Troupe、快速可部署综合指挥和控制(RADIC)、空军区域空中作战中心/防区空中作战中心(RAOC/SAOC)、U2 分布式通用地面站(DCGS)、冰岛防空系统(IADS)、波多黎各作战中心(PROC) ③美陆军:爱国者、战区导弹防御战术作战中心(TMD TOC) ④美海军:航空母舰(Cv)、导弹巡洋舰(CG)、导弹驱逐舰(DDG)、导弹护卫舰(FFG)、两栖通用攻击舰/两栖攻击船坞(LHA/LHD)、两栖指挥控制舰(LCC)、核动力潜艇(SSN)、E2C、EP-3、ES-3、P-3C 和 S-3

表 12.4　Link 11B 主要特性

用途	实时交换电子战数据、空中、水上和水下的轨迹和点;传输命令、指令和告警
链路特性	双工、串行、点对点 加密(KG-30、KG-84、KG-94A&KG-194A) 密钥设备(KYK-13&KOI-18) 数据率 600bit/s、1200bit/s、2400bit/s、4800bit/s 或 9600bit/s
报文标准	MIL-STD-6011&STANG 5511 M 系列报文
通信标准	MIL-Std-188-212
传输格式		起始比特 9	标志比特 1	数据比特 8	标志比特 1	……	数据比特 8	标志比特 1	校验比特 8 | 每条报文 72bit:24 个控制开销比特和 48 个信息比特
传输信道	多信道无线电台、有线
北约名称	Link 11B
用户	①美海军陆战队:战术对空指挥中心(TACC)、战术对空作战中心(TAOC)、海上空对空交通管制和着陆系统(MATCALS)、战术电子侦察处理和评估系统(TERPES) ②美空军:空军空中作战中心(AOC)、空军控制和报告中心/控制和报告单(CRC/CRE)、冰岛防空系统(IADS)、空军区域对空作战中心/防区空中作战中心(RAOC/SAOC)、U2 分布式通用地面站(DCGS)、快速可部署综合指挥和控制(RADIC)、自适应海上接口终端(ASIT)、Senior Troupe ③美陆军:爱国者、前沿地域防空指挥、控制和情报(FAADC2I)、战区高空防御(THAAD)、战区导弹防御战术作战中心(TMD TOC) ④美海军:无 ⑤北约:控制报告中心(CRC)、AN/TSQ-73

12.2.3　Link 16(TADIL J)

Link 16 是北大西洋公约组织(NATO)的称呼,指的是符合 MIL-STD-6016 标准的战术数据链,而美军称之为 TADIL J(战术数字信息链 J)。因此"Link 16"与 TADIL J 是同义词。

Link 16 是一种相对较新的战术数据链,其传输信道为 JTIDS(联合战术信息分发系统)。逐渐在美国各军兵种、北约国家和日本得到广泛使用。多年来,Link 11 和 Link-4A 所支持的战术数据链信息交换的基本概念在 Link 16 中并没有根本的变化,而是对现有战术数据链的能力做了一些技术和使用上的改进,并增加了一些其他数据链所缺乏的数据交互类型。Link 16 的重大改进包括抗干扰、增强安全性、增加数据速率(吞吐量)、增加信息交互量、减小数据终端体积以便于战斗机和攻击机使用、数字化抗干扰保密话音、相对导航、精确参与者定位和识别以及增加参与者数量。表 12.5 是 Link 16 与 Link 11 和 Link 4 功能的比较。

Link 16 是美军国防部首选的用于指挥、控制和情报的战术数据链,使用 TDMA 体系结构和 J 系列消息格式标准。根据联合战术数据链管理计划(JTDLMP),J 系列消息格式被指定为美国国防部首选战术数据链,交换的信息包括:监视数据、电子战数据、任务分配和控制数据。属于 Link 16 家族的数据链还有 Satellite Link 16(SHF)和 Link 22(HF),这两种数据链具有超视距传输能力。

表 12.5　Link 16 与 Link 11 和 Link 4 功能比较

	Link 16	Link 11	Link 4A	Link 4C
监视/武器协调	是	是	否	否
对空控制	是	否	是	否
战机之间通信	是	否	否	是
保密数据	是	是	否	否
视距扩展	是(中继)	是(HF)	否	否
保密语音	是(2 路)	否	否	否
抗干扰	是	否	否	否
身份识别	是	有限	有限	有限
导航	是	否	否	否
数据转发	是	否	否	否
灵活的网络	是	否	否	否

能提供 Link 16 功能端机包括两类,一个 JTIDS,另一个是多功能信息分发系统(MIDS)端机。后者在北约国家也得到了广泛使用。JTIDS Ⅰ类端机用于预警机、地面防空指挥中心、大型指挥舰艇;JTIDS Ⅱ类端机大量用于作战飞机和舰艇;JTIDS Ⅲ类端机用于单兵、小型车辆和导弹引导。MIDS 是 JTIDS 的一种小型化端机,主要用于战术飞机。

美国海军舰队目前使用的是 AN/URC-107(V)型的 JTIDS 端机来提供舰艇、飞机和岸基指挥所的 Link 16 业务。JTIDS 是一个具有信息分发、定位和识别综合功能的高级无线电系统。JTIDS 是一个多军兵种和多国使用的系统,美军已装备陆军、海军、空军和海军陆战队。

多功能信息分发系统小型化端机(MIDS/LVT)是五个国家的一个协作计划,是第三代 Link 16 系统,以满足美国及其盟国的需要。MIDS 采用新技术以降低系统体积和重量。

与目前使用的 Link 11 和 Link 4A 相比,使用 JTIDS 或 MIDS 数据终端的 Link 16 在数据链通信方面做了很大的改进,其主要特性见表 12.6。Link 16 目前尚不能够完全替代这些数据链,但可以将它作为更佳选择。因为 JTIDS 使用 UHF 频谱(LX 频段),只能通过适当的中继平台才能实现超视距传输。此外,当前许多的 Link 11 平台没有配备 JTIDS。因此可以预料,在相当长的一段时间内作战平台会同时使用 Link 16 和 Link 11。

表 12.6　Link 16 主要特性

用途	实时交换电子战数据;点、线、空中、空间、水面、水下和地面轨迹;导航和识别;告警和指令信息
链路特性	时分多址(TDMA)、扩频、跳频、加密(KGv-8) 数据速率:28.8~238kbit/s,取决于报文封装格式 密钥设备:KYK-13 或 AN/CZY-10
报文标准	MIL-STD-6016,STANAG 5516&STANAG 5616 "J"系列报文
通信标准	联合战术信息分发系统(JTIDS) 多功能信息分发系统(MIDS)
报文格式	初始字(1 个字) | 字格式 | 标识 | 子标识 | 报文长度指示器 | 数据 | 校验 | | 2 | 5 | 3 | 3 | 57 | 5 | 扩展字(1~4 个字) | 字格式 | 数据 | 校验 | | 2 | 68 | 5 | 连续字(1~31 个字) | 字格式 | 连续字标识 | 数据 | 校验 | | 2 | 5 | 63 | 5 |
消息封装	标准双脉冲(STDP) | 抖动 | 同步 | 精同步 | 报头 | 数据 | 传播保护 | 双封装双脉冲(P2DP) | 同步 | 精同步 | 报头 | 数据 | 数据 | 传播保护 | 双封装单脉冲(P2SP) | 抖动 | 同步 | 精同步 | 报头 | 数据 | 数据 | 传播保护 | 4 封装单脉冲(STDP) | 同步 | 精同步 | 报头 | 数据 | 数据 | 数据 | 数据 | 传播保护 |

(续)

传输格式	开销比特	数据比特	校验比特
	2~13	57~68	5
	每条消息 75bit;7~18 个开销比特,57~68 个信息比特		
波形	JTIDS		
端机 美军	JTIDS 2 类端机(AN/URC-107)及多功能信息分发系统(MIDS)小型化端机		
端机 北约	多功能信息分发系统(MIDS)小型化端机 STANAG 4175		
北约名称	Link 16		
当前用户	①美空军:空中作战中心(AOC)、控制和报告中心/控制和报告单元(CRC/CRE)、E-3 空中预警与控制系统(AWACS)、RC-135"联合铆钉"、E-8 联合监视目标攻击雷达系统(JSTARS)、EC-130E 机载战场指挥控制中心(ABCCC)、F-15A/B/C/D/E、F-16、U2 分布式通用地面站(DCGS) ②美海军:航空母舰(CV)、导弹巡洋舰(CG)、导弹驱逐舰(DDC)、两栖通用攻击舰(LHA)、两栖攻击船坞(LHD)、核动力潜艇(SSN)、E2C、F-14D、部分 F/A-18、EA-6B ③美海军陆战队:战术对空作战中心(TAOC)、防空通信平台(ADCP) ④美陆军:爱国者导弹系统,前沿地域防空指挥、控制和情报(FAADC2I)、战区高空防御(THAAD)、战区导弹防御战术作战中心(TMD TOC)、中-高空防御(HIMAD)、军团地空导弹(CORPS SAM)、联合战术地面站(JTAGS) ⑤北约:"飓风"、E-3 AWACS、控制报告中心(CRC)		
计划用户	①美空军:区域对空作战中心/防区对空作战中心(RAOC/SAOC)、空中支援作战中心(/k_qDC)、战术对空控制组(TACP)、机载激光器(ABL)、冰岛防空系统(IADS)、OA-10,F22、F-117、联合攻击战斗机(JSF)、B-1、B-2、B52 ②美海军:F/A-18、两栖指挥控制舰(LCC)、EP3、JSF ③美海军陆战队:战术对空指挥中心(TACC)、F/A-18、JSF ④美陆军:扩展的中程防空系统(MEADS)、AH-66 ⑤北约:EF2000、"阵风"(Rafale)战斗机		

12.2.4 Link 22(TADIL F)

Link 22 又称为 TADIL F 或北约改进型 Link 11(NILE)。Link 22 是一个多国开发的计划,主要目标是研发可通过中继进行超视距通信的保密、抗干扰的数据链,可在陆地、水面、水下、空中或空间各种平台间交换目标航迹信息,实时传递指挥控制命令与警报信息。

Link 22 混合了 Link 11 和 Link 16 的功能与特点,属于广义的 Link 16 系列,采用由 Link 16 衍生出来的 F 和 F/J 系列报文标准((STANAG 5522)、时分多址(TDMA)体系结构、特殊的传输信道和协议以及特殊的操作规程。配备 Link 22 的单元叫做 NILE(改进型 Link 11)单元(NU)。NU 能够通过数据转发单元与配备其他战术数据链(如 Link 16)的单元交换战术数据。Link 22 能够在 UHF(225~400MHz)和 HF(3~30MHz)频段使用定频和跳频波形。使用 HF 频段,能够提供 300 海里①的无缝覆盖;使用 UHF,覆盖范围仅限于视距;HF 和 UHF 都能够通过中继扩大覆盖范围。Link 22 的主要特性如表 12.7 所列。

---

① 1 海里=1.852km。

表 12.7　Link 22 特性

用途	实时交换电子战数据、空中、空间、水面、水下和地面轨迹和点,在指挥控制系统之间传输命令、告警和指令
链路特性	时分多址(TDMA)或动态时分多址(DTDMA) 扩频、跳频、改进型 Link 11 链路级加密 数据率HF:500~2200bit/s(跳频方式),1493~4053bit/s(定频方式) 　　　　UHF:12.6 kbit/s(定频方式)
报文标准	STANAG 5522 "F"系列和"F/J"系列报文(注:F/J 序列报文是在"J"序列报文基础上增加 2 个开销比特)
传输格式	每条消息 72bit
通信标准	STANAG 44XX 草稿(HF) STANAG 44XX 草稿(UHF)
传输信道	在不同的网络上同时运用 HF 和 UHF
数据终端	AN/USQ-125(单音 Link 11 波形) AN/URC-107 或 MIDS(JTIDS 波形)
波形	UHF JTIDS 波形 HF 单音 Link 11 波形
用户	①美海军:装备指挥控制处理器(C2P)的舰船 ②北约:加拿大、法国、德国、意大利、荷兰、英国、美国

在 Link 22 设计中,1 个 Link 22 单元最多可同时操作 4 个网络,每一个网络都工作在不同的信道上,作为超网的一部分,任一网络的任一参与者都可互相通信。

Link 22 系统由北约成员国使用。包括加拿大、法国、德国、意大利、荷兰、英国和美国在内的 7 个国家参与了该计划,自 1996 年起开始研制,系统的集成、生产和加改装由各个国家负责,在 2002—2009 年间开始逐步装备。

美海军 2004 年开始使用 Link 22 系统,是唯一打算使用 Link 22 的美国部队。然而,最初使用 Link 22 的平台不足美军平台的 5%,海军计划在海面指挥控制平台上安装 Link 22,以满足战术数据交换的超视距通信需求。Link 16 和 Link 22 之间的转发功能以及 Link 22 功能都将融入到指挥控制处理器(C2P)中。美军其他部队可能在将来 Link 11 完全废除后采用 Link 22。英国皇家海军和德国海军正通过研制多链路处理器对当前的战术数据链系统进行修改,为将来扩展到 Link 22 作准备。意大利海军 2004 年实现 Link 22,系统安装在新航空母舰、Garibaldi 航空母舰、Horizon 护卫舰、多用途护卫舰和驱逐舰(DDG)上。

12.3　战术互联网与战术数据链的区别与联系

战术数据链和战术互联网一样,都是当前军队大力发展和建设的系统,这两个概念在军队信息化建设中经常被提到。但是很多人将这两者混为一谈。谈战术互联网的不提数据链,谈数据链的不提战术互联网。其实这两个概念的差异还是非常明显的。不能混淆。在目前阶段,也不能用一个概念取代另一个。

第 12 章　战术数据链

通过对战术数据链的介绍可以知道,它与战术互联网既有联系,也存在着比较明显的区别。其区别、联系关系可以归纳如表 12.8 所列。

表 12.8　战术互联网与战术数据链的区别与联系

		战术互联网	战术数据链
相同点	作用层次	战术层	战术层
	信息传递方式	数字化	数字化
	流量特征	流量具有明显的树状特征	流量由作战任务确定
	信道	有线或无线信道	有线或无线信道
不同点	通信的参与者	人	武器和传感平台
	信息类型	任意信息	限定信息类型
	开放性	具有开放性	为专门的任务一体化设计基本没有开放性
	服务保证	允许无服务保证的业务	业务必须是有保证的
	数据格式	应用软件确定	统一的数据格式
	信息表示方式	应用软件确定	简短,标准化的代码
	信息传输	人机交互	自动传输与处理
	协议结构	分层结构	一体化优化设计

从表 12.8 中可以看到,首先,战术互联网与战术数据链的相同之处在于,它们主要都应用于战术层面(两个名词都来自于美军,因此战术的这一名词所包含的是美军"战术"的概念。它相当于我军的"战役战术");其次,它们都是基于数字化的信息系统;最后,它们的流量特征具有比较明显的相似性,都是从上级到下级,或者从下级到上级的树形或者链状结构。这与民用网络的流量特征具有非常明显的差异。然而战术互联网的流量还可以随着应用软件的使用发生变化,而数据链的流量则肯定是事先规划好的,在流向上不会发生变更。

战术互联网与战术数据链的差异也非常显著。首先,战术互联网的用户一般都是各级作战和后勤保障人员,而数据链的用户则是一些"物",是具有计算处理能力的武器平台和传感器平台。其次,由于战术互联网的用户是人,因此其信息类型、数据格式和信息表示方式都很灵活,可以根据应用系统需要而设计,网络建成后,还可以适时增加新的应用软件,通过网络为用户提供新的功能,就像现在的民用上网终端一样。但是数据链却不行。数据链是为传输专门的信息一体优化的信息系统。为便于武器平台和传感平台上的 CPU 更容易处理,它们之间的信息格式都是固定的(固定的消息标准),以代码的方式表示,既简短又明确。这些信息人可能难以理解,但是计算机自动传输和处理起来却非常方便。但若是想在已建成的数据链系统中增加一类未定义的消息,将是一件非常困难的事情。其系统为了高效而设计得相当封闭。相比之下,战术互联网则具有更好的灵活开放性。但是其代价就是需要人参与到信息的分析处理过程中,计算机无法智能地自己对各种信息分析处理。同时传输的效率和实时性也比数据链系统要低。

综上所述可以归结为,战术互联网是战场的"人联网",而战术数据链则是战场上的"物联网"。数据链是链接战场上的传感平台(地面雷达、预警机)和武器平台(飞机、舰艇等)等高价值武器装备的高可靠链路。在现阶段战场无线通信能力还很低下(要考虑抗

233

干扰等恶劣电磁环境,传输速率在几 kbit/s 到几 Mbit/s 之间)的条件下,数据链采用一体化优化设计的方法来保证传输质量。随着无线传输技术的不断发展,未来的战场无线信道的传输能力可能非常高(如几十 Mbit/s 到几 Gbit/s),高速、高实时性的服务通过互联网就可以提供,到那个时候,专门设计的战术数据链可能就会慢慢地淡出战术通信领域,战术数据链和战术互联网很有可能就融合成一个网络,数据链转而成为未来战术互联网(那时它的名字将不再叫战术互联网)里的特殊业务。

另外,战术数据链的信息也是可以与战术互联网有交互的。从数据链端机接收的信息,在陆战场上首先将进入配属有数据链装备的指挥所,在那里,数据链消息将落地进入信息中心,成为陆战场指挥所信息中心的情报和态势的重要来源之一。同样,陆战场发现的情报和态势也可以通过数据链设备向规划好的数据链网内成员通报。在指挥所信息中心里,所有从各渠道获得的情报和态势信息将汇聚、融合,并经过态势融合处理席位的整理形成整体的战场态势信息。随后,这些信息将成为最终的产品,通过战术互联网向下推送给各个需要这些态势信息的席位。需要注意的是,从信息中心向下到陆战场各级的态势推送都依赖的是战术互联网的传输设备,而不再是数据链端机。

主要缩略语表

英文缩写	英文全称	中文名称
3GPP	3G Partnership Project	第三代合作伙伴计划
AAL	ATM Adaptation Layer	ATM 适配层
AAL-SAP	AAL Service Access Point	AAL 服务访问点
ABCS	Army Battle Command System	陆军战斗指挥系统
ACK	Acknowledgement	确认
ACR	Allowed Cell Rate	允许的信元速率
ADSL	Asymmetrical Digital Subscriber Line	非对称数字用户线路
ANSI	America National Standard Institute	美国国家标准学会
AQM	Active Queue Management	主动队列管理
ARPA	Advanced Research Project Agency	美国高级研究计划署
ARQ	Automatic Repeat-Request	自动重传请求
ATM	Asynchronous Transfer Mode	异步传递方式
ATM-SAP	ATM Service Access Point	ATM 服务访问点
BBF	Broad Band Forum	宽带论坛
BEB	Binary Exponential Backoff	二进制指数退避
BEC	Backward Error Correction	后向纠错
BGP	Border Gateway Protocol	边界网关协议
BISDN	Broadband Integrated Services Digitial Network	宽带综合业务数字网
BPR	Backup Path Routing	备份路径选路
C2	Command and Control	指挥控制
CBR	Constant Bit Rate	恒定比特率
CCITT	Consultative Committee on International Telegraph and Telephone	国际电报电话咨询委员会
CDMA	Code Division Multiple Access	码分复用
CEP	Connection End Point	连接端点
CI	Congestion Indication	拥塞指示
CID	Channel Identifier	信道标识
CLP	Cell Loss Priority	信元丢失优先级
CNR	Combat Network Radio	战斗网无线电
CPCS	Common Part Convergence Sublayer	公共部分会聚子层
CPS	Common Part Sublayer	公共部分子层
CRC	Cyclic Redundancy Check	循环冗余校验
CR-LDP	Constraint Based Routing Label Distribution Protocol	基于资源约束的标签分配协议

(续)

英文缩写	英文全称	中文名称
CS	Convergence Sublayer	汇聚子层
CSBI	Carrier Sensing Busy Indication	载波监听协议
CS-PDU	CS Protocol Data Unit	CS 协议数据单元
CTS	Clear to Send	同意发送
DECRU	Downsized Enhanced Command Response Unit	小型增强型命令响应单元
DMTD	Digital Message Transmit Device	数字消息传输设备
DSL	Digital Subscriber Line	数字用户线
ECN	Explicit Congestion Notification	显式拥塞通告
EFCI	Explicit Forword Congestion Indication	显式前向拥塞指示
ELFN	Explicit Link Failure Notification	显式链路失败通告
EPLRS	Enhanced Position Location Reporting System	增强性位置报告系统
ER	Explicit Rate	显式速率
FCS	Future Combat System	未来作战系统
FDMA	Frequency Division Multiple Access	频分多址
FEC	Forward Error Correction	前向纠错
FMF	Fixed Message Format	固定消息格式
FR	Frame Relay	帧中继
FSM	Finite State Machine	有限状态机
GFC	General Flow Control	通用流量控制
GloMo	Global Information Systems	全球移动信息系统
GSM	Global System of Mobile Communication	全球移动通信系统
HEC	Header Error Control	首部差错控制
IARP	Intrazone Routing Protocol	区域内路由协议
IEEE	Institute of Electronics and Electrical Engineering	电子与电气工程师协会
IEEE-SA	IEEE Standard Association	IEEE 标准联盟
IERP	Interzone Routing Protocol	区域间路由协议
IETF	The Internet Engineering Task Force	因特网工程部
INC	Internet Network Controller	互联网控制器
IP	Internet Protocol	网际协议
ISDN	Integrated Services Digitial Network	综合业务数字网
ISO	International Standard Organization	国际标准化组织
ITU-T	International Telecommunication Union Telecommunication Standardization Sector	国际电信联盟电信标准化组织
JNN	Joint Network Node	联合网络节点
JTIDS	Joint Tactical Information Distribution System	联合战术信息分发系统
JTRS	Joint Tactical Radio System	联合战术无线电
LDP	Label Distribution Protocol	标签分配协议

主要缩略语表

(续)

英文缩写	英文全称	中文名称
LLC	Logical Link Control	逻辑链路控制
LMSC	LAN/MAN Standard Committee	局域网/城域网标准委员会
LSP	Lable Switched Path	标签交换通路
MAC	Medium Access Control	媒体访问子层
MCR	Minimum Cell Rate	最小信元速率
MIB	Management Information Base	管理信息库
MIDS	Multifunctional Information Distribution System	多功能信息分发系统
MPLS	Multi Protocol Label Switching	多协议标签交换
MSE	Mobile Subscriber Equipment	移动用户设备
MSL	Maximum Sgement Lifetime	最长报文段寿命
NATO	North Atlantic Treaty Organization	北大西洋公约组织
NCS	Network Control Station	网控站
NI	No Increase	无增长
NIST	National Institute of Standards and Technology	美国国家标准技术委员会
NNI	Network-network Interface	网络-网络接口
NSA	NATO Standardization Agency	NATO 标准化局
NSO	NATO Standardization Organization	NATO 标准化组织
NSSG	NATO Standardization Staff Group	NATO 标准化参谋组
OPORD	Operations Order	作战命令
OSI	Open System Interconnection Reference Model	开放式系统互联通信参考模型
OSPF	Open Shortest Path First	开放最短路径优先协议
PCR	Peak Cell Rate	峰值信元速率
PNNI	Private Network-network Interface Protocol	专用网络-网络接口协议
PRN	Packet Radio Network	分组无线电网络
PTI	Payload Type Identifier	净荷类型标识符
PTR	Pointer	指针
PTT	Push to Talk	按讲
PSBI	Packet Sensing Busy Indication	报文监听协议
PUC	Permanent Virtual Circuit	永久式虚连接
QoS	Quality of Service	服务质量
RED	Random Early Detection	随机早期检测
RFC	Require for Comment	征求建议书
RFN	Route Failure Notification	路由失败通告
RIP	Routing Information Protocol	路由信息协议
RRN	Route Re-establishment Notification	路由重建通告

(续)

英文缩写	英文全称	中文名称
RS	Radio Set	电台
RSVP	Resource Reservation Protocol	资源预约协议
RTO	Retransmission Timeout	重传时间
RTS	Request to Send	请求发送
RTT	Round Trip Time	往返时间
SA	Situation Awareness	态势感知
SAR	Segmentation and Recombination Sublayer	分段与重组子层
SAR-PDU	SAR Protocol Data Unit	SAR 协议数据单元
SDN	Software Defined Network	软件定义网络
SEAL	Simple Efficient Adaptation Layer	简单高效的适配层
SINCGARS	Single Channel Ground and Airborne System	单信道陆地与机载无线通信系统
SN	Serial Number	序号
SNMP	Simple Network Management Protocol	简单网络管理协议
SNP	Serial Number Check	序号校验
SRTS	Synchronous Residual Time Scale Method	同步剩余时标法
SSCS	Service Specific Convergence Sublayer	特定业务会聚子层
STD	Standard	标准
STF	Start Field	起始字段
SURAN	Survivable Adaptive Network	高抗毁自适应网络
SVC	Switched Virtue Circuit	交换式虚连接
TADIL	Tactical Digital Information Link	战术数字信息链
TCP	Transmission Control Protocol	传输控制协议
TCP-DOOR	TCP Detection of Out-of-order and Response	TCP 失序检测与响应
TDL	Tactical Data Link	战术数据链
TI	Tactical Internet	战术互联网
TR	Technical Report	技术报告
TS	Technical Standard	技术标准
TSG	Technical Standard Group	技术标准组
UDP	User Datagram Protocol	用户数据报协议
UNI	User-network Interface	用户网络接口
USB	Universal Serial Bus	通用串行总线
VBR	Variable Bit Rate	可变比特率
VC	Virtual Circuit	虚通路
VCC	Virtual Circuit Connection	虚通路连接
VCI	Virtual Connection Identifier	虚通路标识符

（续）

英文缩写	英文全称	中文名称
VMF	Variable Message Format	可变消息格式
VPC	Virtual Path Connection	虚通道连接
VP	Virtual Path	虚通道
VPI	Virtual Path Identifier	虚通道标识符
WCDMA	Wideband Code Division Multiple Access	宽带码分多址
WIN-T	Warfighter Information Network-tactical	作战人员信息网
XDSL	X Digital Subscriber Line	各种数字用户线